纺织服装高等教育"十三五"部委级规划教材

纺织新材料

FANGZHI XINCAILIAO

杨乐芳 刘健 主编

东华大学出版社

·上海·

内容提要

本书主要介绍产业化前景良好的生态友好型、环境保护型的纺织新材料。主要内容分三篇：第一篇是生态型纤维，包括天然纤维、再生纤维和合成纤维；第二篇是差别化纤维，包括中空纤维、异形纤维、复合纤维和超细纤维；第三篇是高技术纤维，包括耐强腐蚀纤维、耐高温纤维、功能纤维、智能纤维、高强高模和高弹性纤维。各篇内容又按五个方面展开：(1)纤维研究与产业发展现状，阐述国内外新型纤维的研究历史和产业化现状；(2)纤维种类和规格，介绍国内外著名商标的新型纤维产品种类和规格；(3)纤维结构和性能，主要描述新型纤维的形态结构和加工性能；(4)主要产品和应用，介绍新型纤维的主要产品与产业化应用范围；(5)鉴别思路和方法，介绍新型纤维的定性与定量鉴别方法。

本书可作为纺织加工及纺织品和服装贸易专业学生学习纺织新材料的教学用书，也可作为纺织品和服装生产、检测及贸易等相关工作的从业人员了解纺织新材料的类型、产业化前景、加工特点和鉴别方法的参考书。

图书在版编目(CIP)数据

纺织新材料/杨乐芳，刘健主编. —上海：东华
大学出版社，2020.8
ISBN 978-7-5669-1751-5

Ⅰ.①纺⋯　Ⅱ.①杨⋯　②刘⋯　Ⅲ.①纺织纤维—材
料科学　Ⅳ.①TS102

中国版本图书馆 CIP 数据核字(2020)第 113911 号

责任编辑：张　静
封面设计：魏依东

出　　　　版：东华大学出版社(上海市延安西路 1882 号，200051)
出版社官网：http://dhupress.dhu.edu.cn
天猫旗舰店：http://dhdx.tmall.com
出版社邮箱：dhupress@dhu.edu.cn
营 销 中 心：021-62193056　62373056　62379558
印　　　　刷：上海颛辉印刷厂
开　　　　本：787mm×1092mm　1/16　印张 15
字　　　　数：329 千字
版　　　　次：2020 年 8 月第 1 版
印　　　　次：2020 年 8 月第 1 次印刷
书　　　　号：ISBN 978-7-5669-1751-5
定　　　　价：79.00 元

前　言

　　《纺织新材料》属于新形态教材,它是在新型纺织材料的生产和加工企业调研、研发专家走访、信息资源收集和纤维结构性能检测的基础上编写而成的。通过企业调研,了解各类新型纺织材料的环保性能和产业化前景,并收集纺织新材料实物;通过专家走访,了解新型纺织材料的真实品质及生产和加工难点;通过信息资源收集,获得新型纺织材料的生产和加工方法及鉴别思路;通过结构性能检测,获得新型纺织材料的使用性能与工艺特性方面的第一手资料。

　　本教材的编写得益于"宁波市纺织服装应用型专业人才培养基地"项目——"产业化生态型新型纺织材料五位一体资源库的构建"和"国家职业教育纺织品设计资源库"。这两个资源库在新型纺织材料的开发与应用、工艺与鉴别、性能与检测及加工技术信息资源收集与分析的基础上,构建了由(1)新型纺织材料(包括各类新型纤维、纱线和织物)实物资源库,(2)技术结构图片库,(3)产品品种档案库,(4)测试方法标准库,(5)生产加工案例库等五位一体的立体信息资源,为本教材的编写提供了第一手的信息资源和技术支持。

　　本教材具有以下特点:

　　1. 二维码嵌入式数字化资源的表现形式多样、内容丰富,包括课前自学的导学十问、课堂学习的 PPT 课件、新材料产业链视频及课后提升的测试题。

　　2. 体现了产业化和生态型。本教材涉及的彩色天然纤维、变性天然纤维、新开发的天然纤维品种及可溶、可降解、可再生的合成纤维等新型纺织材料,在国内外均已经产业化,并具有生态环保性。

　　3. 内容组织贴近生产实际。本教材中的数据、图片均来自生产、加工和检测第一线,真实可信。本教材的内容以生产加工和新材料鉴别等应用技术为主，为认识、了解和使用纺织新材料提供基础性知识。

4. 文字表述通俗、易懂。本教材中的专业术语和内容，在表述上尽可能与生产、贸易和日常生活一致，并突出实用性，生产加工原理尽可能采用简洁清晰的图片进行表达。

本教材第一篇第一章第三节中的汉麻纤维和竹原纤维及第二章第三节由浙江纺织服装职业技术学院刘健编写，其他均由浙江纺织服装职业技术学院杨乐芳编写；书中的电镜图片主要由北京服装学院傅中玉教授制作，光镜图片由杨乐芳教授制作。全书由杨乐芳统稿、校正。

在本教材编写过程中，聘请了新型纺织材料生产、贸易和检测方面的行业专家做顾问。非常感谢他们在内容组织、行业新动态等方面提供了真材实料和宝贵经验。

由于编者水平、能力有限，以及纺织新材料在持续发展，而且教学手段和方法在不断改进，书中定有不足、疏漏和错误之处。敬请专家和读者指正。

编　者

2020 年 3 月

目　录

第一篇
生态型纤维

第一章　生态型天然纤维

第一节　天然彩色纤维
——彩棉、彩色动物纤维

1 天然彩色棉纤维

天然彩色棉(简称"彩棉")亦称有色棉,可分为两类:一类是野生或原始彩色棉,它是自然生长的含有色素的棉纤维;另一类是人工培育彩色棉,如图 1-1-1 所示,是运用转基因技术或"远缘杂交"等现代生物工程技术培育出来的,在棉花吐絮时就具有天然色彩的棉纤维。

1-1-1 天然彩色棉纤维导学十问

图 1-1-1　人工培育彩色棉

1-1-2 什么是彩色棉纤维PPT课件

1.1　彩棉研究与产业发展现状

原始彩棉的种植和使用历史比白棉早,原产于美洲大陆。远在几千年前,秘鲁土著民族就开始种植和使用彩棉。人类有计划地进行彩棉的育种和研究工作,始于 20 世纪 60 年代。

我国很早以前也有种植和利用天然彩色棉花的历史。据史料记载,曾有一种称为"红花"的土红色棉花和棕色棉花。因棕色棉开紫色的花(即所谓的"南京变种"),故人们称棕棉织物为"紫花布",也因其曾以南京为集散地大量出口到欧洲,又被称为"南京布"。"紫花布"流行于明清时代,以江南地区生产的最为著名。

随着纺织和印染工业的快速发展和育种技术的日益成熟,人们对育成的品质优、产量高的白色棉纤维进行染色,可形成较彩棉织物更绮丽多彩的布料。天然彩棉由于纤维很短、色泽不稳定、纤维品质差、产量低等缺点而受到冷落,进而被使用价值更大的白棉取代。

　　20 世纪 80 年代以来,由于人类的环保意识逐步增强,纺织品在生产加工中残留的各种有害物质对环境产生的破坏和对人类健康造成的损害等问题,越来越引起各国特别是一些发达国家的重视。利用天然彩色棉生产纺织品,无需进行漂白、印染、消毒等加工,整个过程不会产生化学污染,可实现从种植到成衣的"零污染",从而减少了污水排放和能源消耗,引起了国内外一些科研单位和生产者的极大兴趣,被"遗忘"的天然彩色棉重新被人类重视、利用和开发。

1.1.1　国外彩棉研究与产业发展现状

　　国外彩棉的育种研究工作始于 20 世纪 60 年代末,目前已知在开展彩色棉研究与开发的国家有美国、秘鲁、巴西、法国、澳大利亚、埃及、巴基斯坦、土耳其、阿根廷、希腊、荷兰、土库曼斯坦、乌兹别克斯坦、乌克兰、哈萨克斯坦、塔吉克斯坦等。

图 1-1-2　Sally Fox 在棉田中工作

　　(1) 美国。1982 年,赛利·福克斯(Sally Fox, 图 1-1-2)利用从中南美洲引进的印地安人种植的彩色棉与本地的棉花杂交,于 1988 年育成两个可供机纺的 Green(绿色) 和 Coyote(棕色) 彩色棉品种,于 1990 年申请专利,成立了 FOX 彩色棉公司,注册了 Fox Fibre® 商标,生产彩色棉纤维和布料、毛巾、床单、衬衣、T 恤等产品(图 1-1-3),并向日本、韩国及欧洲等地销售。鉴于她对环境保护做出的贡献,1992 年她获得了联合国环保署颁发的"环境奖"。1988 年,得克萨斯州棉花研究中心的 Harvey Campoll 与 Raymond Bird 兄弟也开始彩色棉的选育工作,于 1992 年成立了 BC 棉花公司,进行彩棉的规模生产和市场销售,并将培育出来的绿色和棕色的彩棉品种进行注册登记。到 1994 年,美国生产的彩棉已达到 2 万 t,占美国棉花总产量的 1%。后来,由于受到种植白色棉花的农户的强烈抵制,彩棉发展处于停滞阶段,产量明显萎缩。但是,美国在彩色棉花品种培育、生产开发、产品销售等领域都处于世界领先地位。

(a) Fox Fibre® 商标　　　(b) Fox Fibre® 纤维　　　(c) Fox Fibre® 纱线　　　(d) Fox Fibre® 织物

图 1-1-3　Fox Fibre® 产品

　　(2) 埃及。埃及彩棉的育种与栽培始于 20 世纪 70 年代中期,由埃及国家农业部所属的全国农业科研中心直接领导,实行封闭式管理,对外保密。据悉,埃及现已培育出浅红色、浅绿色、浅黄色和浅灰色等多种彩棉。埃及彩棉的主要特点是植株高大、株型松散，但是棉铃大、纤维长、强度高、品质好。目前，埃及彩棉存在的主要问题是遗传性状不稳定，分离多，变异大，色彩单调，色泽不达标。由于埃及要在国际棉花市场上保持很高的声誉，故现在还没有推出稳定的彩棉品种。

（3）墨西哥。墨西哥的植棉历史更为悠久，当今占世界棉花总产量 90% 以上的陆地棉棉种（Gossypium Hirsutum L.）都原产于墨西哥，是陆地棉的起源中心，被称为"棉花的故乡"。目前已培育出棕红色、土黄色、驼色等色彩的彩色棉花。

（4）秘鲁。据秘鲁史料记载，早在 2 500 年前，秘鲁北部莫奇卡地区就有彩棉种植，后因天灾人祸，彩棉失传。1988 年，秘鲁在一座古代莫奇卡人墓穴殉葬品中发现了彩棉种子，这些彩棉种子经过发芽试验，竟然奇迹般地发芽、生长，吐出灰白、红黄和棕三种颜色的棉絮。这些古老的彩棉种子就成为秘鲁研究彩棉的基础材料。目前，秘鲁已培育出米色、棕黄色、棕色、红棕色、紫红色等五个彩棉品种，彩棉种植面积逐年扩大，主要用来出口创汇。

1.1.2　我国彩棉研究与产业发展现状

我国的彩棉研究与开发工作起步较迟，但发展很快。以 1987 年中国农科院棉花研究所的彩棉近代选育为起点，经过近 22 年的科研和选育，已培育出 37 个质量比较稳定的天然彩棉品种，占全世界经政府注册的 41 个天然彩棉品种的 90%。我国已成为世界上重要的天然彩棉生产基地，天然彩棉产业也成为我国棉纺织行业最具竞争力的增长点之一。从 1999 年到 2009 年，我国天然彩棉种植面积从 1 万亩（6.67×10^6 m^2）扩大到 20 万亩（133.4×10^6 m^2）以上，皮棉年产量从 800 t 增加到 2 万 t 以上，其中新疆天然彩棉产量占国内总产量的 95% 和世界总产量的 60% 以上。

1-1-3　中国培育的 32 个彩棉品种

我国天然彩棉纺织品已由最初的环锭纺纱线、转杯纺纱线、机织面料、针织面料扩大到不同颜色梯度的天然彩棉纱、花色针织面料、花色机织面料及天然彩棉家纺产品、T恤、内衣等九大系列千余种天然彩棉产品。天然彩棉的可纺性已经达到或接近白棉的水平。我国从事天然彩棉生产、加工的企业，2000 年不足 10 家，2008 年已增加至 1 000多家。

1-1-4　GB 1103.3—2005《棉花　天然彩色细绒棉》

涉及彩棉种子、彩棉种植、彩棉纤维和彩棉产品等产业链的标准体系，也在不断地完善，目前已有 GB 1103.3—2005《棉花　天然彩色细绒棉》、GB/T 20393—2006《天然彩色棉制品及含天然彩色棉制品通用技术要求》、FZ/T 70013—2010《天然彩色棉针织制品标志》、FZ/T 12017—2006《天然彩色棉气流纺纱》、DB65/T 2112—2004《天然彩色棉精梳纱线（棕色）》、DB65/T 2113—2004《天然彩色棉 OE 纱（棕色）》等国家、行业和地方标准近 40 项。

1-1-5　GB/T 20393—2006《天然彩色棉制品及含天然彩色棉制品通用技术要求》

1.2　彩棉纤维种类

（1）按棉种类型，分为有色陆地棉、亚洲棉、海岛棉和非洲棉四种。在四大栽培棉中，彩色棉的数量以陆地棉为最多，亚洲棉次之，海岛棉、非洲棉最少。

（2）按纤维色泽，分为棕色和绿色两种。在棕色和绿色这两个色调中，根据颜色深浅不同,又可分为红棕、咖啡、褐、驼、浅棕及深绿、蓝绿、浅绿等色,而纯正的蓝色、红色、黑色彩棉尚在研发中。为了满足人们多样化、个性化的需求,急需开发出能投入商业化生产的靛蓝色、红色和黑色等彩棉品种。不同学者在纤维色泽分类和识别方面的认识存在较大差异,有人把深棕色称为红色、粉红色等,把棕色称为褐色、咖啡色等,把淡棕色称为黄色、淡黄色、乳黄色等,把深绿色称为蓝色、淡蓝色等,把淡绿色称为浅灰色、米色等。我国的彩色棉有浅绿色、绿色、浅棕色和棕色四种,如图 1-1-4 所示。

（a）浅绿色　　（b）绿色　　（c）浅棕色　　（d）棕色

图 1-1-4　我国的彩棉颜色

1.3　彩棉纤维的组成物质与形态结构

1.3.1　组成物质

彩棉与白棉的组成物质含量如表 1-1-1 所示。彩棉中,纤维素含量、果胶含量小于白棉,脂肪含量、蛋白质含量、灰分含量大于白棉。白棉不含木质素,彩棉则含有 2%～3.5% 的木质素。

表 1-1-1　彩棉与白棉的组成物质含量

组成物质	纤维素/%	半纤维素/%	木质素/%	脂蜡质/%	果胶/%	灰分/%	蛋白质/%
白棉	94.0～96.0	1.5～2.5	—	0.2～1.0	1.0～1.5	0.8～1.8	0.8～1.5
棕棉	85.0～93.0	5.0～7.0	2.0～3.0	0.3～1.5	0.4～1.2	2.0～2.3	2.0～2.5
绿棉	80.0～90.0	7.0～8.0	2.5～3.5	4.0～5.0	0.5～1.3	1.8～2.0	2.5～3.5

注:灰分不计入纤维总含量。

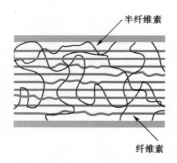

图 1-1-5　半纤维素与纤维素的结构

（1）彩棉纤维素含量。纤维素是彩棉的主要成分,但其含量小于白棉,这和彩棉截面显示的次生胞壁薄、胞腔大的情况相吻合。

（2）彩棉半纤维素含量。彩棉的半纤维素含量比白棉多,这可能是造成彩棉纤维短的原因,导致彩棉纤维的可纺性较白棉差。棕棉的半纤维素含量小于绿棉。半纤维素是植物细胞壁初生层的主要组成物质,它结合在纤维素微纤表面。半纤维素与纤维素共生,相互间以氢键和范德华力结合,如图 1-1-5所示。半纤维素的结构较纤维素疏松和无序,可溶于碱溶

液,遇酸后也远较纤维素易于分解。半纤维素还具有亲水性能,可使细胞壁润胀,可赋予纤维弹性。

(3)彩棉木质素含量。木质素是无定形结构的芳香族高分子化合物,是一类性质相似的物质的总称。木质素在植物组织中形成交织网络结构,如图1-1-6所示,使纤维细胞壁之间相互连接,起构架和抗压作用。在纤维素纤维中,白棉和亚麻等纤维不含木质素。

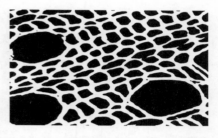

图 1-1-6 纤维素纤维中木质素的结构

(4)彩棉果胶含量。彩棉的果胶含量约为白棉的 $35\%\sim45\%$,因此细胞壁之间的抱合力较低,强度差,易于起毛。但另一方面,彩棉的棉籽壳去除比白棉容易。

(5)彩棉脂蜡质含量。彩棉的脂蜡质含量较白棉高,这使得彩棉纤维的拒水性很强,未经处理的彩棉,其毛效为零。

1.3.2 形态结构

彩棉纤维的纵面形态与白棉相似,均有天然转曲,如图 1-1-7 所示。在转曲的具体特征上,白棉与彩棉(特别是绿棉)有明显区别,白棉表现为圆润饱满的柱状转曲,彩棉则表现为扁平的带状转曲。

彩棉纤维的横截面形态也与白棉相似,均呈中空胞腔的腰圆形结构,如图 1-1-8 所示。不同的是,绿棉的横截面积小于白棉(即比白棉纤维细),纤维次生胞壁比白棉薄很多,而胞腔远远大于白棉,呈 U 字形,见图 1-1-8(b);棕棉的截面与白棉相似,纤维次生胞壁和横截面积比绿棉丰满,胞腔也大于白棉,见图 1-1-8(c)。

彩棉纤维较大的胞腔使其线密度小于白棉(细绒棉),绿棉纤维的线密度则较棕棉小。

  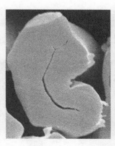  

(a) 白棉　(b) 绿棉　(c) 棕棉

图 1-1-7 白棉与彩棉纤维的纵面形态

(a) 白棉　　(b) 绿棉　　(c) 棕棉

图 1-1-8 白棉与彩棉纤维的截面形态

1.4 彩棉纤维品质

就彩棉种植而言,皮棉每亩产量为 $50\sim100$ kg(约为普通白棉的 $3/4\sim4/5$),衣分率多低于 30% ,纤维短(约为普通白棉的 $2/3\sim4/5$),强度低,线密度小,成熟度不理想。彩棉纤维的总体品质较白棉差,如表 1-1-2 所示。一般而言,彩棉纤维品质与纤维色彩深

1-1-6 彩色棉纤维品质 PPT 课件

浅有关,颜色越浅,其品质越接近白色棉亲本;颜色越深,其品质指标越差,产量越低,表现出纤维色彩与纤维品质呈负相关的连锁遗传现象。

表 1-1-2　彩棉与白棉的纤维品质

序号	品种	颜色	2.5%跨距长度/mm	长度整齐度/%	短纤维率/%	线密度/dtex	马克隆值	断裂强度/(cN·tex^{-1})
1	新彩棉1号	棕	27.20	82.5	11.5	1.66	3.14	19.14
2	新彩棉2号	棕	26.62	81.5	15.2	1.55	3.11	18.64
3	棕204-1	深棕	24.45	80.0	16.7	1.61	3.17	15.43
4	杂优216	棕	29.20	82.5	9.5	1.50	2.95	19.86
5	杂优219	棕	28.32	83.0	9.9	1.54	2.84	18.79
6	杂优224	棕	30.60	84.4	11.3	1.36	2.82	21.14
7	杂优226	棕	30.16	82.5	8.7	1.51	3.00	20.00
平均			28.07	82.3	11.8	1.53	3.00	19.00
1	新彩棉3号	绿	28.81	83.0	13.2	1.48	2.48	17.71
2	新彩棉4号	绿	26.86	78.9	15.9	1.30	2.23	15.29
3	绿402	深绿	23.59	78.5	20.0	1.39	2.35	14.07
平均			26.42	80.1	16.4	1.39	2.35	15.69
1	新陆中18号	白	31.00	86.3	6.3	1.85	4.12	22.93
2	普通本白棉	白	27.19	83.0	13.7	1.64	4.20	21.14
平均			29.10	84.7	10.0	1.75	4.16	22.04

1.4.1　彩棉纤维长度

天然彩棉的纤维长度依品种不同而有差异,国内外多数彩棉的纤维主体长度为25~27 mm,有的可达到29~31 mm,甚至更长,2.5%跨距长度为25~30 mm。图1-1-9为棕棉9801的纤维手扯长度。与新品种本白棉相比,大部分天然彩棉的纤维长度较短。

图 1-1-9　棕棉 9801 的纤维手扯长度

1.4.2　彩棉纤维细度

天然彩棉纤维的线密度一般为 1.30~1.65 dtex,其中,绿棉为 1.30~1.50 dtex,棕棉为 1.55~1.65 dtex。白棉的线密度一般为 1.60~1.90 dtex。彩棉的马克隆值为 2.23~3.17,

均低于本白棉。

1.4.3　彩棉纤维强度

彩棉纤维的强度较低,纤维强度一般为 1.3～2.4 cN/dtex,其中棕棉为 1.8～2.4 cN/dtex,绿棉为 1.3～1.8 cN/dtex。

彩棉强度一般随颜色加深而降低。绿棉从深绿→浅绿→新绿,棕棉从深棕→浅棕→新棕,纤维强度逐渐增加,如图 1-1-10 所示。

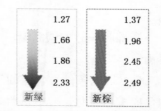

图 1-1-10　不同颜色深度的纤维强度(单位:cN/dtex)

1.5　彩棉色泽

彩棉纤维色泽通常表现出色彩不鲜艳、颜色不纯正、色泽不稳定三大问题,如图1-1-11所示。

图 1-1-11　绿色和棕色棉的色泽不鲜艳和不纯正

1.5.1　彩棉色彩鲜艳度

彩棉纤维色彩不鲜艳,其主要原因是在纤维外部常常会形成一层蜡质状物质,它使得色素本身具有的鲜艳度降低,纤维外观便呈现出暗淡及柔和色调。正常成熟的纤维经过温水或热水加碱洗涤后,纤维色彩的鲜艳度会增加,而且随着洗涤次数的增加,色彩度不断增强,这是纤维外部的蜡质状物质不断减少的结果。

1.5.2　彩棉颜色纯正度

彩棉纤维的颜色不纯正不仅表现在不同的品种上,还表现为同品种、不同产地的天然彩色棉的色彩深浅不尽相同,甚至同一产地、不同棉田和同一棉株上也可能分离出有色、白色和中间色,色杂现象很突出。天然彩色棉出现颜色不纯正现象的主要原因如下:

(1)气候、土壤等条件。如四川省种植的棕色棉的色彩接近红棕色,而新疆维吾尔自治区种植的同样品种的棕色棉,其色彩较浅。

(2)光线照射。在阳光的照射下,天然彩色棉尤其是绿色棉极易变色,有时在棉花采摘前便开始变浅。在同一棉铃中,绿色棉纤维在刚刚吐絮时呈现绿色或淡绿色,吐絮后遇光线照射一段时间,棉铃表层的纤维由最初的绿色或淡绿色变为灰绿色,遇光线照射的时间长,则进一步变为黄绿色。有些棕色棉铃吐絮后,棉铃外部遇光线照射部分的纤维会变成红棕色,而棉铃内部未受到光线照射部分的纤维仍呈浅棕色,表现出色彩不均匀现象。

彩棉收获时如遇高温、多雨或阳光寡照的天气,纤维易被污染而变色,如绿色棉变成黑褐色。

(3)环境条件。含硫的气体或酸雨对彩棉颜色的影响较大,在这种环境下,绿色棉的颜色向棕色转化。喷洒酸性农药或土壤的酸碱性对天然彩色棉的颜色也有影响。

(4)纤维成熟度。天然彩色棉的色素存在于纤维的次生胞壁内,在生长期,色素类物质在次生胞壁内逐渐沉淀,直至纤维充分成熟,色彩度达到最大。在同一棉株上,由于中下部的棉铃能充分成熟,其纤维色彩度较一致,而上部未充分成熟的棉铃色彩度较浅,还有一部分(即最上部)完全未成熟的棉铃受霜冻等原因裂开,其纤维没有色彩而呈白色。

(5)纤维遗传变异。彩色棉的色素遗传变异大,种植过程中会出现白色类型分离,影响棉花纤维颜色的一致性。

色杂、色彩不均匀,给采摘棉花时的分拣带来很大麻烦。从收购的情况来看,天然彩色棉一般不进行色彩的分拣,而是深浅不一的彩色棉混杂在一起进入纺织厂,这给纺织加工带来了很大的困难。

1.5.3　彩棉色泽稳定性

(1)彩棉纤维的色泽稳定性。纤维色泽不稳定有两种情形:一是纤维存贮和暴晒后色泽变化;二是后代分离出有色、白色和中间色。

在深棕色、棕色、淡棕色三种类型中,深棕色纤维的色泽通常很稳定,但产量及纤维品质很差。棕色类型的稳定性随品种不同变化较大,棕色亚洲棉纤维的色泽较为稳定;棕色陆地棉暴晒后呈现不同程度的灰白色;淡棕色类型则多为遗传不稳定,在后代中往往分离出多种色泽类型。绿色棉的纤维色泽通常很不稳定,现有的绿色纤维暴晒后基本上都表现为褪色或完全褪色,暴晒和非暴晒纤维形成很大的颜色反差,如图1-1-12(a)、(b)所示。原因是绿色棉纤维的次生胞壁、中腔及外部均含有大量蜡质,如果长时间暴露在较强的光线下,由于光化学反应,蜡质变黄和色素类物质发生变化,使得纤维外观由绿变黄,从而呈现黄绿色。如果经过温水加碱洗涤,黄度会减弱。再经过一段时间的光线照射,黄度又有所增加。

(a)原色绿棉纤维

(b)转黄绿色的绿棉纤维

(c)增色处理后的绿棉纤维

图1-1-12　绿棉纤维的色泽变化

绿色棉纤维由于含大量蜡质,其色彩呈现不稳定状态,这为绿色棉的应用带来了很大的困难。

（2）彩棉制品的色泽稳定性。天然彩棉制品在上浆、烧毛、退浆、煮练、漂白、丝光、后整理等加工和使用过程中的洗涤、熨烫，都极易引起天然彩棉的色彩发生变化。

（3）增色、褪色现象。天然彩色棉经水、碱、酶、酒精及 JFC 渗透剂、柔软剂等处理，其色彩一般会变深，如图 1-1-12(c)所示，并随着处理时间、温度和处理液浓度的不同，增色程度会不同。

天然彩色棉经酸、还原剂、氧化剂、BTCA 无甲醛免烫抗皱整理剂等处理，其色彩一般会变浅，并随着处理时间、温度和处理液浓度的不同，变浅的程度会不同。尤其是遇到氧化剂时，天然彩色棉的颜色几乎褪尽，因此天然彩色棉一般不能进行漂白加工。同理，天然彩色棉面料及其制品也不能使用含氧化剂的消毒剂，如 84 消毒液等，否则颜色变浅，甚至褪尽。

（4）掉色、沾色现象。天然彩色棉面料经过丝光整理后，废弃的浓碱液随加工彩色棉色彩的不同而呈现不同的颜色，说明天然彩色棉存在掉色的问题。这种现象在浸泡新的刚下水的棕色彩色棉服装时也可以发现，浸泡后的洗涤水呈现黄棕色。这可能是彩色棉纤维在加工或浸泡中，纤维胞壁破损过度引起色素流失造成的。

棕色彩色棉制品易使同浴的白布、绿色彩色棉面料染上棕色，即所谓的沾色现象，而绿色彩色棉制品水洗后的色泽稳定性比棕色棉制品好。

1.6 天然彩棉的鉴别

1.6.1 定性鉴别

（1）色泽观感鉴别法。天然彩色棉纤维在其生长发育过程中，由于特有的基因控制，自然形成色彩，由于色素在纤维的次生胞壁内形成，透过次生胞壁的色彩度不会十分鲜艳，故而色彩透明度较差，由它制成的纺织品的颜色呈现出自然柔和的视觉效果，所以天然彩色棉制品的鲜亮度不及印染面料。但彩色棉制品经过有限的多次洗涤后，颜色一次比一次更鲜艳，即天然彩棉纺织品越洗越鲜艳（图 1-1-13）。这与染色棉纺织品愈洗愈旧有质的区别，是识别天然彩色棉制品与印染或色纺纱产品的标志。

1-1-7 彩色棉纤维如何鉴别 PPT 课件

（a）洗涤前

（b）洗涤后

图 1-1-13　热水洗涤前后的棕棉毛巾色泽

（2）显微镜色素观察法。将以铜氨溶液溶胀 30～60 s 的彩色棉纤维置于显微镜下，观察其色素分布，如果观察到色素主要分布在纤维胞腔内且呈螺旋状，则该彩色棉为天然彩色棉；如果观察到色素均匀分布在纤维的各部位，则该彩色棉为染色棉。图 1-1-14 所示为绿棉纤维的色素分布，未经处理的绿棉纤维，其色素主要分布在胞腔内，溶胀后形成螺旋状的溶胀层；经表面活性剂低温（30 ℃）处理后，色素向胞腔内转移，但失去转曲的特征；经表面活性剂高温（90 ℃）处理后，色素发生转移，在胞腔内呈均匀分布的特征。

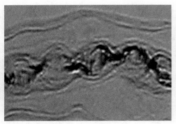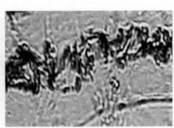

（a）未处理绿棉纤维　　　（b）30 ℃表面活性剂作用　　　（c）90 ℃表面活性剂作用

图 1-1-14　绿棉纤维的色素分布

铜氨溶液配置：①80 g 硫酸铜中加入 750 mL 蒸溜水，加热搅拌至硫酸铜完全溶解；②在硫酸铜溶液中缓缓加入浓氨水至弱碱性，然后加入浓度约为 25％ 的氨水 38 mL，此时产生绿色碱式硫酸铜沉淀；③倒去上层清液，用 1 000 mL 约 60 ℃ 的蒸溜水分四次洗涤沉淀物（洗去硫酸氨），接着用蒸溜水洗涤三次，每次洗涤都要静置至沉淀完全，最后在吸滤器上用蒸溜水洗涤至不含 SO_4^{2-}（用 10％ 氯化钡检验）；④用 700 mL 氨水分五次加入上述洗涤后的沉淀物中，每加一次氨水剧烈振荡后，静置至沉淀完全，将上层清液即铜氨溶液收集于棕色瓶中待用；⑤铜氨溶液浓度标定，用硫代硫酸钠和硫酸分别标定铜和氨的浓度；⑥铜氨溶液浓度调节，使各组分的质量浓度为铜（13±0.2）g/L、氨（150±2）g/L、葡萄糖 2 g/L。

1.6.2　定量鉴别

彩棉纤维定量鉴别原理基于彩棉纤维两方面的特征，一是含氮量较高，二是色素分布在次生胞壁内且靠近中腔位置，与染色纤维均匀分布色素有明显区别。首先用元素分析仪测定纤维含氮量，若含氮量＞0.1％，则用光学显微镜观察经碱溶液溶胀后的纤维色素分布，判别彩棉纤维根数，计算根数百分比。

1.7　天然彩棉的产业链

彩棉的纺纱技术是一门新技术，受彩棉品质及纺织加工技术等因素的制约。纯彩棉纱的产量目前还不太大，一般通过混纺加工改变纱线品质。图 1-1-15 所示为纯纺和混纺的彩棉纱。

彩棉织物除了具有常规棉织物的透气、保暖和柔软的特性，还具有绿色安全的特性，因此特别适合制作婴幼儿纺织品和贴近人体皮肤的纺织品，如内衣、睡衣、衬衣、毛巾、床品等。图 1-1-16 所示为彩棉织物和服装。

(a) 25%棕棉纱 　　(b) 50%棕棉纱 　　(c) 50%绿棉纱 　　(d) 100%绿棉纱

(e) 100%棕棉雪尼尔纱 　(f) 100%绿棉雪尼尔纱 　(g) 增色前彩棉雪尼尔纱 　(h) 增色后彩棉雪尼尔纱

(i) 彩棉/白棉混纺纱 　(j) 棕棉/绿棉混纺纱 　　(k) 绿棉筒纱 　　(l) 棕棉筒纱

图 1-1-15 彩棉纱

图 1-1-16 彩棉织物和服装

【彩棉产业链网站】

1. http://www.vreseis.com FOX FIBER & ORINGAL WOOL

2. http://www.westech.com.cn 中国彩棉集团股份有限公司(天彩品牌)

3. http://www.cricaas.com.cn 中国农业科学院棉花研究所

4. http://www.cottonchina.org 中国棉花信息网

5. http://www.bjzctx.com 北京中彩天星纺织品有限公司(素道品牌)

6. http://www.bjtiancai.com 北京天彩纺织服装有限公司(绿典品牌)

7. http://www.d-g-g.com 常州顶呱呱彩棉服饰有限公司(顶呱呱品牌)

1-1-14 彩色
棉纤维测试题

8. http://sunjazz.hozest.com 上海顺时针企业发展有限公司(顺时针品牌)

9. http://www.texsources.com 纺织资源网

10. http://www.xueyang.cn 河南雪阳集团

11. http://www.naturalcottoncolor.com.br 彩色棉集团(彩棉时装)

2 彩色动物纤维

　　自然界中,许多动物的毛发和绢丝具有天然美丽的色彩。例如野蚕丝中,天蚕丝有翡翠绿、浅绿、金黄等颜色,又以绿色最为名贵;柞蚕丝为天然米黄色,如图 1-1-17 所示。羊驼毛则具有黑色、棕色、白色三类 22 种天然颜色。羊驼和羊驼纤维色泽分别如图 1-1-18 和表 1-1-3 所示。

(a) 绿色天蚕茧

(b) 黄色、绿色天蚕茧

(c) 柞蚕茧

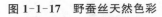
图 1-1-17　野蚕丝天然色彩

(a) 黑色苏力

(b) 棕色苏力

(c) 白色阿尔帕卡

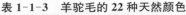
图 1-1-18　黑、棕、白三种天然色彩的羊驼

表 1-1-3　羊驼毛的 22 种天然颜色

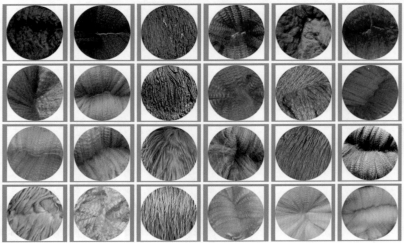

然而,最常使用的桑蚕丝和绵羊毛的颜色则多为白色,其产品一般需经染整加工。对天然色彩的动物纤维进行开发,有利于产品附加值的增加和资源的优化,有助于传统毛、丝产业冲破绿色贸易壁垒,赢得更广阔的市场,有利于避免织物加工过程中各种化学残留物对人体的危害和环境的污染。

2.1 彩色蚕丝纤维

2.1.1 彩色蚕丝纤维产业现状

致力于彩色蚕丝开发的研究人员,在自然基因突变的家蚕中,选出几种与天然彩丝相关的基因,进行修饰基因分析,采用染色体工程技术和方法,培育出天然彩色丝家蚕的品种,能结出淡黄色、金黄色、肉色、红色、淡绿色等彩色蚕茧,如图 1-1-19 和图 1-1-20 所示。

1-1-15 彩色蚕丝纤维导学十问

1-1-16 天然彩色蚕丝产业链视频

图 1-1-19 红色和黄色蚕茧

图 1-1-20 肉色和黄色蚕茧

1-1-17 天然彩色蚕丝 PPT 课件

日本东京大学研究者作道孝志认为,了解蚕的色素运输系统,有可能"为蚕丝的颜色和色素比例的基因操作铺平道路"。研究人员已经生产出黄色蚕丝。未来,这些家蚕可能吐出肉色或微红色蚕丝。自然界中的蚕茧颜色主要有白色、黄色、橙红色、粉红色和绿色。蚕丝的颜色取决于家蚕吃桑叶时对自然色素的吸收。利用遗传学吸收自然色素的能力,在彩色蚕丝的生产中起到了至关重要的作用。例如黄血基因能让家蚕从桑叶中吸收类胡萝卜素,而当黄血基因发生变异时,这个 DNA 片段被删除,因此它不能吸收类胡萝卜素,从而产生白色蚕丝。科学家发现存在这种基因突变的家蚕会产生一种有功能的类胡萝卜素捆绑蛋白(CBP),它能促进色素的吸收。因此,研究人员利用遗传工程技术,将原始的黄血基因引入基因突变的家蚕体内。这些转基因家蚕就会产生有功能的类胡萝卜素捆绑蛋白,吐出黄色蚕丝。经过多次杂交,蚕丝的黄色会变得更加鲜艳。

日本宇都工业大学的科学家培育出来的彩色蚕丝,利用了一种基因变性昆虫病毒去感染蚕的幼虫。这种病毒携带一种丝蛋白,其中含有来自水母的绿色荧光蛋白质基因的信息。该病毒感染蚕的幼虫细胞后,就嵌入蚕的脱氧核糖核酸中,用改造后的基因取代蚕的正常基因,使蚕吐出的丝成为一种能够在黑暗中发出绿色荧光的纤维。

日本农业生物资源研究所与群马县蚕丝技术中心等研究组于 2008 年 10 月 24 日宣布成功大量培养出荧光色的转基因蚕,如图 1-1-21 所示,并研发出蚕茧转为生丝时仍能保

图 1-1-21　荧光色蚕茧与蚕丝

持发光特性的方法。

这种蚕的体内被导入了水母、珊瑚等生物的荧光蛋白质基因，所结的茧在自然光照射下呈淡绿色或粉色，但经蓝色发光二极管等光线照射后，通过滤镜观察则呈荧光色。该成果可应用于衣料及家装等领域。

柬埔寨、泰国和越南都有生产黄色桑蚕丝产品的传统，如图 1-1-22 和图 1-1-23 所示。其中，柬埔寨生产彩色茧丝的悠久历史，有规模生产能力，目前饲养的彩色蚕品种全部是金黄茧。蚕农把彩色茧进行活蛹缫丝，缫得的丝仍然保持鲜艳的色彩。泰国蚕种饲养半数以上是自繁殖的多化性黄茧土种，泰国的丝绸商品出口主要是丝绸织物和绢丝，为附加值迅速提升的彩色蚕丝奠定了基础。泰绸在日本和欧美市场的声誉日益升高。

图 1-1-22　泰国黄色蚕茧

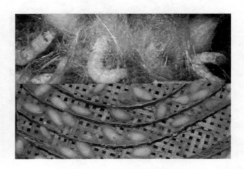

图 1-1-23　柬埔寨黄色蚕茧

中国的天然彩色蚕丝技术处于领先地位。浙江大学和浙江花神丝绸集团联合主持的彩色蚕丝生产技术，利用家蚕种资源库中天然有色基因获得天然彩色茧育种材料，进一步选育出天然彩色茧实用蚕品种系列。该技术能使蚕茧具有红、黄、绿、粉红和橘黄等颜色，并在浙江桐乡产业化生产，2005 年桐乡成功饲养彩色蚕茧 16 932 kg。

苏州大学蚕桑研究所从 20 世纪 90 年代起就致力于彩色茧的研究。2000 年，苏州大学与日本、柬埔寨合作研发彩色蚕茧，在柬埔寨收集了 100 多个彩茧原始品系，从中发现

图 1-1-24　金黄色家蚕茧

了一个颜色非常均匀的品种，之后通过基因重组和三年的精心培育，育出了金黄色家蚕品种（图 1-1-24），并利用桑蚕荧光色遗传机制，培育了荧光茧色判性蚕品种。该品种蚕茧在荧光灯下只显示两种颜色，如图 1-1-25 所示，即雄茧为黄荧光、雌茧为紫荧光，性别判断成功率稳定在 95% 以上。

西南大学家蚕基因组研究团队在中国工程院院士、世界著名蚕学家向仲怀教授的带领下，于 2003 年

完成了世界上首张家蚕基因组框架图,2008 年绘制了世界上首张家蚕全基因组精细图谱,并成功开发出中国第一个转基因新型有色茧实用蚕种,能结出色彩稳定的绿色茧,缫出首例转基因绿色蚕丝,如图 1-1-26 所示。用这种茧缫出的生丝在自然光线下呈现美丽的绿色,在紫外光下能发出绚丽的绿色荧光,如图 1-1-27 所示。西南大学蚕桑学重点实验室在家蚕基因框架图研究成果的基础上,通过精心选育,开发出红、黄、蓝、粉红等 40 余个彩色蚕茧品种,并在涪陵等地区推广。

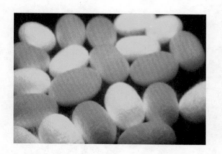

图 1-1-25　荧光茧色判性蚕茧

图 1-1-26　天然绿色家蚕茧

（a）正常光

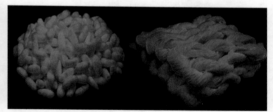

（b）紫外光

图 1-1-27　紫外光下发出荧光的绿色蚕茧与蚕丝色

2.1.2　彩色蚕茧的生产方法

（1）选养良种法。此类良种主要指彩色蚕品种。中国有碧连、大造、绵阳红、巴陵黄、安康四号等,日本有钟光×黄玉、PNG×PCG、群马中 125 等。饲养这些蚕品种可以直接获得五颜六色的天然彩色茧丝[图 1-1-28(a)]。

（a）彩色蚕种茧

（b）添食色素茧

（c）溶液浸泡茧

图 1-1-28　彩色蚕茧生产方法

（2）添食色素法。将不同颜色的矿石染料和明矾按一定比例溶解于水,制成不同颜色的颜料,用该颜料浸泡后的桑叶饲养家蚕,可改变家蚕绢丝腺的着色性能,从而获得不同颜色的彩色蚕茧;或者直接用有颜色饲料饲养家蚕,结出的茧子即具有与饲料类同的颜色[图 1-1-28(b)]。

(3)溶液浸泡法。将蚕浸泡在颜料、染料及它们的中间体重氮盐与一种加成聚合体的单体聚合而成的溶液中,使色素通过气门进入蚕体内,经血液到达绢丝腺,最后结出彩色茧;或者将白色茧子直接放入染料中煮染,形成有色茧,它与其他彩色茧有本质区别,与染色茧丝类同,没有环保性[图 1-1-28(c)]。

2.1.3 彩色蚕丝的性能

彩色蚕丝系天然多孔性蛋白质纤维,丝蛋白分子间的孔隙率比白色蚕丝大,蚕丝的色素主要集中在丝胶中。

(1)吸湿保湿性能。彩色蚕丝因其蛋白分子间有较大的孔隙率(图 1-1-29),故纤维具有良好的柔韧性、保暖性、吸湿放湿性和通气性。

(a)白色家蚕丝　　　　(b)多化性天然黄色家蚕丝　　　　(c)天然黄色家蚕丝

图 1-1-29　绿色蚕丝横截面(放大 3 000 倍)

(2)紫外线吸收能力。彩色蚕丝纤维中含有芳香族氨基酸,分子活性较大,对波长小于 300 nm 的紫外光具有良好的吸收性。如果用紫外线长时间照射蚕茧,茧内的蚕蛹发育、羽化的蚕蛾及后代均正常。但若将蚕蛹从茧内取出后直接照射,蚕蛹会受到严重影响,羽化的蚕蛾及后代大多会出现畸形。天然彩色蚕丝的这种优良的紫外线吸收能力,能有效地防止紫外线的透射。

(3)抗菌能力。彩色蚕丝的黄酮色素含量和类胡萝卜素含量明显高于白色蚕丝。黄色蚕丝的黄酮色素含量比白色蚕丝高 30%,类胡萝卜素含量高 33 倍;绿色蚕丝的黄酮色素含量比白色蚕丝高 4 倍,类胡萝卜素含量高 9 倍。彩色蚕丝中较高的黄酮色素含量和类胡萝卜素含量使其织物具有良好的抗菌能力,如表 1-1-4 所示。彩色蚕丝织物对黄色葡萄球菌、MRSA、绿脓菌、大肠杆菌、枯草杆菌和黑色芽孢菌 G+ 等的抑制作用,明显优于棉和白蚕丝织物。此外,多孔的蚕丝纤维具有类似活性炭的作用,故蚕丝织物还具有消臭的功能。

(4)抗氧化能力。生物在生命活动中会不断地产生活性氧自由基,它会破坏生物的功能分子,对机体产生危害。蚕丝具有分解自由基的活性,其中绿色蚕丝的分解能力最强,可将 90% 的活性氧自由基分解;其次是黄色蚕丝,能分解 50%;白色蚕丝仅分解 30%。

表 1-1-4　彩色蚕丝织物的抗菌效果

细菌种类	抑菌率/%			
	棉织物	白蚕丝织物	绿蚕丝织物	黄蚕丝织物
黄色葡萄糖球菌	37.2	72.1	99.3	92.8
MRSA	41.0	69.8	99.7	98.6
绿脓菌	29.4	66.6	99.8	97.1
大肠杆菌	45.2	67.2	98.4	93.7
枯草杆菌	39.4	65.3	97.8	91.8
黑色芽孢菌 G+	36.7	78.4	98.9	94.3

(5) 色素分布不匀和不稳定性。天然彩色家蚕茧的色素来源于桑叶或在蚕体内自身合成,无毒无害,色彩自然,色调柔和,有些色彩是染色工艺难以模拟的。但由于对家蚕茧的色素特性和利用方法的研究不够,加上家蚕茧色受到近 20 个基因的调控,遗传规律复杂,常见的红黄色系列蚕茧的色素主要集中在丝胶中,并且在茧层中的分布不匀,导致生丝颜色不匀,缫丝、精练等过程中脱胶不均一和色素流失而形成花斑丝。

1-1-18 彩色蚕丝纤维测试题

2.2　彩色羊毛纤维

2.2.1　彩色羊毛纤维产业现状

美国、俄罗斯、英国、法国、澳大利亚等国家都在研究、培养和繁殖有色绵羊品种。目前,已初步培育出鲜红色、浅蓝色、金黄色、琥珀色、紫黑色、灰色及雪青色的有色绵羊,如图 1-1-30 所示。在国际市场上,天然彩色毛织物非常畅销,价格也不断上涨,这更刺激了各国相关研究工作的开展。

1-1-19 天然彩色毛发纤维导学十问

图 1-1-30　天然彩色绵羊

1-1-20 天然彩色羊毛纤维产业链视频

1-1-21 天然彩色兔毛纤维产业链视频

俄罗斯、法国、澳大利亚、印度尼西亚及美国的科学工作者经过多年的艰苦研究和试验,发现了一个重大科学奥秘:给绵羊饲喂不同的微量金属元素,能改变绵羊的毛色。依据铁元素能使绵羊毛变成浅红色、铜元素能使绵羊毛变成浅蓝色的基本原理,可初步批量培育出供进一步试验研究、作为种材使用、具有鲜艳颜色(如浅红色、浅蓝色、金黄色及

1-1-22 彩色毛发纤维 PPT 课件

浅灰色)的彩色绵羊,或称有色绵羊。

世界上最大的产毛国澳大利亚已培育出蓝色绵羊,色泽从浅蓝、天蓝到海蓝。这些身长蓝色毛的绵羊经配种,繁殖了苏塞克斯种的彩色绵羊。苏塞克斯种的彩色绵羊繁殖数代,羊毛没有褪色且毛质优良。科学家分析认为,这是羊体内的主导基因决定的,找出主导基因则有望培育繁殖彩色绵羊,这会在彩色纤维家族增添天然彩色羊毛。

2.2.2 彩色羊毛纤维特点

彩色绵羊毛及其制品,经风吹、日晒、雨淋后,其毛色仍然鲜艳如初,毫不褪色。彩色羊毛纤维因不需要染色加工,不会被染料残留的化学物质腐蚀,因此韧性很强,质地坚实,耐磨耐穿,使用寿命长,性能比染色加工的羊毛更优越。

2.3 彩色兔毛(绒)纤维

2.3.1 彩色兔毛(绒)纤维产业现状

彩色长毛兔是美国加州动物专家经二十多年选育培养而成的新毛兔品种。该兔育成后,首先在美、英、法等国作为观赏性动物饲养,全世界的数量极少。20 世纪 80 年代末,我国家兔育种委员会从美国某动物研究所引进优良彩色兔种,现已培育出黑、米黄、咖、青紫蓝、银灰及棕等十多种颜色的彩色兔,如图 1-1-31 所示。

图 1-1-31 天然彩色长毛兔

2.3.2 彩色兔毛(绒)纤维结构

兔绒和兔毛纤维一样,是髓腔纤维,髓质层的结构与羊毛不同,多为点状髓或单列断续髓,由结构较为规则的长方形空腔构成,腔室间互不相通,腔内还有一些大小不等、近似球状的物质,如图 1-1-32 所示。兔绒的髓腔和纤细特征使兔绒纤维具有非常优异的保暖性能。

兔绒的鳞片紧贴毛干,呈菱形和斜条状形态。鳞片紧贴毛干的特性使兔绒纤维手感光滑,同时使纤维的抱合力较小。

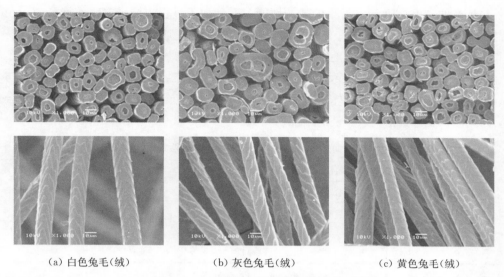

| （a）白色兔毛（绒） | （b）灰色兔毛（绒） | （c）黄色兔毛（绒） |

图 1-1-32　彩色兔毛（绒）纤维形态结构

2.3.3　彩色兔毛（绒）纤维性能

（1）色泽特征。一般而言，彩色长毛兔全身的毛发色泽一致，有黑、灰、黄、驼、棕、蓝等十几个色系，并且大多数纤维的毛梢、毛干和毛根分段呈现二三种不同颜色，如图 1-1-33 所示，使混合后的纱条颜色具有立体效果和层次感。色泽天成的特点使彩色兔毛有其他天然毛纤维不可比拟的优点。在加工生产中，不需染色，就能够满足织物对多种色彩的需求，产品颜色均匀无色差，色泽自然、柔和、美观，并且没有染色织物由水洗、日晒、汗渍等引起的褪色、沾色问题。

 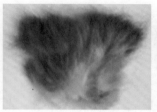 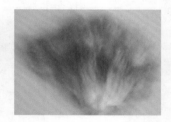

图 1-1-33　彩色兔毛（绒）的分段颜色

（2）细度与长度。彩色兔毛纤维中，有粗毛和细绒两种不同粗细的纤维。直径在 30 μm 以上的粗毛约占 10%～15%。粗毛可使兔毛产品增加立体感，但粗毛的脆硬特性会增加产品掉毛的概率及穿着时的刺痒感。与山羊绒不同的是，彩色兔毛中的粗毛大多数是以与细绒同体的两型毛状态存在的，即同一根纤维上，上半截是粗毛，下半截是细绒。彩色兔毛细绒的平均直径为 10.2～14.6 μm（白色兔毛的平均直径为 12.9～13.9 μm，直径离散度为 28%～36%），与白色兔毛相近，是天然特种动物纤维中最细的。

白色兔毛的平均长度为 64 mm，白羊绒的平均长度为 40 mm，80 支细羊毛的平均长度为 60 mm；彩色兔毛的平均长度为 30～70 mm，最长的可达到 110 mm 以上。天然彩色兔毛较长的特征使其具有更好的可纺性。

（3）卷曲与摩擦性能。纤维的卷曲性能关系到加工过程中纤维之间的抱合力大小及产品的手感。如果纤维具有适当的卷曲数及良好的卷曲弹性，则纤维间抱合力大，易于加工，产品质量较高。彩色兔毛纤维与几种毛纤维的卷曲性能比较如表 1-1-5 所示。彩色兔毛和白色兔毛的卷曲数、卷曲率小于 70 支澳毛和羊绒，彩色兔毛的卷曲弹性与羊毛、羊绒接近。彩色兔毛的总体卷曲性能与白色兔毛相近，在工艺性能上表现为抱合力差，成纱加工难度随着兔毛比例的增加而增大。

表 1-1-5　彩色兔毛纤维与几种毛纤维的卷曲性能比较

纤维种类	卷曲数/（个·cm⁻¹）	卷曲率/%	卷曲弹性回复率/%	卷曲残留率/%
彩色兔毛	2～3	5	85	5
白色兔毛	2～3	2	45	1
70 支澳毛	6～8	11	90	10
白色羊绒	4～6	11	85	10

彩色兔毛纤维与几种毛纤维的摩擦性能比较如表 1-1-6 所示，其动、静摩擦因数均小于 70 支澳毛和羊绒，这是它手感滑爽的原因之一。

表 1-1-6　彩色兔毛纤维与几种毛纤维的摩擦性能比较

纤维种类	顺鳞片摩擦因数		逆鳞片摩擦因数	
	动摩擦	静摩擦	动摩擦	静摩擦
彩色兔毛	0.13	0.19	0.17	0.25
白色兔毛	0.11	0.19	0.27	0.33
70 支澳毛	0.25	0.32	0.45	0.50
白色羊绒	0.20	0.26	0.29	0.36

（4）力学与物理性能。彩色兔毛的初始模量比羊毛、羊绒高，但断裂强度、断裂伸长、断裂功都较低，因此在加工过程中应采用轻缓梳理工艺，保护纤维少受损伤。保持纤维的强度及长度，可以有效降低衣物穿用时的掉毛现象。

彩色兔毛具有与白兔毛纤维同样发达的髓腔，平均密度比其他动物纤维低，多为 1.1～1.2 g/cm³，制成的衣物轻爽、舒适，保暖性好。

彩色兔毛的含油脂量与白兔毛相近，一般不超过 1.2%；含杂较少，也较干净，不需洗毛，但要加适量和毛油，以利于加工顺利。

在气温 21 ℃、相对湿度为 65% 时，彩色兔毛的质量比电阻约为 1.5×10^{11} Ω，远大于羊毛，静电现象严重，生产中需要选用抗静电性能好的抗静电油剂或者加入少量导电纤维进行调节。

【彩色动物纤维产业链网站】

1. http://www.hzhsy.com 湖州禾桑园农业科技开发有限公司（彩色桑丝）

2. http://twopenniesfarm.com

3. http://www.navajo-churrosheep.com

4. http://www.ncwga.org（黑色绵羊）

1-1-23　彩色毛发纤维测试题

第二节　变性天然纤维
——拉细羊毛

羊毛是一种重要的天然纺织原料,具有弹性好、吸湿性强、保暖性好、不易沾污、光泽柔和等优良特性。这些特性使其织物具有独特的风格和使用功能,尤其是细支羊毛($18\sim21\ \mu m$)和超细支羊毛($15\sim18\ \mu m$)所加工的各种高级衣用面料,更是当今高档毛纺织品的主流。但同时,羊毛细度越小,其价格上升越快。2005 年由意大利洛罗·皮亚纳时装公司买下的 93 kg 年度最细羊毛,每根羊毛直径只有 11.8 μm,总价为 17.48 万美元,相当于 1 880 美元/kg,是普通羊毛市场价的 357 倍。当前,随着人们生活水平的提高,羊毛织物的轻薄化已经成为不可逆转的发展趋势。因此,解决细支羊毛短缺且价格高的问题,变得非常紧迫。

1-1-24　变性天然纤维导学十问

目前有效获得细支羊毛的方法主要有三种:一是羊种的遗传培育与改良;二是羊毛纤维的减量变性处理;三是羊毛纤维的拉伸细化加工。

羊种改良在早期主要通过选育优质羊种进行杂交来完成。但这一过程历时较长,很难在短期内获得明显效果。20 世纪 80 年代后,生物技术在羊种遗传育种和改良中得到应用。但由于这些生物技术仍未成熟或者应用成本高等原因,在此方面未得到广泛应用。羊毛减量变性处理主要通过部分或者全部剥除纤维表面鳞片的方法来改善纤维摩擦性能,提高毛织物的尺寸稳定性,赋予纤维优良的光泽和滑爽的手感。这种方法只能在一定程度上使纤维变细,一般直径仅减小 1.5~2.0 μm,而且对纤维表面鳞片的损伤很大,破坏了纤维的原有结构。

由于前两种方式的种种不足,人们把大量获得细支羊毛的希望寄托在拉伸细化技术上。羊毛拉伸细化技术是一种环境友好型的羊毛改性技术,它采用物理和化学加工相结合的方法,将毛条中的羊毛纤维拉细,并将其定形,由此技术加工得到的羊毛纤维称为拉细羊毛。这种方法可将羊毛纤维的细度显著减小,由此生产的织物光泽好,手感如同真丝,悬垂性优良。此外,应用该方法可将中等细度羊毛加工成超细、超长羊毛,极大地提高羊毛纤维的使用价值。因此,拉伸细化技术是一种蕴含极大经济价值和市场前景的工艺。

1 羊毛拉伸细化研究与产业发展现状

羊毛拉伸细化技术是 20 世纪 90 年代羊毛科学和工业加工中的前沿技术,该技术是继"羊毛氯化防缩机可洗工艺"推出以来的又一项重要技术突破。目前,国内外对羊毛拉伸细化技术均有研究,并已取得一定的成果,其中的佼佼者是澳大利亚联邦工业与科学研究院(CSIRO)的科学家。

1-1-25　拉伸羊毛纤维 PPT 课件

1.1　国外羊毛拉伸细化研究与产业发展现状

羊毛拉伸细化的相关研究最早始于澳大利亚联邦工业与科学研究院(CSIRO)的

David Phillips 博士所带领的团队。这一技术从构思到工业化生产,总共历时约 15 年。其过程具体可分为四个阶段:1984 年开始提出技术构想;1985—1987 年开始前期基础试验;1989 年申请短纤维拉伸技术专利;90 年代国外出现了这项技术的专利报道,并由 CSIRO 与日本合作开始产业化生产,1998 年 7 月正式投产,并申请了 Optim™ 这一商标。该技术包括纤维预处理、机械拉伸、化学定形等一系列专利技术,其设备如图 1-1-34 所示。

图 1-1-34　Optim™ 羊毛拉伸细化加工设备

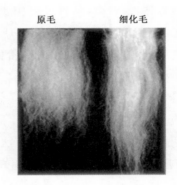

图 1-1-35　拉细前后的羊毛长度

　　CSIRO 的羊毛细化过程通过对无捻毛条施以假捻,再经拉伸细化加工,制得 Optim 精梳条,毛条中的纤维长度大幅增加,见图 1-1-35。若采用不同的定形工艺,该技术可制得两种性能不同的纤维:Optim Fine 纤维,直径可比细化前减小 3~4 μm,纤维性能得到极大优化,可用于生产光泽较好、手感如同真丝、悬垂性优良的轻薄织物;Optim Max 纤维,缩水处理后长度可缩短 20%~25%,通过与普通羊毛纤维混纺,可用于制造轻薄型蓬松针织物[①],如图 1-1-36 所示。我国内蒙古鹿王集团耗资 1 000 万元购买了第一台可以用于产业化的这种设备,其产品销量非常好。

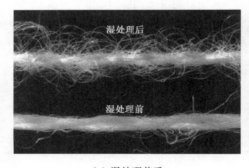

(a) 湿处理前后

(b) 纱线实物

图 1-1-36　Optim™ 与普通羊毛混纺膨松纱

　　此外,日本科学家曾开发出一种羊毛拉伸细化技术,其主要特点在于所拉伸的是平行排列的毛条,不对毛条施加任何捻度,主要通过多组加压罗拉的速度差来实现羊毛纤

　　① 刘洪玲,于伟东,章悦庭.羊毛拉伸细化技术综述[J]. 东华大学学报,2002,28(3):114-119.

维的拉伸细化。但这项技术的缺点明显，纤维很难被严格握持，所获得的细化羊毛纤维的离散程度较大，因此逐渐被淘汰。

1.2　国内羊毛拉伸细化研究与产业发展现状

国内在羊毛拉伸细化技术方面的研究起步较晚，主要从 20 世纪 90 年代末开始出现相关的研究报道。2002 年，天津工业大学与内蒙古鄂尔多斯集团合作开发了一套与澳大利亚类似的假捻拉伸细化工艺及设备，但由于细化效果不佳，并未投入生产。东华大学于伟东教授带领的科研团队也在羊毛拉伸细化方面进行了深入的研究，并提出了一套羊毛拉伸细化工艺，其主要特点是纤维拉伸后可采用二次定形技术分别获得永久和暂时定形纤维。该团队在预处理试剂、拉伸细化工艺方面取得了多项专利。此外，上海毛麻科学技术研究所等单位也对羊毛拉伸细化进行了一定的研究。目前，我国已有针对拉细羊毛的国家标准 GB/T 24317—2009《拉伸羊毛毛条》。不过，当前国内的研究多处于理论阶段，至今未有产业化应用的相关设备出现，在此方面与国际先进水平还存在一定的差距。

2　拉细羊毛纤维的形态结构

羊毛纤维经过一系列物理化学过程处理得以拉伸细化，在此过程中纤维的形态结构必然会发生很大的变化。通过扫描电镜（SEM）观察发现，拉细羊毛与普通羊毛纤维一样，纵向表面都覆盖有一层较厚的鳞片层，如图 1-1-37 所示。但细化羊毛的表面鳞片明显被拉长，鳞片厚度变得更薄，鳞片的间距也有所增大，并且少量鳞片细胞存在边缘翘起现象。通过对拉细羊毛纤维的横截面进行观察发现，在羊毛纤维伸长的同时，其截面形态也发生了较大的变化，如图 1-1-38 所示。未拉伸的羊毛纤维截面为圆形或椭圆形，拉伸后纤维截面由近圆形变为多边形，形成了异形截面，这可能就是导致拉伸细化羊毛具有丝般光泽的重要因素。

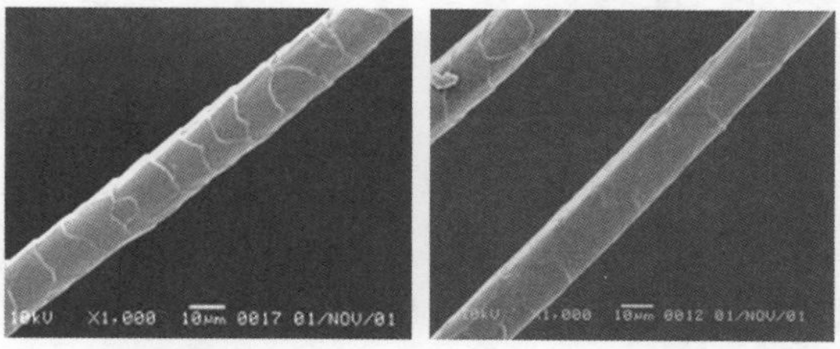

(a) 细化前　　(b) 细化后

图 1-1-37　拉伸细化前后羊毛纵面形态

(a) 细化前　　(b) 细化后

图 1-1-38　拉伸细化前后羊毛横截面形态

3　拉细羊毛纤维的品质

拉伸细化处理后，随着羊毛纤维的形态结构的改变，其纤维品质会发生较大的变化。

3.1　拉细羊毛纤维的长度

拉细羊毛在加工过程中,其长度必然随着拉伸倍数的增大而增加,表 1-1-7 所示为采用 Uster-Almeter 仪器测得的 Optim 纤维与 100 支羊毛、70 支羊毛的豪特长度(H)。拉伸细化后,细化羊毛长度增加明显,但同时纤维长度不匀增加,纤维中短纤维数量增加。

表 1-1-7　Optim 纤维与 100 支、70 支普通毛纤维的豪特长度(H)

指标	100 支羊毛	70 支羊毛	Optim 纤维	相对变化率/%	
				100 支羊毛	70 支羊毛
H/mm	62.3	67.2	81.1	30.18	20.68
CV_H/%	38.6	49.5	65.1	68.65	31.52

注：表中 Optim 纤维的加工原料为 70 支羊毛。

3.2　拉细羊毛纤维的细度

羊毛在经过拉伸细化处理后,根据拉伸倍数的不同,纤维直径通常能降低 3～4 μm。实际生产中,70 支羊毛的平均直径约为 19 μm,将其拉伸细化后所得到的 Optim 纤维的平均直径可降低到 16 μm 左右。

3.3　拉细羊毛纤维的强度

拉细羊毛的强度通常优于加工前的原毛,同时纤维的断裂伸长率和断裂比功与原毛相比有明显的下降。因此,细化羊毛的弹性和耐疲劳性较差。

3.4　拉细羊毛纤维的表面摩擦性能

拉伸羊毛纤维的顺鳞片摩擦因数变化不大,而逆鳞片摩擦因数下降明显。因此,细化羊毛纤维的差微摩擦效应大幅降低。这一特征对于防止羊毛的毡缩效果极为有利。

3.5　拉细羊毛纤维的光泽

由于拉伸细化过程中羊毛纤维的截面形态由圆形或近圆形转变为多边形,表面鳞片结构发生改变,因此,拉细羊毛纤维具有丝一般的光泽,其表面光泽普遍优于原毛。

1-1-26　拉伸羊毛产业链视频

1-1-27　变性天然纤维测试题

【拉伸羊毛产业链网站】

1. http://www.csiro.au

2. http://www.csiropedia.csiro.au

3. http://www.woolmark.net.cn

4. http://www.mielkesfarm.com/images/fibers/optim

5. www.jilutex.com 冀鲁纺织

6. http://www.imaoshan.com 毛衫纵横

7. http://www.iwto.org/国际毛纺织组织

8. http://www.cwta.org.cn 中国毛纺织行业协会

第三节 新品种天然纤维

——木棉纤维、汉麻纤维、竹原纤维

1 木棉纤维

1.1 木棉纤维研究与产业发展现状

木棉纤维是锦葵目木棉科内几种栽培种植物果荚内附着的纤维,属单细胞纤维,与棉纤维相同。但棉纤维是种子纤维,由种子的表皮细胞生长而成纤维附着于种子上;木棉纤维是果实纤维,附着于木棉蒴果壳内壁,由内壁细胞发育、生长而成,如图 1-1-39 所示。木棉纤维在蒴果壳体内壁的附着力小,一般不需要专门的初加工设备,只需通过箩筐筛动,木棉种子便可与木棉纤维分离。各种木棉纤维如图 1-1-40 所示。

1-1-28 木棉纤维导学十问

（a）木棉树　　　　　（b）木棉花　　　　　（c）木棉蒴果　　　　　（d）木棉纤维

图 1-1-39　木棉纤维的形成

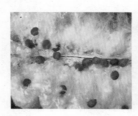

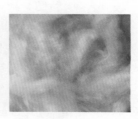

（a）带籽木棉（黄）　　（b）带籽木棉（棕）　　（c）带籽木棉（白）　　（d）分离后木棉纤维（黄）

图 1-1-40　木棉纤维

1.1.1 木棉纤维的传统研究与应用

（1）浮力材料。1946 年，美国海岸警卫队对木棉、玻璃纤维、Cattail、Milkweeds 等天然纤维集合体进行了浮力试验，得出木棉是其中最佳的浮力材料；1982 年，又对木棉和 PVC、PE 等泡沫塑料填充的救生衣进行了实际穿着试验，证明泡沫塑料救生衣在穿用中由于老化而破损，而木棉救生衣则不存在此问题，具有独特的优势。

（2）被褥、枕芯、靠垫等家居纺织品。木棉纤维具有不吸潮、不易缠结和防虫防蛀等优异特性，非常适宜作为褥垫和枕芯的填充材料，如图 1-1-41(a)、(b)、(c)所示。同时，木棉纤维的薄壁、大中空结构使其能捕捉大量静止空气而具有良好的保暖性，但压缩弹性较差，在反复持久压缩下，蓬松性能会明显降低，这导致了木棉纤维未能在这些领域广泛应用。

1-1-29 木棉纤维的开发应用 PPT 课件

(a) 木棉靠垫 1　　　(b) 木棉靠垫 2　　　(c) 木棉褥垫　　　(d) 木棉黎锦

图 1-1-41　木棉传统产品

（3）黎锦织物。黎锦堪称中国纺织史上的"活化石"，它的历史已经超过 3 000 年，是中国最早的棉纺织品。早在春秋战国时期，史书上就称其为"吉贝布"，"吉贝"在黎语中正是木棉的意思。野生木棉在南方有广泛的分布，而地处热带气候的海南岛出产的木棉纤维质量上乘，它为黎锦的诞生提供了物质基础。

木棉的果实成熟后，白色的棉絮随风飘舞，心灵手巧的黎族祖先很早就发现了木棉的用处，利用木棉纺纱织布。中国博物馆所藏清代《琼州海黎图纺织图》记载："其地惟产木棉一种，春花夏实。黎妇采子取棉，以手足纫线，染成绚烂色，织为吉贝。"黎族人采用木棉蒴果内的棉毛或其他种类的棉花做纬线，以苎麻等纤维做经线，再用天然植物色素作为颜料染色，然后织成一种特色花棉布——黎锦，如图 1-1-41(d)所示。从宋代到清代，黎锦都是向朝廷进贡的珍品，被誉为"东粤棉布之最美者"。

1.1.2 木棉纤维的现代研究与应用

（1）中高档服装、家纺面料。一直以来，由于木棉纤维的长度较短、强度低、表面较光滑、抱合力差、扭转刚度大和缺乏弹性，成纱比较困难，导致其在纺织方面的应用具有很大的局限性。随着现代纺织技术的发展，特别是新型纺纱技术的进步，以及木棉纤维自身具有的绿色生态、超轻保暖、天然抗菌、吸湿导湿等优良特性，木棉纤维在服用、产业用纺织品等领域得到了发展。

1992 年，O.K.Sunmonu 最早用转杯纺纱技术纺出木棉与棉的混纺比为 60/40 和 50/50 的纱线，该混纺纱光泽较好，但强度比棉纱线低得多，其他很多性能也不如棉纱线，只能用于对纱线强度要求不高的领域。2003 年，B.M.D.Danda 等人通过转杯纺纱方法在常

1-1-30 木棉纤维的产品品种 PPT 课件

1-1-31 木棉纤维织物视频

规纺纱条件下将棉和木棉混纺,两者的混纺比分别为 80/20、70/30、60/40、50/50,并研究了木棉纤维的可纺性能及不同混纺比例下纱线的力学性能。

木棉纤维混纺纱因木棉纤维表面光滑,随着混纺纱中木棉纤维含量的增加,纤维间的滑移增加,这导致混纺纱强度降低,断裂伸长增加;木棉纤维质轻,导致纤维不能在转杯附近均匀集聚,因此混纺纱的纱疵、条干不匀率增加。

2003 年,日本大和纺织公司生产的木棉/棉混纺织物投放市场,木棉含量为 30%～50%,主要用于制作妇女轻量短大衣、衬衫和连衣裙及男士上装。

2006 年,上海纺织(集团)有限公司、上海日舒纺织科技公司与上海金考拉服饰公司共同进行科技攻关,开发出"木棉环锭纺纱技术",研发出来的木棉纱线被命名为"赛帛尔 CEI-BOR(金慕棉)",同时开发出首款木棉保暖内衣和其他赛帛尔木棉制品,如图 1-1-42 所示。

(a) 赛帛尔®纱　　　　(b) 木棉絮片　　　　(c) 木棉床品　　　　(d) 木棉被褥

图 1-1-42　赛帛尔木棉产品

目前,上海攀铭企业发展有限公司利用自己的专利技术纺制 18.2～27.8 tex 的木棉混纺纱线,木棉纤维含量可达 70%,已应用于针织内衣、绒线衫、床上用品和袜类等领域。

(2)中高档被褥、枕芯、靠垫等的填充料。木棉纤维的压缩弹性较差,作为填充料时容易被压扁毡化,尤其在湿热环境和反复持久压缩下,产品的柔软舒适性和保暖性衰减较快,蓬松性能明显降低,且絮片强度低,局部会出现破洞,传统木棉纤维只能作为低档的填充材料。2004 年,东华大学开发了一种"持久柔软保暖木棉絮片的制造技术",即选用25%～90%天然木棉纤维、5%～40%低熔点纤维、0%～70%压缩回弹性好的化学纤维,将纤维原料混合开松后进行成网,再将成网得到的纤网进行黏合处理,获得了木棉纤维集合体较为合理的聚集状态。利用该技术制造的木棉絮片,其强度、压缩弹性、保暖性能的持久性都可与市场上的九孔涤纶絮片相媲美,而且在柔软舒适度、透气性和绿色环保性能等方面具有一定优势,可作为中高档被褥絮片、芯片、靠垫等的填充料。

(3)救生用品的浮力材料。木棉是天然纤维中最轻、中空度最高的纤维,其纺织制品能够承载自身质量 20 倍以上的重物且仍可漂浮在水面,这一特点使木棉纤维成为救生服的理想材料,如图1-1-43 所示。木棉集合体浮囊具有良

图 1-1-43　木棉救生服

好的浮力保持性,即使包装材料略有破损,在水中浸泡30天,其浮力仅下降10%,且干燥后木棉集合体可恢复其浮力。我国军方对木棉纤维和泡沫塑料的浮力、浮力损失率及压缩性能进行了研究,并决定选用木棉作为军用救生衣的浮力材料。东华大学木棉研究课题组也进行了相关研究,获得了木棉救生功能纺织品的制造方法专利。在2008年中国国际工业博览会上,东华大学推出了用木棉纤维制成的"救生衣"。

(4)隔热、吸声和吸油材料。木棉除用于浮力材料外,还可用于房屋的隔热层和吸声层填料。1998年,德国Dresden技术大学开发了木棉-毛复合隔热保暖建筑用材料,试验证明复合材料比单一毛纤维的隔热材料具有更好的吸热性和热滞留性。木棉纤维具有很高的吸油性,可吸收约30倍于其自身质量的油,是聚丙烯纤维的3倍,对植物油、矿物油,无论是水上浮油还是空气中的油分,都能吸收。吸油后的木棉纤维如图1-1-44所示。目前已经商品化的吸油材料主要有木棉纤维、聚丙烯非织造布和凝胶化剂,其中木棉纤维是最早使用的吸油材料,所占市场份额最大,约占天然吸油材料销售量的80%。各种类型的木棉吸油制品如图1-1-45。

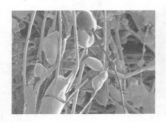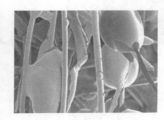

图1-1-44　吸油后的木棉纤维

(a)吸油毡　　　　　　　(b)围油栏　　　　　　　(c)吸油枕

图1-1-45　木棉吸油制品

1.2　木棉纤维的种类

(1)按品种分,木棉纤维主要指木棉属的木棉种(学名Gossampinus Malabarica)、长果木棉种(学名Gossampinus Insignis)和吉贝种(学名Ceiba Pentangra Gaeritn)这三种植物果实内的纤维。木棉纤维的英文名称有Kapok(东南亚),最典型的有Indian Kapok、Java Kapok和Tree Cotton、Java Cotton(印度)及Silk Cotton(英国)等。

(2)按纤维色泽分,木棉纤维有白色、黄色和黄棕色三种,如图1-1-46所示。

(3)按纤维产地分,有爪哇木棉和印度木棉之称。爪哇木棉原产于热带美洲和东印度群岛,现广泛引种于东南亚及非洲热带地区,我国云南、广西、广东、海南等热带地区有栽培。

图 1-1-46　木棉纤维的三种颜色

纤维呈浅黄、浅褐色,有较强的光泽,长度为 8～32 mm,如图 1-1-47 所示。每根纤维由一个单细胞发育而成,呈中空圆管状,细胞破裂后收缩呈扁带形。胞壁较薄,两端封闭,中段较粗,根端钝圆,梢端较细。中段直径为 18～45 μm,平均直径为 30～36 μm,壁厚为 0.5～2 μm。印度木棉是木棉属的栽培种,又称西马尔棉,颜色为深棕黄,长度为 10～28 mm,直径为 15～25 μm,其他性状类似爪哇木棉,但承载浮力仅为其自身质量的 10～15 倍,浸水 30 天,浮力损失约 10%。

　（a）木棉树　　　　　　（b）木棉花　　　　　　（c）木棉蒴果　　　　　（d）木棉纤维

图 1-1-47　爪哇木棉

1.3　木棉纤维的结构特征

　　木棉纤维的纵向外观呈圆柱形,表面光滑无转曲,中段较粗,根端钝圆,梢端较细,两端封闭。纤维截面为圆形或椭圆形的大中空管壁,中空度高达 80%～90%,如图 1-1-48 所示,其中腔和壁厚的比值约 10:1～20:1,而棉纤维的中腔和壁厚的比值约 2:1～3:1。成熟的木棉纤维很容易从果荚脱落,不像棉纤维那样需要较强外力从种子分离,所以其附着端总是紧闭的。未破坏的木棉纤维呈气囊结构,外部物质难以进入其中腔,破裂后纤维呈扁带状。

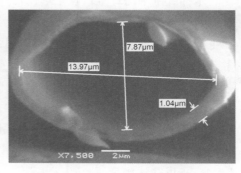

图 1-1-48　木棉纤维的空腔结构

1-1-32　木棉纤维的结构性能 PPT 课件

　　木棉纤维的横截面和纵向外观形态结构如图1-1-49 所示。木棉纤维截面为圆形或椭圆形,纵面无天然转曲,呈圆柱形,外壁光滑。有史料记载:"黎族妇女操作,把木棉花絮一丝丝地接起来,放在腿上搓捻,用左手转动一端装有泥饼或铜钱的小枝做的纺锤,卷成纱锭。"那是因为木棉纤维无天然转曲,要用人工让它产生捻曲,但这样的捻曲不如天然转曲(如棉纤维)牢固。

木棉纤维的结晶度为 33%,棉纤维的结晶度为 54%,木棉纤维的结构较棉纤维松散,孔隙率较棉纤维大。

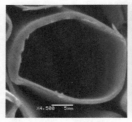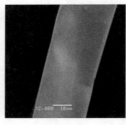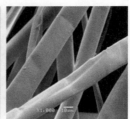

(a) 横截面　　　　　　　　　　　　　(b) 纵向

图 1-1-49　木棉纤维的形态结构

1.4　木棉纤维的性能

1.4.1　化学组成和化学性能

木棉纤维由纤维素、木质素、蜡质、灰分等组成,其表面富含蜡质,因而光滑不吸水,不易弯曲缠结,亦可防虫。表 1-1-8 所示为木棉和棉纤维的化学组成和化学性能。

表 1-1-8　木棉和棉纤维的化学组成和化学性能

纤维	化学组成/%					化学性能
	纤维素	木质素	蜡质	果胶	其他非纤维性物质	
木棉	65	13	0.8	0.4	20.8	耐碱,耐弱酸,耐稀酸
棉	94	0	0.6	1.2	4.2	较耐碱,不耐酸

木棉纤维中的纤维素含量远比棉纤维少,而木质素含量较多。高含量木质素使木棉纤维具有天然抗菌功效、吸水快干、天然无机物含量高和优良的吸附性能。木质素的存在也导致木棉纤维具有较大的扭转刚度。在木棉纤维纺纱过程中可考虑去除部分木质素,以避免其在纺纱中的退捻现象。

木棉纤维具有良好的化学性能,耐酸性好,常温下稀酸对其没有影响,醋酸等弱酸对其也没有影响。木棉纤维溶解于 30 ℃、75% 的硫酸和 100 ℃、65% 的硝酸,部分溶解于 100 ℃、35% 的盐酸。木棉纤维的耐碱性能良好,常温下 NaOH 对木棉没有影响,在适当条件下用 NaOH 对木棉纤维进行处理,可改善其力学性能。

1.4.2　长度和线密度

木棉纤维长度为 8~32 mm,平均直径为 32~36 μm,纤维中段外径为 18~45 μm,细胞壁厚 0.5~2 μm,属亚纳米级材料,纤维线密度为 0.6~3.2 dtex。

1.4.3　物理性能

(1) 吸湿性。在标准大气条件下,木棉纤维的回潮率达 10.0%~10.7%,和丝光棉的回潮率(10.6%)相当。这主要源自纤维内部的半纤维素能快速地吸水膨胀。同时,在木质素的输送作用下,纤维内部的水分可以快速干燥。

(2)扭转刚度。木棉纤维的扭转刚度为 71.5×10^{-4} cN·cm /tex,棉纤维为 7.74×10^{-4} cN·cm /tex,玻璃纤维为 64.0×10^{-4} cN·cm /tex,木棉纤维的扭转刚度比玻璃纤维还大。木棉纤维的这一特性导致纤维纺纱时加捻效率降低。

(3)纤维密度。木棉纤维的密度为 0.29 g/cm³,是棉纤维的1/5。

1.4.4　拉伸性能

(1)拉伸曲线。木棉纤维的拉伸曲线与棉纤维相似,都没有明显的屈服点,如图 1-1-50 所示。随着负荷的增加,木棉纤维的强力和伸长之间呈现较好的线性相关。

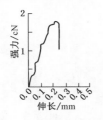 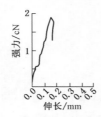 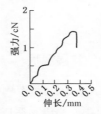 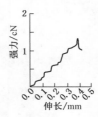

(a) 印尼 0.63 dtex 木棉　　(b) 印尼 0.82 dtex 木棉　　(c) 泰国 0.65 dtex 木棉　　(d) 泰国 0.75 dtex 木棉

图 1-1-50　木棉纤维的拉伸曲线

(2)拉伸性能。木棉纤维的断裂强力比较低,表 1-1-9 所示是与上述拉伸曲线对应的四种木棉纤维的断裂强力和断裂伸长率实测值。从表中可看出,木棉纤维的平均断裂强力均低于 2 cN,平均断裂伸长率小于 4.5%,远远小于棉纤维的断裂强力和断裂伸长率。四种木棉的断裂强力均值为 1.44~1.71 cN,大于现有梳棉机对纤维最低断裂强力 1.2 cN 的要求,这对木棉纤维纺纱具有重要的意义。但四种木棉纤维中,断裂强力低于 1.2 cN 的均占一定比例,线密度越小,这一比例越大,给木棉纺纱带来一定的困难。

表 1-1-9　木棉纤维的拉伸性能

纤维规格	断裂强力				断裂强度/ (cN· dtex⁻¹)	断裂伸长率		
	均值/ cN	范围/ cN	<1.2 cN 百分数/%	CV/%		均值/%	范围/%	CV/%
0.63 dtex,手扯长度 19.5 mm	1.68	1.0~3.3	21.7	37.3	2.68	2.33	0.9~5.1	38.7
0.82 dtex,手扯长度 22.2 mm	1.71	1.1~3.3	9.4	31.3	2.03	1.83	0.5~3.9	38.9
0.65 dtex,手扯长度 16.8 mm	1.44	1.0~2.4	26.4	25.3	2.22	3.84	1.9~8.2	33.0
0.75 dtex,手扯长度 19.8 mm	1.55	1.0~2.2	18.9	24.6	2.06	4.23	2.2~6.3	25.2

注:数据来源于《东华大学学报(自然科学版)》2009 年第 35 卷第 5 期《木棉纤维拉伸性能测试与评价》。

1.4.5　光学特性

木棉纤维的平均折射率为 1.72,高于棉纤维(1.60),因此木棉纤维的光泽明亮,光滑的圆截面更增强了纤维的光泽。

【木棉纤维产业链网站】

1. http://www.globaltextiles.com
2. http://www.tradeget.com

1-1-33　木棉纤维测试题

3. http://www.treehugger.com

4. http://www.nsf.gov

5. http://marune.nl

6. http://www.worldkapok.com 世界木棉网 上海攀大实业(集团)有限公司

7. http://www.risoo.cn 上海日舒科技纺织有限公司(赛帛尔)

8. http://www.goldkapok.com 上海鼎乘生物科技有限公司(金木棉)

9. http://www.weixinfangzhi.com(东莞市)伟信进出口有限公司(木棉竹节纱)

2 汉麻纤维

2.1 汉麻纤维的研究与产业发展现状

1-1-34 汉麻纤维导学十问

汉麻为大麻科大麻属一年生草本作物,学名为 Cannabis sativa,又名大麻、寒麻、线麻、火麻等,一般可分为纤维用、油用和药用汉麻三类,其植株高且细长,特别适合种植在山坡地、荒地和盐碱地等,如图 1-1-51 所示。汉麻纤维与亚麻、苎麻纤维类似,都属于韧皮纤维(图 1-1-52),由于其性能优异,成为纺织行业中的重要原料。

图 1-1-51 汉麻植株

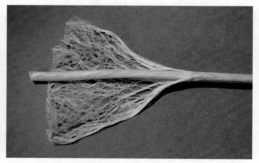

图 1-1-52 汉麻的韧皮与秆芯

2.1.1 汉麻纤维的发展历程

1-1-35 汉麻纤维 PPT 课件

汉麻是人类最早用于织物的天然纤维,有"国纺源头,万年衣祖"美誉,在世界上曾经有过辉煌的历史。我国是最早种植汉麻的国家,早在 3 000 年以前,汉麻的种植就遍及华北、西北、华东、中南地区。在我国近代的多次考古中,均发现了汉麻制品,例如山西大同许家窑 10 万年前文化遗址中出土了汉麻制投石索,浙江余姚河姆渡遗址(公元前 4900年)出土了双股和三股麻绳,西汉马王堆一号墓遗址出土了一件保存完好的麻衣(图1-1-53),研究表明它采用汉麻织物织成,织物结构紧密,使用的纤维平均直径为21.83 μm,表明当时的汉麻纺织技术已相当先进。此外,在历代著作中,也大量描述了汉麻纤维作为纺织原料的使用,证实了汉麻纤维在当时是非常重要的纺织原料之一。在公元 10 世纪以后,由于受到棉纤维的冲击,汉麻纤维的使用量逐渐减少。由于强度高、耐磨性好、耐腐蚀、抗菌等特性,汉麻纤维广泛应用在绳索、袋兜等制品中。历史资料显示,

图 1-1-53　马王堆一号墓出土的汉麻服饰

汉麻在全球有过三次大传播：第一次发生在公元前的千余年间，主要从亚洲中部（包括我国黄河流域）为主的纤维用汉麻向四方传播；第二次发生在公元 15～18 世纪，主要由东欧、中国和印度分别传至美洲、东南亚、西亚和非洲；第三次发生在 1835～1890 年间，主要分为两支，一支以中国原种纤维用汉麻由中国、日本传至美国西海岸和中东部，另一支是印度的毒品大麻从泰国传至菲律宾、澳大利亚、美国等国家。由于毒品大麻在 19 世纪末至 20 世纪中叶前的这段时期严重损害了一些国家的安全和社会稳定，国际禁毒组织于 1925 年起草了禁止种植大麻的公约，之后得到了各国的陆续签署，我国也在 1955 年签署了该公约，至此世界上的大麻种植量锐减。

从 20 世纪 70 年代起，世界上许多国家的科技工作者开始着力培养低毒或无毒的大麻品种，力争将其中用于制毒的主要成分即四氢大麻酚（THC）的含量由高毒大麻品种的 5%～17% 减少到 0.3% 以下，使大麻失去毒品吸食或提取的价值，例如我国培育的"云麻一号"的四氢大麻酚含量仅为 0.09%，可列入无毒大麻品种。为避免将毒品大麻和低毒或无毒的工业用或纤维用大麻混淆，我国将低毒或无毒大麻称为"汉麻"，英文名为"China Hemp"。我国目前是汉麻纤维的主产国，纤维产量占世界汉麻产量的 1/3 左右，居世界第一位。丰富的资源储备为我国汉麻产业的开发提供了强有力的支持。从 2003 年开始，总后军需装备研究所联合国内大专院校、科研院所和雅戈尔集团等行业龙头企业，全面系统地开展汉麻综合利用创新技术研究，对汉麻纤维的结构性能、制备技术和纺织应用进行了深入的研究，使汉麻产业在我国得到了迅速的发展，汉麻纤维也成为一种最具开发潜力的纺织用纤维材料。

2.1.2　汉麻纤维的生产

汉麻纤维是从工业汉麻韧皮中提取的纺织用纤维，从原料种植到纤维制品的生产，需要经过多个加工流程。图 1-1-54 所示为汉麻纤维制品的产业流程。从该图中可以看出,种植的工业汉麻必须经过收割、皮秆分离、脱胶等加工流程才能提取和分离出可用于纺织加工的汉麻纤维,获得汉麻纤维后才能通过纺纱、织造加工制成汉麻纱线、汉麻织物和汉麻制成品。研究表明,皮秆分离和脱胶工艺对于最终获得的汉麻纤维品质具有重要的影响。

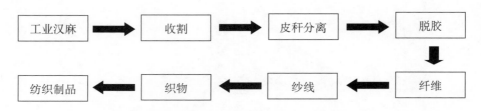

图 1-1-54　汉麻纤维的产业流程

　　传统的汉麻皮秆分离的方法主要有两种:一种是采用温水或雨露沤麻,再采用机械方法将汉麻秆茎碾碎,最后通过敲打使皮秆分离;另一种是将汉麻秆茎堆置,自然干燥后再通过人工剥皮。但是,沤麻的方法会消耗大量水,造成生物污染,对气候也有一定要求,难以大面积推广,而手剥麻皮需要大量的人力,难以形成规模。为解决上述问题,我国开发了鲜茎皮秆分离技术,即在收割的同时,采用机械方法直接将青色韧皮与秆芯分离。此方法极大地简化了分离工艺,加工处理时间短,成本低,无污染,所获得的纤维受到的损伤小,长度长,强度高,木质素含量低。

　　汉麻纤维作为纺织原料,必须对原麻进行适度脱胶得到精麻,而脱胶的好坏决定了纤维(束)的长度、细度和断裂强度等,对稳定和提高后道工序的产品质量起着重要作用。目前,汉麻脱胶方法主要有化学脱胶法、生物脱胶法和物理脱胶法三种。化学脱胶法利用化学药剂,在高温高压条件下,使汉麻韧皮中含有的胶质与化学药剂反应而溶出,达到脱胶的目的。此方法的脱胶效果较好,应用较为广泛,但工艺流程长,能耗高,对纤维损伤较大,污染严重,而且对木质素的去除效果也不是很理想。生物脱胶法利用生物菌或生物酶作用的选择性,使其只与汉麻纤维中的某些成分作用,而保留其他有效成分,达到脱胶的目的。实际生产中发现,该方法适宜采用生物菌,如果使用生物酶,存在活性难以检测和控制、酶的生产和保存困难等问题。物理脱胶法主要指超声波脱胶、蒸汽爆破脱胶、机械脱胶和等离子体脱胶等方法。此类方法简便快捷、无污染,对纤维损伤小,但脱胶不彻底,所以一般情况下仅作为一种预处理方法,需要和其他方法配合使用。

2.1.3　汉麻纤维的应用

　　近些年来,随着经济的发展,人们的生活水平不断提高,对服装个性化、高档化和多样化的要求日益强烈,使得柔软舒适、功能性织物越来越受到重视。汉麻纤维的高强度、耐磨、耐腐蚀、抑菌、抗菌、吸湿透气、抗紫外线、抗异味等优良特性,正好满足了人们的这一需求,甚至有欧美专家称之为人类的第二层皮肤,是人类至今以来发现的最完美纤维,因此汉麻纤维有着广泛的用途。

　　自 2010 年以来,总后军需装备研究所充分利用汉麻纤维的功能性,逐步开发了汉

1-1-36　汉麻
纤维产业链

麻混纺、交织结构的针织、机织等不同类型的纺织制品,包括汉麻袜子、汉麻短裤、汉麻作训服、汉麻体能训练服、汉麻衬衣、汉麻毛巾和毛巾被、汉麻床单和被罩、汉麻作训鞋等,其中汉麻夏袜和冬袜、汉麻短裤、汉麻毛巾、汉麻作训鞋先后大批量地在全军装备应用。

随着技术的成熟,汉麻纤维在民用纺织品方面也得到了迅速的发展。云南汉麻新材料科技有限公司创立了"ihemp"商标,并在武汉汉麻生物科技有限公司、山东华乐新材料科技股份有限公司等企业生产了系列高品质汉麻纱线。2010年1月8日,雅戈尔"汉麻生活馆"正式亮相宁波,随后又在北京、杭州、长沙等地相继亮相。绍兴华通色纺有限公司在2011年以品牌"吉玛良斯"进军汉麻服装领域,其精致的汉麻服饰得到了中国国家女子排球队的高度认可,成为中国国家女子排球队的指定产品。山东即发集团、际华3543公司、北京铜牛集团等研制生产了汉麻系列针织产品。山东孚日集团股份有限公司、浙江洁丽雅纺织集团有限公司等企业采用汉麻纤维混纺纱,研制生产了汉麻毛巾类、床上用品、装饰布等系列家纺和家居产品,利用汉麻/棉混纺纱(汉麻含量大于30%)制成的汉麻毛巾及汉麻/棉/涤纶混纺纱(汉麻含量大于30%)制成的汉麻床单具有吸湿快干、吸附异味、抗菌防霉、防螨虫等功能,并且能够消除平常毛巾湿态时的馊味问题。此外,浪莎集团公司开发了汉麻系列袜,李宁体育用品有限公司、北京探路者户外用品有限公司等研发了汉麻运动和户外服装及鞋靴产品系列,宁波汉麻工业品开发有限公司开发了汉麻墙布等一系列汉麻纤维产品。各种形式的汉麻纤维产品如图1-1-55所示。

图1-1-55 汉麻纤维产品

2.2　汉麻纤维的结构特征

2.2.1　外观特征

汉麻纤维来自汉麻植物茎的皮层韧皮部,是汉麻茎机械组织的一部分。汉麻纤维表面比较粗糙,无扭曲,颜色呈淡灰色并略带黄色,经过漂白后呈白色并带有光泽,对于某一具体品种的汉麻纤维,外观色泽与其品种、生长条件和加工工艺等有关。未完全脱胶的汉麻纤维属于工艺纤维,将其撕裂可以发现纤维与纤维之间具有胶质残留;完全脱胶后,汉麻纤维则以短纤维形态呈现。图 1-1-56 所示为汉麻纤维未脱胶时的原麻和脱胶处理后的精干麻。

图 1-1-56　汉麻纤维原麻(左)和精干麻(右)

汉麻与亚麻、苎麻类似,都属于韧皮纤维,但长度和细度方面有所区别,三种纤维的长度和细度对比如表 1-1-10 所示。从此表可以看出,汉麻纤维的长度和细度均小于亚麻与苎麻纤维,一般单纤维长度差异较大,但其细度变化明显小于亚麻和苎麻,纤维柔软度优于亚麻和苎麻纤维,这有利于汉麻纤维的纺纱加工,并改善汉麻织物的手感。

表 1-1-10　汉麻、亚麻与苎麻的长度和细度对比

纤维名称	单纤维长度/mm		单纤维直径/μm
	一般	最长	
汉麻	7~50	55	14~17
亚麻	14~59	125	12~25
苎麻	60~250	620	20~80

2.2.2　形态结构

汉麻纤维的形态结构特征如图 1-1-57、图 1-1-58 所示。

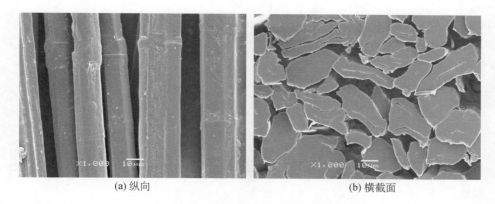

(a) 纵向　　　　　　　　　　　　　　(b) 横截面

图 1-1-57　汉麻纤维电子显微镜下的形态结构

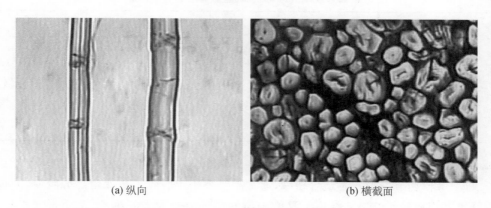

(a) 纵向　　　　　　　　　　　　　　(b) 横截面

图 1-1-58　汉麻纤维光学显微镜下的形态结构

从上面两图可以看出,汉麻纤维纵向粗糙不平,有明显的麻节,粗细不均匀,无天然扭曲,且表面存在不同程度的纵向缝隙和孔洞;纤维横截面形态差异较大,纤维胞壁较厚,整体略呈不规则多边形,中心有空腔,空腔与纤维表面的缝隙和孔洞相连。

2.2.3　组成物质

汉麻纤维与其他麻纤维类似,主要组成物质为纤维素,还包含少量的半纤维素、木质素、果胶、脂蜡质和灰分等物质。由于纤维品种、产地、处理工艺等不同,各组成物质的含量存在一定的差异。汉麻与其他纤维的组成物质见表 1-1-11。从此表可以看出,汉麻纤

表 1-1-11　汉麻与其他纤维的组成物质

纤维名称	纤维素/%	半纤维素/%	木质素%	果胶/%	脂蜡质/%	水溶物/%	灰分/%
汉麻	57~76	12~18	3~7	1~6	1.6~2.0	1.7~10.0	1~2
亚麻	66~81	14~17	3~7	3~4	2~3	4~5	0.5~1
苎麻	74~76	13~15	1~2	2~4	0.5~1	7.5	3.5
黄麻	72	13	13	—	0.8	0.4	0.6
剑麻	73	13	11	2	—	—	—
棉	90~95	1.1~1.9	0	0.5~0.8	0.6~0.9	0.1	0.8~1.3

维的组成物质含量基本与亚麻和苎麻纤维类似,纤维素含量明显低于棉纤维,而半纤维素、木质素和脂蜡质等物质含量高于棉纤维。汉麻纤维的脂蜡质含量较高,使得纤维拒水性较强,不易染色。

2.3 汉麻纤维的性能

2.3.1 力学性能

汉麻纤维与苎麻、亚麻纤维的力学性能对比见表1-1-12。从此表可以看出,汉麻纤维的力学性能与亚麻和苎麻纤维类似,断裂强度高,断裂伸长率小,纺纱加工难度较大,因此需要采用一些特殊的处理工艺进行改性,以便应用于纺织品。

表 1-1-12　汉麻纤维与苎麻、亚麻纤维的力学性能对比

项目	汉麻	苎麻	亚麻
断裂伸长率/%	1.50～4.83	3.76	1.50～4.10
断裂强度/(cN·tex^{-1})	8.92	7.61	5.80
初始模量/(cN·tex^{-1})	184.10	200.63	155.50
断裂功/(cN·cm·tex^{-1})	0.142	0.095	0.076

2.3.2 吸湿性能

汉麻单纤维长度较短,不适合纺纱,通常需要采用半脱胶工艺保留部分胶质,使得多根单纤维粘连成较长的工艺纤维。汉麻胶质的主要成分为半纤维素、木质素和果胶,这些成分去除的多少与纤维的吸湿性密切相关。不同工艺制得的纤维,回潮率有一定的差异。表1-1-13所示为汉麻纤维与苎麻、亚麻和棉纤维的回潮率对比。

表 1-1-13　汉麻纤维与苎麻、亚麻和棉纤维的回潮率对比

纤维名称	汉麻	苎麻	亚麻	棉
回潮率/%	8.0～9.7	6.7～9.5	8.0～11.0	7.0～8.0

从上表可以看出,汉麻纤维的回潮率与苎麻、亚麻类似,为8.0%～9.7%,高于棉纤维。此外,有研究表明汉麻纤维具有优良的吸放湿特性,其吸放湿速率较棉纤维快,且放湿速率大于吸湿速率,吸湿滞后性差值小于棉纤维,为0.8%,且汉麻纤维具有很好的阴干和吸湿排汗特性,完全浸湿后干燥需要4 h,仅为棉纤维的一半。汉麻纤维优异的吸湿性能是多种因素共同作用的结果。首先,汉麻纤维的中腔较大,表面粗糙,而且纵向有许多裂缝和孔洞与中腔相连;其次,汉麻纤维分子的聚合度较小,且分子结构中有3个亲水性的自由羟基;最后,纤维松散的分子结构和中空形状使其能大量填充毛细管凝结水。

2.3.3 热学性能

研究表明,纤维素、半纤维素、和木质素的综合分解温度约为300～400 ℃,果胶的分解温度约为225～275 ℃。汉麻纤维随着温度的上升和时间的延长,纤维强度呈现下降

的趋势,但当温度不大于240 ℃、时间不长于5 min时,汉麻纤维的强度基本可保持80%以上。由此可见汉麻纤维具有良好的热学性能。

2.3.4 抗菌性能

汉麻纤维具有优异的抗菌性能。中国军事医学科学院微生物流行病研究所按照美国纺织化学师与印染师协会标准AATCC 90:2011中的定性抑菌圈法对汉麻纤维的抑菌性能进行了测试,结果如表1-1-14所示。从此表中可以看出,汉麻纤维对于四种常见菌种均具有优良的抑菌效果,对于抑制金黄色葡萄球菌和大肠杆菌繁殖的效果最为显著,其抑菌圈直径分别达到9.1 mm和10.0 mm。此外,研究还表明汉麻纤维对石膏样毛癣菌、青霉菌、曲霉菌等也有明显的杀灭和抑制作用。

表 1-1-14 汉麻纤维的抑菌性能测试结果

菌种	金黄色葡萄球菌	绿脓杆菌	大肠杆菌	白色念珠菌
抑菌圈直径/mm	9.1	7.6	10.0	6.3

目前综合认为汉麻纤维的抑菌主要源于三大因素。首要原因是通气和干燥结构,表面很粗糙,不同程度地有纵向缝隙和孔洞,横截面略呈圆形或椭圆形,中心有细长的空腔,空腔与纤维表面的缝隙和孔洞相连,在胞间层物质的黏结下交织成网状。这种结构使汉麻的比表面积增大,吸附性能大大提高,在自然状态下,汉麻纤维内将吸附较多的氧气,使厌氧菌的生存环境受到破坏。纤维自身干燥多氧,这是汉麻具有较强的抑菌性的原因之一。其次为多酚物质抑菌,汉麻中含有多种活性酚类物质,酚类物质能破坏霉菌类微生物实体的形成、细胞的透性、有丝分裂、菌丝的生长、孢子萌发,阻碍呼吸作用及细胞膨胀,促进细胞原生质体的解体和细胞壁损坏等,其实质上是通过阻碍霉菌代谢作用和生理活动,破坏菌体的结构,最终导致微生物的生长繁殖被抑制而使菌体死亡,而且极其微量大麻酚类物质的存在就足以灭杀霉菌类微生物。再者,汉麻纤维含有微量重金属物质,这些重金属元素对人体不足以造成危害,但可破坏细菌细胞壁或穿过细胞壁进入细菌内,破坏其传导组织,从而使细菌死亡,起到抑菌作用。

2.3.5 防紫外线性能

汉麻纤维具有优异的防紫外线性能。普通衣着仅能阻隔30%～90%的紫外线,而不经任何特别整理的汉麻织物即可屏蔽95%以上的紫外线,可以有效减少紫外线辐射对于人体的伤害。汉麻织物对紫外线防护特性的检验结果如表1-1-15所示。研究表明,汉麻纤维优良的防紫外线性能主要是其纤维的不规则形态、中腔结构、缝隙、孔洞及纤维分子的无定形区等特征共同作用的结果。

表 1-1-15 汉麻织物对紫外线防护特性的检验结果

检测项目	UVA透过率/%	UVB透过率/%	UPF
参数	0.3	0.2	50+

2.3.6 染色性能

汉麻纤维除了被未彻底除去的胶质包裹外,其本身还具有致密的微细结构,因此染

1-1-37 汉麻
纤维测试题

深色和鲜艳的颜色均比较困难,染色均匀度也很差。为了提高汉麻纤维的染色性能,目前通常采用酶处理、阳离子改性、闪爆处理、壳聚糖处理、超声波染色等方法,以有效提高汉麻纤维的上染率和染色均匀度。

【汉麻纤维产业链网站】

1. http://www.youngor.com/fz_hanp.html 雅戈尔集团股份有限公司
2. http://www.hmi.top/ 汉麻投资集团有限公司
3. http://www.sinohemp.com/ 山西汉麻生物科技有限公司
4. http://qghmw.hljgov.com/ 中国汉麻谷
5. http://www.hengyuanhemp.com/#section1 黑龙江恒元汉麻科技有限公司

3 竹原纤维

3.1 竹原纤维的研究与产业发展现状

1-1-38 竹原纤维导学十问

竹原纤维属植物茎木质纤维,是从竹子茎部取得的韧皮纤维,也称天然竹纤维。竹原纤维是采用机械物理分丝、化学或生化脱胶、开松梳理相结合的方法,直接从竹材分离制取的天然纤维,如图 1-1-59 所示。美国、加拿大、日本、欧洲等许多国家或地区已经明确声明,只有竹原纤维产品才可命名为"竹纤维",英文名称为"Bamboo Fiber"或"Natural Bamboo Fiber"。

3.1.1 竹原纤维的产业现状

1-1-39 竹原纤维 PPT 课件

竹原纤维起源于中国,故也被称为"中国纤维"。竹子资源的广泛性和竹子的高成活率,以及竹原纤维的再生性、可降解性和多功能特性,使竹原纤维成为环保功能型绿色纤维,被认为是继棉、麻、毛、丝之后人类应用的第五大天然纤维。作为竹原纤维的原料,竹

图 1-1-59　竹原纤维制取过程中不同阶段的形态(由左往右)

子主要分布在热带及亚热带地区,少数分布在温带和寒带。目前,全世界竹林面积已达 32 万 km² 以上,约占森林面积的 2%,年竹材产量为 1 500 万~2 000 万 t,而我国现有竹类资源约占世界竹林总面积的 1/4,因此竹原纤维的发展具有天然的资源优势。有报道表明,20 世纪六七十年代,竹原纤维在我国已经进入服装行业,但当时竹原纤维的许多优良性能尚未得到开发,没有获得市场的充分认可。直至 21 世纪初,随着生产加工技术的逐渐成熟,竹原纤维才因其绿色理念及具备的抗菌、除臭、吸湿放湿、抗紫外线等优良性能得到了市场认可和迅速发展。2000 年以后,天津工业大学、浙江农林大学、福建师范大学等高校和科研院所对竹原纤维的制备、纺纱织造及其在非织造行业和复合材料中的应用等方面进行了研究。福建建州竹业科技开发有限公司与浙江农林大学合作开发竹原

纤维产业化应用技术,目前相关制备技术处于世界领先水平。国外相关的报道较少,2009年瑞士Litrax公司成功开发出竹原纤维,并与兰精公司合作开发出性能优异的精纺纱线。

虽然,随着人民生活水平的提高,竹原纤维得到了较好的发展,但是产业发展仍然存在一定的困难。主要原因是市场对竹原纤维的认知度较低。目前,国内消费者对市场上的竹原纤维产品概念还比较模糊,容易将其与竹浆纤维混淆,给竹原纤维产品的市场化过程带来了严重的困扰。产业市场化进程缺少规范,破坏了整个竹原纤维产业的健康发展。竹原纤维的可纺性较差,由于处于产业起步阶段,很多配套设备及研究机构还比较少,其各项技术指标相对于其他天然纤维还较差。目前,竹原纤维只能应用在短纺系统上与其他天然纤维进行混纺,不能进行纯纺。竹原纤维的整体产量较低。目前,国内竹原纤维厂家大都处于实验室小试阶段,有规模化标准生产车间的厂家还很少,而且大都是以销定产。竹原纤维缺乏强有力的下游应用商,竹原纤维还缺少强有力的产业联盟机制,下上游之间联系不够紧密,不能有效地利用各自技术及资源优势共同推进产业向前发展。竹原纤维的价格比较高,且价格差异较大,纺织用竹原纤维的价格从每吨4万元到10万元不等。

3.1.2 竹原纤维的生产

竹原纤维通常以生长时间在三四年的新竹为原料加工而成,生产中使用毛竹、苦竹、慈竹、黄竹等居多。由于竹原纤维与亚麻纤维成分相近,其生产大多借鉴亚麻纤维的相关技术,采用独特的工艺从竹子中直接分离制得,纤维的长度主要由采用的纺纱系统决定。加工时,采用机械、物理的方法去除竹子中的木质素、多戊糖、竹粉、果胶等杂质,从竹材中直接提取竹原纤维。竹原纤维的加工工艺流程主要分前期处理工序、分解工序、成型工序和后处理工序四个部分,具体步骤如图1-1-60所示。

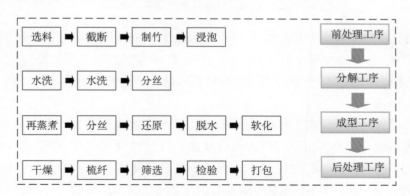

图1-1-60 竹原纤维的加工工艺流程

3.1.3 竹原纤维的应用

近年来,对竹原纤维的工艺研究及产品开发均呈现上升趋势,目前主要应用在纺织、功能配件、工程材料等领域。

(1)纺织领域。纺织是竹原纤维应用最广泛的领域。在现有技术条件下,竹原纤维

1-1-40 竹原纤维产业链

纺纱可采用环锭纺和气流纺实现,可纯纺,也可与棉、天丝、莫代尔、麻、丝、涤纶、腈纶等纤维混纺或交织。竹原纤维的吸湿、排湿和透气性能良好,并且有抗菌、除臭、防紫外线等功能,适合制作夏季服装、贴身内衣、运动服、毛巾和床上用品等与人体肌肤亲密接触的纺织品,如图 1-1-61 所示。此外,通过将竹原纤维与其他材料复合,目前已经开发出具有驱蚊虫、治疗病症、食品保温、警示预警、光伏充电等新型功能面料。

图 1-1-61　竹原纤维的纺织产品

　　(2) 功能配件领域。竹原纤维由于其结构特点,具有一定的除尘、降噪功能,因此在汽车的隔音垫、车内饰板等方面有一定的应用。目前有研究者采用竹原纤维/聚氨酯复合材料(以聚氨酯为基体,竹原纤维为增强材料),制备了一系列隔声复合材料,并研发出相关的除尘降噪产品。

　　(3) 工程材料领域。在工程材料领域,竹原纤维主要应用在四个方面。一是应用于竹原纤维增强复合材料。由于其拉伸性能优异,通过竹原纤维制作竹塑复合材料,可有效提高材料的弯曲性能。二是应用于竹原纤维增强聚乳酸 3D 打印,所制备的复合材料具有较好的力学性能,当竹原纤维的质量分数达到 20% 时,材料的拉伸断裂强度达到最大,当竹原纤维的质量分数达到 10% 时,材料的弯曲强度达到最大。第三个方面是作为风机叶片材料。竹原纤维具有强度高、韧性好、质量轻及使用寿命长等特点,因此非常适合应用于风机叶片复合材料。最后一个方面是应用于高层建筑材料。竹原纤维的应用可提高复合材料的尺寸稳定性,使材料具有更高的抗拉和抗压强度,同时能提高材料的耐火性、抗虫性、耐腐蚀性和阻挡紫外线的能力。

3.2　竹原纤维的结构特征

3.2.1　外观特征

目前,国内一般以产品粗细长短指标,将竹原纤维分为粗竹原纤维和可纺竹原纤维两类,如图 1-1-62 所示。竹原粗纤维只经过初加工提取获得,纤维颜色偏黄,粗长且手感硬。可纺竹原纤维和竹浆纤维的外观较相似,具有蚕丝般光泽,纤维粗硬,粗略看似苎麻纤维,但比苎麻纤维细。竹原纤维比竹浆纤维略白,手感较竹浆纤维柔软。

(a) 粗竹原纤维　　　　　　　　　　　　　　(b) 可纺竹原纤维

图 1-1-62　竹原纤维实物

表 1-1-16 所示为几种植物单纤维的长度、直径和长径比。从此表中可以看出,竹原纤维的单纤维长度和长径比均明显小于其他几种纤维,仅与黄麻纤维类似。竹原纤维的单纤维长度只有 1.5～2 mm,不具备纺纱环节所需条件,是不可纺纤维。因此,纺织用竹原纤维是工艺纤维,即由若干竹原单纤维依靠其天然半纤维素等胶质相互搭接而成的纤维束。

表 1-1-16　几种植物单纤维的长度、直径和长径比

纤维名称	竹原纤维	苎麻	亚麻	黄麻	细绒棉
纤维长度/mm	1.5～2	60～250	14～59	2～4	23～33
纤维直径/μm	15～20	20～80	12～25	15～18	10～23

3.2.2　形态结构

竹原纤维形态结构特征如图 1-1-63、图 1-1-64 所示。从两图中可以看出,竹原纤维纵向有横节,粗细分布不均匀,表面有无数微细凹槽;纤维截面显示其具有较大的中腔结构,且在纤维表面和中腔四周均有大小不一的裂纹。竹原纤维的这些独特结构,直接决定了其具有优良的吸水和导湿性。

3.2.3　化学组成

竹原纤维的化学成分主要是纤维素、半纤维素和木质素,三者同属高聚糖,总量占纤维干重的 90% 以上,另外还有果胶、水溶物等物质。表 1-1-17 所示为竹原纤维和麻纤维的化学组成。纤维素是竹原纤维的主要成分,有一定长度,也是竹原纤维能作为纺织纤维的重要因素。半纤维素是一种存在于纤维和微细纤维之间的无定形物质,其聚合度

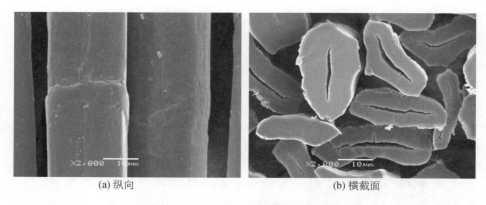

(a) 纵向　　　　　　　　　　　　　　　　(b) 横截面

图 1-1-63　竹原纤维电子显微镜下的形态结构

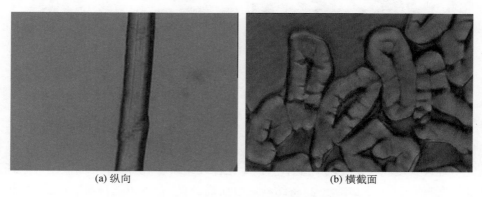

(a) 纵向　　　　　　　　　　　　　　　　(b) 横截面

图 1-1-64　竹原纤维光学显微镜下的形态结构

低,吸湿后很容易发生润胀。木质素是存在于胞间层和微细纤维之间的一种芳香族高分子化合物,它决定着竹原纤维的颜色。

表 1-1-17　竹原纤维和麻纤维的化学组成

纤维种类	纤维素/%	半纤维素/%	木质素/%	果胶/%	脂蜡质/%	水溶物/%	灰分/%
竹原纤维	45～55	20～25	20～30	0.5～1.5	—	7.5～12.5	—
汉麻	57～76	12～18	3～7	1～6	1.6～2.0	1.7～10.0	1～2
亚麻	66～81	14～17	3～7	3～4	2～3	4～5	0.5～1
苎麻	74～76	13～15	1～2	2～4	0.5～1	7.5	3.5
黄麻	72	13	13	—	0.8	0.4	0.6

3.3　竹原纤维的性能

3.3.1　力学性能

　　表 1-1-18 所示为竹原纤维与主要天然纤维的力学性能对比。从此表中可以看出,与棉、苎麻、羊毛、蚕丝相比,竹原纤维具有较好的力学性能。竹原纤维具有很高的强度,

其初始模量也较大,纤维在湿润状态下的断裂强度约为标准状态下的80%,而断裂伸长率则有所增加,但总体较小,由此表明竹原纤维属于高强度低伸长型纤维。此外,竹原纤维的回弹率低于棉和苎麻,弹性较差,因此其织物的抗皱性能也较差。

表1-1-18 竹原纤维与主要天然纤维的力学性能对比

项目		竹原纤维	棉	苎麻	羊毛	蚕丝
断裂强度/ (cN·dtex^{-1})	标准状态	4.72	2.6~4.3	5.7	0.9~1.5	2.6~3.5
	湿润状态	3.84	2.9~5.7	2.2~2.4	0.7~1.4	1.9~2.5
断裂伸长率/ %	标准状态	3.48	3~7	1.8~2.2	25~35	15~25
	湿润状态	4.02	—	2.2~2.4	25~50	27~33
初始模量/(cN·dtex^{-1})		192.82	60~82	163~358	10~22	44~88
伸长规定值的回弹率/%		65	74	84	99	55

3.3.2 吸湿性能

表1-1-19所示为竹原纤维与主要天然纤维的含水率(标准状态)对比。从此表中可以发现,作为一种天然纤维素纤维,竹原纤维有较好的吸湿性能,其含水率约为8%~10%。这一特征与竹原纤维的结构是密不可分的,纤维的中腔和空隙使得竹原纤维的比表面积大大增加,对水蒸气具有很强的物理吸附作用。同时,中腔和空隙使竹原纤维具有很强的毛细管效应,能将吸附的水蒸气迅速传递到织物的另一面并快速蒸发,达到散失水分和热量的效果,因此竹原纤维织物具有优异的导湿性能。研究表明,竹原纤维的吸湿导湿性能略优于苎麻织物,明显优于棉织物,其织物非常适合用作夏季服装。

表1-1-19 竹原纤维与主要天然纤维的含水率(标准状态)对比

项目	竹原纤维	棉	苎麻	羊毛	蚕丝
含水率/%	8~10	7	7~10	16	9

3.3.3 抗菌性能

竹原纤维具有优异的抗菌性能,它与几种纤维素纤维对不同菌种的抑菌率测试结果见表1-1-20。可以看出,竹原纤维与亚麻、苎麻均具有较强的抗菌作用,其抗菌效果是任何人工添加化学物质无法比拟的,且其抗菌效果具有一定的广谱效应。竹原纤维优良的抗菌性能来源于纤维细胞壁上的抗菌、抑菌物质——竹醌,它对细菌具有抑制作用,因而使用竹原纤维制品对人体具有保健作用。

表1-1-20 竹原纤维与几种纤维素纤维的抑菌率对比

细菌名称	竹原纤维抑菌率/%	亚麻抑菌率/%	苎麻抑菌率/%	棉抑菌率/%
金黄色葡萄球菌	99.0	93.9	98.7	—
芽孢菌	99.7	99.8	98.3	—
白色念珠菌	94.1	99.6	99.8	40.1

3.3.4　除臭及防紫外线性能

　　竹原纤维中含有叶绿素铜钠,因此它具有良好的除臭作用。试验表明,竹原纤维织物对氨气的除臭率为 $70\%\sim72\%$,对酸臭的除臭率达到 $93\%\sim95\%$。此外,叶绿素铜钠是安全、优良的紫外线吸收剂,因而竹原纤维还具有良好的防紫外线功效。经中国科学院上海物理研究所检测证明,对于 $200\sim400$ nm 紫外线,棉的穿透率为 25%,竹纤维的穿透率不足 0.6%,它的抗紫外线能力是棉的 41.7 倍,而这一波长的紫外线对人体的伤害最大,因此竹原纤维织物的抗紫外性能是其他天然材料不可比拟的。

1-1-41　竹原
纤维测试题

【竹原纤维产业链网站】

　　1. https://bamboofiber.diytrade.com/ 福建建州竹业科技开发有限公司

　　2. http://www.hsxuesong.com/cn/index.asp 湖南华升株洲雪松有限公司

　　3. http://www.bamboo-fiber.com/ 宜宾长顺竹木产业有限公司

　　4. http://www.bambooest.com/index.asp Shanghai Bambooest Garment Corporation

第二章　生态型再生纤维

第一节　再生纤维素纤维
——天丝、莫代尔、竹浆纤维

1 天丝

1.1 天丝纤维研究与产业发展现状

天丝是我国对学名为 Lyocell(莱塞尔)纤维的俗称,它是用 N－甲基吗啉氧化物(NMMO)这一新型有机溶剂溶解纤维素,再通过干湿法纺丝加工得到的一种新型再生纤维素纤维。NMMO 无毒性,制造过程中可回收,所以天丝纤维被称为"21 世纪的绿色纤维"。国际人造及合成纤维标准局(BISFA)和美国联邦贸易委员会(FTC)分别于 1989 年和 1992 年将这类通过有机溶剂纺丝法制得的纤维素纤维的分类名称定为"Lyocell"。

1-2-1 天丝纤维导学十问

Lyocell 纤维是荷兰 Akzo(阿克苏)、英国 Courtaulds(考陶尔兹)公司和奥地利 Lenzing(兰精)公司于 20 世纪 80 年代开发的新型纤维素纤维。目前,Lyocell 纤维最有名的注册商标为"Tencel®"(坦塞尔)。

1-2-2 天丝纤维与天蚕丝是同一种纤维吗 PPT 课件

1.1.1 天丝纤维的研发历程

(1) 荷兰 Akzo 公司。1976 年,总部位于荷兰的 Akzo 公司组织 Enka 公司及其研究所开始研究以 NMMO 为溶剂的再生纤维素纤维,最先生产出 Lyocell 纤维。

1980 年,Akzo 公司首先申请了 Lyocell 纤维的工艺与产品专利。

1994 年,Akzo 公司与 Nobel 公司合并,成立 Akzo Nobel 公司。

1998 年,Akzo Nobel 公司收购英国 Courtaulds 公司 65％的股份,成立 Acordis(阿考迪斯)公司,成为最大的纤维素生产商。

1999 年,Acordis 公司将纤维业务出售给 CVC Capital 集团属下的荷兰 Partners Corsadi BV 公司,运营所有 Lyocell 生产与销售。

(2) 英国 Courtaulds 公司。该公司是最早开发 Lyocell 纤维的生产厂家之一,1984 年在英国 Grimsby 建成中试装置。

1987 年从 Akzo 公司购入 Lyocell 纤维生产的专利许可证。

1988 年建成 2 000 t/年的半工业化装置。

1992 年 12 月,在美国 Alabama 州的 Mobile 建成第一条 18 万 t/年的生产线。

1994 年正式投产。

1996 年 2 月,投资 1.4 亿美元,建成 2.5 万 t/年的第二条生产线,商品名为"Tencel®",我国译为"天丝"。

1998 年,投资 1.2 亿英镑,在英国 Grimsby 兴建 4.2 万 t/年的 Tencel 短纤维厂。

(3)奥地利 Lenzing 公司。Lenzing 公司是黏胶纤维的主要生产厂家之一,为克服黏胶纤维生产对环境的污染,从 20 世纪 80 年代初期开始寻找新的溶剂。

1986 年从 Akzo 公司买下 5 项基本 NMMO 专利。

1990 年 8 月建成 Lenzing 试验工厂。

1997 年 7 月在 Heilingenkreuz 建成 1.2 万 t/年的 Lyocell 短纤生产线并投产,商品名为"Lenzing Lyocell®"。

1999 年,Lenzing 公司与 Akzo Nobel 公司合资,在德国 Obernburg 地区建立产能为 5 000 t/年的 Lyocell 长丝工厂,所用生产工艺与 Acordis 公司相似,商品名为"Newcell®"。

2000 年 1—8 月,在 Heilingenkreuz 的第一条生产线的产能扩大到 2 万 t/年。

2004 年 2 月投资 3 600 万欧元的第二条 Lyocell 生产线正式投入运营,产能为 2 万 t/年。

2004 年 5 月,Lenzing 公司收购 Corsadi BV 属下的 Tencel 集团公司。Corsadi BV 是 Acordis 公司中四个业务部门的所有者,即 Tencel、Acetate Chemicals、Cordenka 与 Polyamide High Performance GrabH。自此,Lenzing 公司一统 Lyocell 纤维生产的天下。

(4)中国。中国于 20 世纪 90 年代开始对 Lyocell 生产技术进行探索试验。

成都科技大学和宜宾化纤联合攻关纺丝工艺条件,获得阶段性成果。

台湾聚隆纤维股份有限公司于 1998 年在彰化建立了 50 t/年的 Lyocell 生产试验线。

四川大学对 NMMO 合成及回收进行系统研究,于 1999 年建立 50 t/年的 NMMO 生产装置。

20 世纪 90 年代后期,东华大学与上海纺织控股(集团)公司联合研发 Lyocell 生产技术,年产 1 000 t 的 Lyocell 纤维生产装置于 2006 年底在上海里奥纤维企业发展有限公司投入运行,生产的 Lyocell 纤维品牌为"Alicell"和"Kingcell"。

中国纺织科学研究院于 2005 年启动 Lyocell 纤维国产化工程技术的研究,制备了稳定合格的纺丝液,与河南新乡化纤股份有限公司合作开发"年产 1 000 t 新溶剂法纤维素纤维国产化生产线"项目。

2008 年,福建宏远集团股份有限公司和中国科学院化学研究所等单位完成了"新溶剂法再生竹纤维纺织材料的研发"。

(5)其他国家。德国 Rudolstadt 地区的 Thuringian 纺织与塑料研究所(TITK)也研究与制造 Lyocell 纤维,1998 年投产,以短纤为主,商品名为"Alceru®";韩国 Hanil 合成纤维公司开发的 Lyocell 纤维商品名为"Acell®";俄罗斯制造的 Lyocell 纤维商品名为

"Orcel®";日本也有小批量生产。

1.1.2　天丝纤维的生产

21世纪纤维材料的研究开发,既要考虑石油资源的枯竭及其替代物的问题,又要考虑环保问题,重视生物可降解材料及绿色生产过程的开发。天丝纤维就是在此背景下于20世纪90年代出现并发展起来的一种新型纤维素纤维,它和黏胶纤维的生产工艺流程如图1-2-1所示,两者的工艺参数比较如表1-2-1所示。

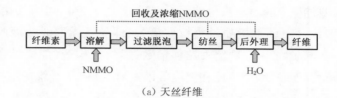

（a）天丝纤维

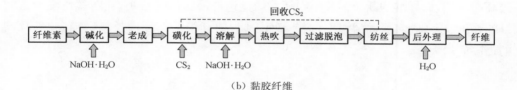

（b）黏胶纤维

图 1-2-1　天丝和黏胶纤维的生产工艺流程

表 1-2-1　黏胶工艺和 NMMO 工艺生产的纤维素纤维工艺参数比较

参数	数值		参数	数值	
	黏胶工艺	NMMO 工艺		黏胶工艺	NMMO 工艺
纺丝液纤维素浓度/%	7.5～9.5	12.0～25.0	能耗/%	100	35～40
纤维成型需要时间/h	35～48	4～5	体系建设成本/%	30～35	100
工艺类型	间歇	连续	工艺特性	固定	弹性
纤维成型速率/(m·min⁻¹)	12～90	60～300	原材料和产品循环	开放	封闭
废料处理方式	废气、废液排出	无气体和液体	纤维性能	低品质	高品质

从图 1-2-1 所示流程和表 1-2-1 给出的数据可以看出,NMMO 工艺具有以下特点:

(1)生产流程短。制备 Lyocell 纤维时,将纤维素浆粕直接溶解在 NMMO 和水的混合物中,再进行干湿法纺丝加工,整个过程中没有化学反应,而且比传统的黏胶工艺减少了碱化、老成、磺化和熟成等多道工序,生产流程大大缩短。

(2)生产过程环保。Lyocell 纤维生产采用的溶剂 NMMO 和水的混合体系,经严格的皮肤学与毒性检查表明,NMMO 的毒性低于乙醇,按照 AEMS 标准对 NMMO 进行生物诱变测试,结果为阴性,也表明它在临床上无致异性。

Lyocell 纤维生产过程全封闭,能耗比黏胶纤维降低 60%～65%,和传统的纤维素纤维生产相比,减少了许多道工序,原材料的消耗可大大减少,如表 1-2-2 所示。

表 1-2-2　Lyocell 和黏胶纤维生产所需主要原材料的消耗量(吨 /吨成品)

纤维名称	浆 粕	NaOH	H_2SO_4	CS_2	$ZnSO_4$	NMMO	H_2O
黏胶纤维	1.06~1.12	0.62~0.85	0.95~1.12	0.11~0.40	0.05~0.13	—	300~450
Lyocell 纤维	1.05~1.10	—	—	—	—	0.05~0.08	100

(3) 纺丝速度快。Lyocell 纤维的干湿法纺丝工艺和传统的纤维素纤维(如黏胶纤维)的湿法纺丝工艺明显不同,Lyocell 纤维的纺丝速度高,是黏胶纤维的 5 倍。另外,Lyocell 纤维经成型过程中的喷丝头拉伸后无需进行后道拉伸,可直接用于纺织后加工,即该纤维的拉伸倍数一般就是指喷丝头拉伸倍数(即丝条卷取线速度与纺丝速度的比值)。在 Lyocell 纤维的生产中,喷丝头拉伸倍数、喷丝板构造(如喷丝孔的孔径及长径比)、气隙长度、纺丝速度、凝固浴浓度和温度等因素对 Lyocell 纤维的结构和性能有着重要的影响,如图 1-2-2 所示。在相同的凝固浴温度下,纤维的强度和模量随着纺丝速度的提高而增加,而纤维的断裂伸长率则随着纺丝速度的提高而减小;当纺丝速度不变时,纤维的强度、模量随着凝固浴温度的提高而下降,而纤维的断裂伸长率则随着凝固浴温度的提高而增大。

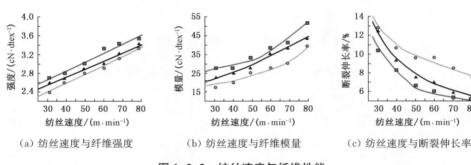

(a) 纺丝速度与纤维强度　　　(b) 纺丝速度与纤维模量　　　(c) 纺丝速度与断裂伸长率

图 1-2-2　纺丝速度与纤维性能

1.1.3　天丝纤维的应用

1-2-3 天丝纤维产品 PPT 课件

1-2-4 天丝纤维产业链视频

(1) 服装领域。Lyocell 纤维的问世为织物设计者和生产者提供了创新空间,为国际服装市场的时装化、高档化、个性化的潮流提供了可靠的面料保证。利用天丝纤维的一些重要特征,可生产全新的织物。此外,各种后处理技术的组合,可产生约 10 000 种不同的外观。其中,纯天丝纤维织物有珍珠般的光泽、固有的流动感,使织物看上去舒适,并有良好的悬垂性。通过控制原纤化的生成,可赋予织物桃皮绒、砂洗、天鹅绒等多种表面效果,形成全新的美感,制成光学可变性的新潮产品。将天丝纤维与丝、棉、麻、毛、合成纤维及黏胶纤维混纺,可制成各种风格的面料和绒线等,用于牛仔服、女式时装、女式内衣、男式衬衫、裙子、休闲服、运动衣、针织品(内衣和 T 恤衫)等多种服装。近年来,由天丝纤维织物制成的服装在日本、西欧、美国等地流行,销量不断增加。许多著名时装设计师开始选择天丝纤维织物进行时装面料的设计并推出了时尚服饰。

(2) 产业领域。天丝纤维由于具有强度高、断裂伸长率较低、吸附性良好、可生物降解、在水刺过程中易于原纤化等特点,在产业领域的应用前景十分广阔,可在无纺布、工业丝、特种纸等方面得到广泛应用。例如,用针刺法、水缠结法、湿铺法、干铺法和热黏法加工各种性能的无纺布,其加工性能和产品性能均优于人造丝。此外,天丝纤维在过滤材料、涂层盖布、香烟滤嘴、婴儿尿布、海绵、电工纸、塑料磁盘盒内衬、缝纫线、工作服、防护服、医用绷带、医用服装和工业揩布等方面均有许多潜在的用途。

1.2　天丝纤维的种类

1.2.1　第一代普通型天丝

第一代普通型天丝包括长丝与短纤。天丝长丝主要以 Akzo Nobel 公司的 Newcell® 为代表。天丝短纤主要是奥地利兰精公司的 Tencel®,主要规格如下:

(1) 标准型:1.3 dtex×38 mm;1.4 dtex×38 mm;1.7 dtex×38 mm;1.4 dtex×51 mm;2.2 dtex×50 mm。

(2) 填充型:2.3 dtex×15 mm;6.7 dtex×22 mm;6.7 dtex×32 mm;6.7 dtex×60 mm。

1.2.2　第二代非原纤化天丝

普通型天丝在机械外力的摩擦作用下,纤维会发生披裂现象,即原纤化(图 1-2-3)。为克服天丝的原纤化现象,Acordis 公司与 Lenzing 公司分别研制了交联型,即非原纤化天丝,如图 1-2-4 所示。Acordis 公司的商品名为"Tencel® A 100"和"Tencel® A 200",Lenzing 公司的商品名为"Lenzing Lyocell® LF"。

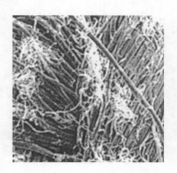

图 1-2-3　原纤化天丝　　　　图 1-2-4　非原纤化天丝

兰精公司生产的非原纤化天丝的主要规格有 1.4 dtex×38 mm、3.0 dtex×75 mm、3.0 dtex×98 mm。

1.2.3　第三代差别化天丝

基于 Lyocell LF 纤维技术,Lenzing 公司开发了超细型天丝——Micro Lyocell®,规格为 0.9 dtex×34 mm,主要用于针织内衣与女士外衣面料,产量较小。

在纺丝液中添加不低于 20% 的炭黑或 3% 的碳纳米管,可以制取天丝导电纤维;添加软性或硬性电磁材料,可以制得天丝电磁纤维;添加极细的 TiO_2、ZnO 或 $BaSO_4$ 粉末,制得的天丝纤维具有紫外线散逸性能;添加硫酸钡,可以赋予天丝纤维 X-射线散逸功能。

德国 Thuringian 纺织与塑料研究所开发的抗霉菌 Lyocell 纤维的商品名称为"Alcem-Sliver",已投放市场。

韩国晓星公司开发的 Lyocell 产业用长丝,有 1 668 dtex/1 000 F 和 2 220 dtex/1 000 F 两种规格,强度为 6.4 cN/dtex,具有很好的橡胶亲合力和较低的热收缩性能。

兰精公司开发了 Lyocell 纺黏非织造布工艺,使用 NMMO 配置纤维素纺丝液,采用直接纺丝工艺制得纤维素纺黏非织造布产品。

德国 Fraunhofer 应用聚合物研究所与莱芬豪森公司合作,完成了 Lyocell 熔喷法非织造布工艺试验,即利用 IAP 研究所的 Lyocell 试验没备,以 NMMO 为溶剂配置纺丝液,在幅宽 600 mm 的 Reicofil 试验设备上制得 10~200 g/m² 的纤维素熔喷法非织造产品,纤维网单丝线密度小于 1 dtex,产品密度为 0.1~1.0 g/cm³。

1.2.4 第四代纳米天丝

纳米技术在纺织品上主要用于扁平纺织品的表面改性。在纳米纤维制备工艺中,静电纺是纤维素纤维生产中值得重视的一种方法。然而,从 NMMO 溶液纺制纤维素纳米纤维,有相当大的难度,其工艺比从热塑性聚合物熔体纺制纤维更复杂。

波兰 Lodz 技术大学关于纤维素纳米纤维的研究已进行多年,即采用静电纺丝工艺,在凝固浴槽内的接收装置上形成纤维素纳米纤维网。

纳米纤维改性是纳米纤维技术的新发展,纤维素改性纳米纤维被业内人誉为第四代纳米天丝纤维。Lodz 技术大学在纳米 Lyocell 纤维试验的基础上,对纤维素改性纳米纤维进行了较为系统的研究,在纳米 Lyocell 纤维生产中使用添加剂,使纤维具有导电性和介质敏感性。

1.3 天丝的结构特征

(1)形态结构。天丝和黏胶纤维的截面形态如图 1-2-5 所示,天丝的截面形态为圆形,与普通黏胶纤维和其他再生纤维素纤维的锯齿形截面形态有较明显的区别。尽管强力黏胶纤维的结构均匀性已较普通黏胶纤维有所改善,但其截面仍然不圆整,大多呈蚕豆形,且存在皮芯结构,纤维表面仍显得比较粗糙,而且有明显的沟槽。天丝的截面基本为圆形,结构均匀,无明显的皮芯结构,纤维表面也较光滑规整。

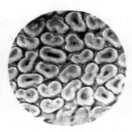

(a)天丝　　(b)强力黏胶纤维　　(c)麻材黏胶纤维　　(d)普通黏胶纤维

图 1-2-5　天丝和黏胶纤维的截面形态

(2)聚集态结构。众所周知,纤维素存在纤维素Ⅰ和纤维素Ⅱ等多种结晶变体。通过对天丝进行广角 X-射线衍射分析发现,天丝具有纤维素Ⅱ结晶结构。表1-2-3给出了天丝与普通黏胶纤维的聚集态结构参数。由该表可见,天丝的结晶度和取向度均比普通黏胶纤维高得多。

表 1-2-3　天丝和黏胶纤维的聚集态结构参数

参数	普通黏胶纤维	天丝
结晶度/%	30～35	45～65
晶区取向因子	0.70～0.85	0.90～0.94
无定形区取向因子	0.40～0.60	0.55～0.85

1.4　天丝的性能

1.4.1　力学性能

天丝与其他纤维的力学性能见表1-2-4。天丝的干湿强度与涤纶相当,而远高于棉和普通黏胶纤维,尤其是其湿强仅比干强低15%,是再生纤维素纤维中第一个湿强超过棉纤维干强的品种,这使它能用多种纺纱方法纺制成高强度的纱线,并适合纺制细支纱,从而织造薄型织物,且湿态时的高强度使之可经受高速生产工艺,大大提高了织造效率。天丝纤维的应力-应变特点还使它与其他天然纤维和合成纤维间的抱合力大,易与这些纤维以任意比例混纺,而且所得纱线的强度高,能经受剧烈的机械和化学处理,并且能用生物酶处理,可制成各种风格和各种手感的服装面料。

1-2-5　天丝纤维性能 PPT 课件

表 1-2-4　天丝与其他纤维的力学性能

指标	Acordis Tencel®	原纤化 Tencel® A100	Lenzing Lyocell®	普通黏胶纤维	高湿模量黏胶纤维	棉纤维	涤纶
线密度/dtex	1.67	1.67	1.67	1.67	1.67	—	1.67
干态强度/(cN·dtex^{-1})	4.2～4.4	3.8～4.0	4.0～4.5	2.3～2.7	3.4～3.6	2.1～2.6	4.2～5.3
干态伸长率/%	14～16	11～16	11～13	20～25	13～15	7～9	25～30
湿态强度/(cN·dtex^{-1})	3.7～4.1	2.6～3.2	3.7～4.1	1.0～1.5	1.9～2.1	2.7～3.0	4.2～5.3
湿态伸长率/%	16～18	10～14	13～15	25～30	13～15	12～14	25～30

但天丝的湿态强度受 pH 值的影响较为显著,在染整加工中高温、高湿和不同酸碱度的作用下会显著降低,使其成品强度往往不如相同规格的棉织物。

1.4.2　吸湿性能

(1)标准大气条件下的回潮率。天丝在标准大气条件下的平衡回潮率为10.5%,黏胶纤维为11.1%。天丝的吸湿性稍差,因为它有更高的结晶度、更小的比表面积和更致密的结构。

(2)湿膨胀率。天丝、黏胶纤维和棉纤维在水中的膨胀性能如表 1-2-5 所示。天丝表现出极高的横向膨胀率,而纵向的膨胀率极小,表明纤维的各向异性特征明显,由此验证了天丝的取向度高于其他纤维素纤维。

表 1-2-5 纤维素纤维在水湿润条件下的膨胀率

方向	天丝	黏胶纤维	细绒棉
横向/%	40.00	31.00	8.00
纵向/%	0.03	2.60	0.60

天丝在水、NaOH 和 H_2SO_4 水溶液中浸泡后的直径膨胀率如表 1-2-6 所示。它在 NaOH 水溶液中的直径膨胀率远大于在 H_2SO_4 水溶液和水中的；NaOH 水溶液的浓度并不与天丝的直径膨胀率成正比，在某一适当的浓度下呈现最大的直径膨胀率。

表 1-2-6 天丝的直径膨胀率

指标	处理条件							
	干态	水浸泡数秒	NaOH 水溶液浸泡数秒				H_2SO_4 水溶液浸泡数秒	
			1.0%	5.0%	11.0%	15.0%	0.1	1.0
平均直径/μm	9.6	12.4	14.4	16.9	33.9	23.7	14.0	14.0
直径膨胀率/%	0.0	29.2	50.0	76.0	235.1	146.9	46.0	47.0

1.4.3 原纤化特性

容易原纤化是普通天丝的特性之一（图 1-2-6）。原纤化是指纤维表面分裂出细小的微纤维（直径为 1～4 μm）。一般来讲，第一次原纤化时所产生的原纤都比较长，通常为 1 mm，甚至更长，并能缠结成球，如果不及时去除，会影响穿着和观感。天丝在纺丝过程中，纤维素原有的晶体结构未遭到破坏，纺丝后形成含原纤的超分子结构，有较高的结晶度和取向度，纤维在湿态下或受到机械作用时会产生原纤化。纤维多孔部分的水的溶胀作用拆散了连接结晶单元的氢键，减弱了纤维微原纤之间的结合力，而机械作用加速了纤维微原纤之间的剥离，容易在纤维表面形成原纤。

 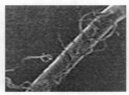  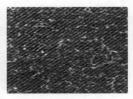

（a）原纤化前纤维　　（b）原纤化后纤维　　（c）原纤化前织物　　（d）原纤化后织物

图 1-2-6 天丝的原纤化

表征原纤化的程度用原纤化指数 F.I.（即 Fibrillation Index），一般分为 0～10 级，级数越高，说明原纤化程度越显著。图 1-2-7 所示为原纤化程度 2～5 级的纤维形态。通常，原纤化程度 >2 级时，织物外观不够美观。

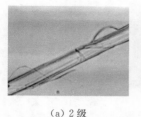
(a) 2 级

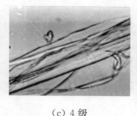
(b) 3 级

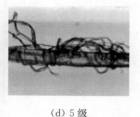
(c) 4 级

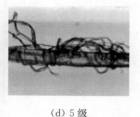
(d) 5 级

图 1-2-7　天丝的原纤化级别

原纤化具有双重效应。不均匀的局部原纤化会使织物外观不均匀,导致产品品质差异、色相差异及棉粒疵点等。均匀的原纤化可使织物呈绒面外观,具有桃皮绒风格,也能使牛仔服更具自然感和陈旧感。利用原纤化的特性,还可制成非织造过滤材料和特种纸张。

1-2-6　天丝纤维测试题

2　莫代尔纤维

2.1　莫代尔纤维的产业发展现状

莫代尔纤维是一种高湿模量再生纤维素纤维,是以榉木为原料制成木浆,再通过专门的纺丝工艺加工成的纤维。BISFA 和 ISO 2076 对莫代尔纤维的定义:莫代尔是一种独立的纤维品种,在特定条件下湿模量和纤维断裂强力达到其设定的最低值。

1-2-7　莫代尔纤维导学十问

2.1.1　莫代尔纤维的产业现状

莫代尔纤维是 20 世纪 80 年代兰精公司开发的新型再生纤维素纤维。由于价格高及性能没有被充分认识,一直没有形成批量生产。到 20 世纪末,因人们对穿着舒适度要求的提高和莫代尔超柔软的特性,莫代尔内衣成为时代的新宠。

目前,世界上公认的最著名的莫代尔纤维商标,是由奥地利兰精公司开发的"兰精莫代尔®"(Lenzing Modal®)。在长达数十年的时间里,兰精公司曾是唯一的莫代尔(Modal)纤维生产商。在开拓市场方面,兰精公司一直扮演着决定性的角色。"兰精莫代尔®"与美国杜邦公司生产的"莱卡®"(Lycra®)一样,成为对应类别的产品的代名词。

1-2-8　莫代尔纤维 PPT 课件

兰精莫代尔®纤维品种有两类六种:

无卷曲纤维两种:(1) 1.33 dtex×38 mm;

　　　　　　　　(2) 1.70 dtex×38 mm。

有卷曲纤维四种:(1) 1.33 dtex×38 mm,有光;

　　　　　　　　(2) 1.70 dtex×38 mm,有光;

　　　　　　　　(3) 3.3 dtex×100 mm,有光、半光、无光;

　　　　　　　　(4) 0.5 dtex×100 mm,有光、半光、无光。

兰精公司的科研团队坚持创新和不断研发,又开发了超细旦纤维®(MicroModal® 和

MicroModal® AIR)、兰精莫代尔®＋天丝®组合纤维（ProModal®）两个品种。

　　MicroModal® AIR 纤维的细度仅有 0.8 dtex，即 10 000 m 长度的纤维质量仅 0.8 g，织物的每平方米质量可以达到 100 g 以下。

　　ProModal®是兰精莫代尔®（Lenzing Modal®）与天丝®（Tencel®）纤维的创新组合，其结构模型如图 1-2-8 所示。ProModal®兼具莫代尔的柔软舒适性与天丝的高度功能性，其性能特点如表 1-2-7 所示。ProModal®中的天丝®纤维是特别研发的，混合比例经过特殊设计，混合设备经过特别调校，目的是使 ProModal®的混合比例更精确、更均匀，保证两种纤维更协调地混合。兰精公司是唯一一个同时生产兰精莫代尔®（Lenzing Modal®）与天丝®（Tencel®）纤维的生产商，所以兰精公司也是唯一一家能够生产 ProModal®纤维的公司。

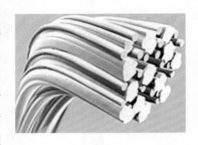

图 1-2-8　ProModal®结构模型

表 1-2-7　ProModal®纤维优势一览表

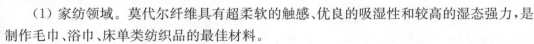

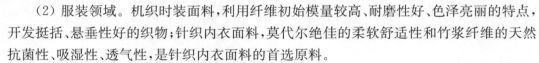

- 天然的柔软剂
- 经多次洗涤仍然保持柔软
- 能够与棉染出一致的色彩
- 色彩鲜艳

＋

- 卓越的温湿度调节功能
- 光滑的结构避免刺激肌肤
- 降低细菌的繁殖力
- 高强度纤维

2.1.2　莫代尔纤维的应用

　　（1）家纺领域。莫代尔纤维具有超柔软的触感、优良的吸湿性和较高的湿态强力，是制作毛巾、浴巾、床单类纺织品的最佳材料。

　　（2）服装领域。机织时装面料，利用纤维初始模量较高、耐磨性好、色泽亮丽的特点，开发挺括、悬垂性好的织物；针织内衣面料，莫代尔绝佳的柔软舒适性和竹浆纤维的天然抗菌性、吸湿性、透气性，是针织内衣面料的首选原料。

1-2-9　莫代尔纤维产业链视频

2.2　莫代尔纤维的结构特征

　　莫代尔纤维与竹浆纤维的形态结构如图 1-2-9 所示，两者形态相近，这使得两种纤维的鉴别成为难点。莫代尔纤维、竹浆纤维的横截面形态与黏胶纤维一样，均为锯齿形皮芯结构，但具体形态有所区别，莫代尔纤维的横截面形态更接近梅花形；纵向形态均呈现出沟槽特征，这也和普通黏胶纤维一样。

（a）莫代尔纤维横截面 　（b）竹浆纤维横截面 　（c）莫代尔纤维纵向 　（d）竹浆纤维纵向

图 1-2-9　莫代尔纤维和竹浆纤维的形态特征

2.3　兰精莫代尔®纤维的特点

2.3.1　持久的色彩和柔软保持性

与其他纤维比较，兰精莫代尔®（Lenzing Modal®）纤维更能保持色彩光鲜、亮丽，即使在洗涤 25 次以后，色彩依旧亮丽如新，而且不会出现如纯棉织物洗涤后泛灰的现象，如图 1-2-10 所示。兰精莫代尔®与棉混纺，更有助于保持色彩不变。兰精莫代尔纤维被称为"自有纺织品以来最柔软的纤维"，软滑如羽毛，是纤维材料中"天然的柔软剂"，即使经多次洗涤，纤维仍能保持良好的柔软舒适感。棉织物经多次洗涤后会出现"僵硬"状态，这是由于洗衣粉中的石灰岩成分沉积在棉纤维表面而导致的，如图 1-2-11 所示。反之，莫代尔纤维表面比较光滑，洗衣粉中的石灰岩成分不容易残留在织物上。

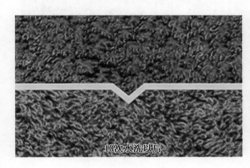

（a）棉织物　　　　　　　　　　　　　　　（b）莫代尔织物

图 1-2-10　洗涤前后棉与莫代尔织物的色彩变化

图 1-2-11　洗涤后硬化的棉织物

2.3.2　优异的混纺特性

　　莫代尔纤维细度均匀的特性使得棉/莫代尔混纺纱较纯棉纱的条干更好,如图 1-2-12 所示。莫代尔纤维与棉纤维的性能和截面都比较相似,特别在染色方面,由于莫代尔纤维较黏胶纤维和棉纤维有更接近的上染率,如图 1-2-13 所示,因此混纺后能染出平均的同色效果。这是其他纤维素纤维无法媲美的。利用这一特性,可使莫代尔与棉交织的纺织品产生独特的双色效果,如图 1-2-14 所示。此外,使用兰精莫代尔纤维的织物可以轻松地进行丝光处理,这也使莫代尔纤维成为棉混纺的最佳"搭档"。

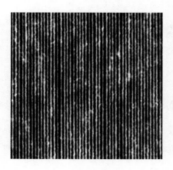 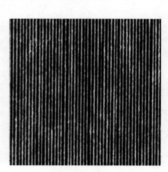

（a）纯棉纱　　　　　　　　　　　　（b）棉/莫代尔混纺纱

图 1-2-12　纯棉纱与棉/莫代尔混纺纱的条干比较

（a）黏胶纤维织物　　　　　　（b）棉织物　　　　　　（c）莫代尔织物

图 1-2-13　莫代尔织物与黏胶纤维织物、棉织物的上染率比较

图 1-2-14　莫代尔/棉交织染色织物

2.3.3　合格的强度和模量

兰精莫代尔®能达到欧洲纺织标签法(European Textile Labelling Act)对莫代尔纤维所设的定义及所有参数标准,因此兰精莫代尔®被称为唯一真正的莫代尔纤维。

兰精莫代尔纤维的强度和湿模量(5%伸长)如图1-2-15和图1-2-16所示,其强度和模量远大于普通黏胶纤维,均达到BISFA对莫代尔所下定义中的强度和湿模量要求。

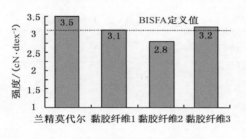

图1-2-15　兰精莫代尔纤维的强度

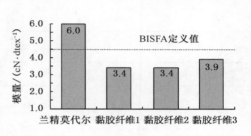

图1-2-16　兰精莫代尔纤维的模量

1-2-10　莫代尔纤维测试题

3 竹浆纤维

3.1　竹浆纤维的产业发展现状

3.1.1　竹浆纤维的研发

竹浆纤维是以生长时间在三四年的健壮挺拔的优质青竹为原料,经高温蒸煮形成竹浆,从中提取纤维素,再经制胶、纺丝等工序而制成的再生纤维素纤维,纺丝方法与普通黏胶纤维基本相同。因此,竹浆纤维的细度和白度与普通黏胶纤维接近,又被称为竹材黏胶纤维。

1-2-11　竹浆纤维导学十问

我国纺织用竹纤维的发展世界领先,保持平均每年30%的增长速度。河南新乡化纤公司在20世纪末自主研发了竹浆黏胶长丝的制造工艺,获得国家发明专利(CN 03126317.8);河北吉藁化纤有限责任公司于2002年获得了发明专利(ZL 00135021.8),成品已投放市场,年生产能力为2万t,2010年的天竹产能达3.6万t。由河北吉藁化纤有限责任公司牵头,与河北天纶纺织股份有限公司等70余家企业,组成了天竹产业联盟,将竹浆黏胶纤维的原料生产、纺纱、织布、成衣制造,以及市场销售等上、中、下游产业链的各个环节有机结合,并实行产品吊牌制,以保证产品质量,促进了该产业的快速发展。部分竹浆黏胶纤维纺织品还出口到日本、欧美国家。另外,在现有的基础上,相关科研院所和企业联合攻关,在不断改进生产工艺,使其能够生产出湿强度高、质量更加稳定的竹浆黏胶纤维产品。

1-2-12　竹浆纤维PPT课件

天竹纤维的产品种类有棉型、中长型、毛型三种,如表1-2-8所示,其规格如表1-2-9所示,也可根据纺纱要求生产特殊规格的产品。

表 1-2-8　天竹纤维分类和命名

序号	分类	产品命名
1	1.11~2.22 dtex	棉型竹材黏胶短纤维
2	2.22~3.33 dtex	中长型竹材黏胶短纤维
3	3.33~5.56 dtex	毛型竹材黏胶短纤维
4	3.33~5.56 dtex 并经过卷曲加工	卷曲毛型竹材黏胶短纤维

表 1-2-9　天竹纤维规格

线密度/dtex	长度/mm	线密度/dtex	长度/mm
1.11	38	2.78	51
1.33	38		62
1.56	38		64
1.67	38	3.33	76
	51		86
2.22	45		94
	51	5.56	102

中纺云竹纤维生产规格如表 1-2-10 所示。

表 1-2-10　中纺云竹纤维规格

品种	细度×长度	品种	原料	细度
竹纤维	1.2 D(1.33 dtex)×38 mm	纯竹纤维纱	100%云竹	277.67 dtex
	1.4 D(1.56 dtex)×38 mm		100%云竹	182.22 dtex
	1.5 D(1.67 dtex)×51 mm		100%云竹	145.78 dtex
	3.0 D(3.33 dtex)×76 mm		100%云竹	其他细度接受定纺
	3.0 D(3.33 dtex)×88 mm	竹纤维混纺纱	云竹/棉	接受定纺
	3.0 D(3.33 dtex)×102 mm		云竹/天丝	接受定纺
	5.0 D(5.56 dtex)×89 mm		云竹/莫代尔	接受定纺
	5.0 D(5.56 dtex)×102 mm		云竹/羊毛	接受定纺
云竹纤维毛条	3.0 D(3.33 dtex)×88 mm		云竹/其他纤维	接受定纺

　　2005 年,新乡白鹭化纤集团自主研制成功国家级重点新产品"竹浆黏胶长丝",并获得国家专利。

　　2010 年 11 月,吉林化纤股份有限公司推出了 30～600 D(3.33～66.67 tex)天竹长丝,如图 1-2-17 所示,用于开发高档 T 恤、高档里布、高档运动装、睡衣、内衣花边、乔绒、高档床品、毛巾、浴巾等。

　　生产竹浆纤维所用的原料——竹子具有生长周期短、可持续利用的生态环保性,但生产过程与黏胶纤维一样,

图 1-2-17　天竹长丝

1-2-13 竹浆纤维产业链视频

对环境污染严重,这成为竹浆纤维开发的一个瓶颈。用Lyocell绿色生产工艺生产"竹材Lyocell"纤维,成为竹浆纤维研发的一个方向。2008年底,上海里奥开始研发竹材Lyocell纤维,于2009年6月试纺成功,达到批量化生产,并注册了莱竹®商标,2009年10月申请了"溶剂法高湿模量竹纤维及其制备方法"的专利。

3.1.2　竹浆纤维的应用

竹浆纤维可以纯纺,也可以与棉、麻、绢、毛、天丝、Modal、涤纶等其他原料混纺,织制机织物、针织物和无纺布,用于卫生材料用品、内衣、袜子、服装、装饰。

(1)家纺领域。竹浆纤维触感柔软,吸湿性好,是制作毛巾、浴巾等浴室用品和床单类纺织品的最佳材料,如图1-2-18所示。尤其是竹浆纤维具有一定的抗菌性,保证了毛巾、床单类家纺产品的清洁与安全。

图1-2-18　竹浆纤维产品

(2)服装领域。机织时装面料,利用纤维初始模量较高、耐磨性好、色泽亮丽的特点,开发挺括、悬垂性好的织物;针织内衣面料,竹浆纤维的天然抗菌性、吸湿性、透气性,使其成为针织内衣面料的首选原料。

3.2　竹浆纤维的结构特征

(1)形态结构。竹浆纤维纵向表面光滑、均一,呈多条较浅的沟槽;横截面边沿呈不规则锯齿形,内有很多大小不等的小孔洞,如图1-2-19所示。

竹浆纤维的截面形态不受纺纱外力、染色情况的影响,与黏胶纤维相比,具有独特的横截面结构,这可用于黏胶纤维和竹浆纤维的鉴别。各类黏胶纤维的横截面形状比较相似,皮芯层结构比较均一,横截面比较平整,不是孔隙结构。图1-2-20所示为不同生产厂家的黏胶纤维截面形态,形态特征基本相同;图1-2-21所示为不同线密度和

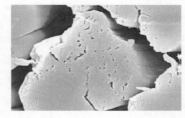

图1-2-19　竹浆纤维截面(5 000)

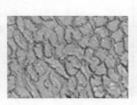

(a)三友黏胶纤维　　　(b)兰精黏胶纤维　　　(c)吉化黏胶纤维　　　(d)海龙黏胶纤维

图1-2-20　不同生产厂家的黏胶纤维截面形态

内衣中取得的竹浆纤维的截面形态,其形态亦基本相同。竹浆纤维的皮芯结构较黏胶纤维更加明显,而锯齿特征不及黏胶纤维。

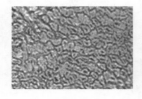 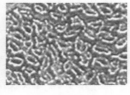 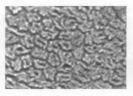 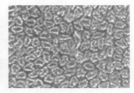

(a) 0.89 dtex　　　　(b) 1.56 dtex　　　　(c) 3.33 dtex　　　　(d) 从内衣中取得

图 1-2-21　竹浆纤维的截面形态

（2）聚合度和结晶度。竹浆纤维的生产流程与黏胶纤维一样,即将纤维素经烧碱、二硫化碳处理,制备成黏稠的纺丝溶液,再采用湿法纺丝工艺制成纤维,故其聚合度比天然纤维素纤维小一个数量级。表 1-2-11 列出了不同商标的竹浆纤维与普通黏胶纤维用黏度法测得的聚合度。可见几种纤维的聚合度比较接近,普通黏胶纤维的聚合度最小,其次是吉藁天竹纤维,中纺云竹纤维的聚合度最大。聚合度小,则末端羟基多。

用 X 射线衍射法测定纤维的结晶度,结果也列于 1-2-11 中,竹浆纤维和普通黏胶纤维的结晶度相差也不大。

表 1-2-11　竹浆纤维和普通黏胶纤维的聚合度和结晶度

结构参数	普通黏胶纤维	吉藁天竹纤维	中纺云竹纤维
聚合度	250	330	380
结晶度/%	47	45	47

3.3　竹浆纤维的性能

3.3.1　物理和力学性能

（1）密度。竹浆纤维的密度为 $1.45 \sim 1.50 \ \mathrm{g/cm^3}$（采用不同的测试方法,结果略有差异）,较普通黏胶和棉等天然纤维素纤维小,原因是竹浆纤维的横截面上布满了大大小小的孔洞且边缘有裂纹。

（2）强伸度。对竹浆、Modal 等再生纤维素纤维,用 YG(B)003A 电子式单纤维强力仪进行强伸度测试,测试条件:试样数 50 根,试样长度 10 mm,温度 20 ℃,相对湿度 80%,拉伸速度 2 mm/min。测得的纤维强伸度如表 1-2-12 所示。

表 1-2-12　竹浆等纤维的强伸度

纤维种类	线密度/tex	强度/(cN·dtex^{-1})		伸长率/%		断裂功/(N·mm)		初始模量/(cN·dtex^{-1})	
		干态	湿态	干态	湿态	干态	湿态	干态	湿态
竹浆纤维	1.67	1.93	1.77	12.38	8.45	5.55	3.59	19.9	16.2
Modal 纤维	1.67	1.99	1.67	9.72	9.47	3.58	3.20	19.9	16.7
Tencel 纤维	1.67	2.86	2.52	11.32	10.08	7.23	6.02	21.2	17.6
黏胶纤维	2.78	1.69	1.21	16.32	14.30	8.11	5.98	15.9	12.0

竹浆纤维、Modal 纤维、Tencel 纤维与黏胶纤维相比,湿强较干强的下降有所减小。竹浆纤维干、湿态的伸长率、断裂功相差较大;Modal 纤维干、湿态的伸长率和断裂功较接近,而且都较小;黏胶纤维的断裂功与 Tencel 纤维接近;Tencel 纤维的强度最大,干强与涤纶相近。

（3）摩擦性能。在温度 21 ℃、相对湿度 62% 的大气条件和摩擦辊转速 30 r/min 的测试条件下,测定竹浆纤维与圣麻纤维的静、动摩擦因数(μ_s、μ_d),如表 1-2-13 所示。竹浆纤维间的静、动摩擦因数的差值($\Delta\mu$)小于圣麻纤维,说明纤维表面比较光滑,抱合力小;竹浆纤维与皮辊间的静、动摩擦因数及差值均大于圣麻纤维;竹浆纤维与金属辊间的静、动摩擦因数较大,但两者差值较小。纺织生产过程中,可以考虑配置不同材料的导纱件,以改善竹浆纤维和圣麻纤维的摩擦性能。

表 2-13 竹浆纤维与圣麻纤维的摩擦性能

纤维名称	纤维与纤维			纤维与皮辊			纤维与金属		
	μ_s	μ_d	$\Delta\mu$	μ_s	μ_d	$\Delta\mu$	μ_s	μ_d	$\Delta\mu$
竹浆纤维	0.196 2	0.173 4	0.022 8	0.558 5	0.441 3	0.117 2	0.308 0	0.379 1	−0.071 1
圣麻纤维	0.192 0	0.141 0	0.051 0	0.176 0	0.151 0	0.025 0	0.162 0	0.136 0	0.026 0

注:数据来源于《纺织科技进展》2010 年第 3 期《圣麻纤维与竹浆纤维的鉴别及性能测试与比较》。

3.3.2 吸湿性能

在标准大气条件下测得的黏胶纤维和竹浆纤维的回潮率如表 1-2-14 所示。

表 1-2-14 竹浆纤维和黏胶纤维在标准大气条件下的回潮率

纤维名称	普通黏胶纤维	印度黏胶纤维	吉藁天竹纤维	中纺云竹纤维
回潮率/%	11.08	10.80	12.62	10.85

注:数据来源于《广西纺织科技》2007 年第 4 期《竹浆纤维与普通黏胶的性能比较》。

吉藁天竹纤维的回潮率大于普通黏胶纤维,因为前者的结晶度小,且纤维中缝隙孔洞较多,比表面积大。中纺云竹纤维的吸湿性小于普通黏胶纤维,可能是因为前者的聚合度和结晶度都较大,纤维分子上的亲水基团比普通黏胶纤维少。

在温度 20 ℃和相对湿度 95% 的大气条件下,竹浆纤维的回潮率可达到 45%,黏胶纤维为 30%。竹浆纤维的吸湿速度特别快,回潮率从 9% 上升到 45%,仅需 6 h,黏胶纤维的回潮率从 9% 上升到 30% 需 8 h 以上。

3.3.3 耐热性

普通黏胶纤维的耐热性好于棉纤维,而天竹纤维又优于普通黏胶纤维。天竹纤维的强度随温度的变化见表 1-2-15。从表中数据可以看出,当温度由 20 ℃升至 75 ℃时,棉纤维的干态断裂强度下降 26%,黏胶纤维的干态断裂强度增加 12%,竹浆纤维的干态断裂强度增加 13%,说明在 75 ℃以下时黏胶纤维和竹浆纤维的强度变化相同;当温度由 75 ℃升至 100 ℃时,棉纤维的干态断裂强度下降 7%,黏胶纤维下降 16%,而竹浆纤维只下降 1%,其原因在于:①纤维素中的水分消失,引起强度改变;②大分子

1-2-14 竹浆纤维测试题

1-2-15 天丝、莫代尔、竹浆纤维鉴别 PPT 课件

间各链节的热运动加剧,导致强度降低;③天竹纤维的多孔隙网状结构对热量传导有缓冲作用。

表 1-2-15 竹浆纤维升温时的干态断裂强度

纤维名称	干态断裂强度/(cN·dtex^{-1})					
	20 ℃	50 ℃	75 ℃	100 ℃	120 ℃	130 ℃
棉纤维	3.80	3.05	2.83	2.63	—	—
普通黏胶纤维	2.27	2.39	2.55	2.14	—	—
天竹纤维	2.23	2.30	2.51	2.49	2.35	2.19

注:数据来源于《针织工业》2005 年第 2 期《天竹纤维的性能及其鉴别方法》。

【再生纤维产业链网站】

一、天丝产业链生产企业

1. http:// www.northcc.com.cn 北京北方世纪纤维素技术开发有限公司

2. http://nonwovens-applications.lenzing.com

3. http://www.lenzing.com

4. http://www.camillavalleyfarm.com(P. O. Box 341 Orangeville, Ontario Canada L9W 2Z7)(天丝和竹纤维纱)

5. http://theuniquesheep.com(羊毛和天丝纤维产品)

6. http://www.asia.ru(天丝等新型材料产品)

7. http://www.schiesser-med.com

8. http://www.textile-cn.com 青纺联

9. http://www.china-suyin.com 江阴苏银牛仔布业有限公司(天丝牛仔布)

10. http://www.wideshine.net.cn 绍兴万纤纺织品有限公司

二、竹原纤维和竹浆纤维产业链生产企业

1. www.tzcylm.com 天竹产业联盟

2. http://www.jghx.cn 河北吉藁化纤有限公司

3. http://www.zhuxs.com 安吉竹蕾雅竹纤维有限公司

4. http://www.liahren.com/product(Eco-Friendly Liahren Textile)

5. http://www.li-fei.com

6. http://www.kongfi.com

7. http://www.xinmeitextile.com 信阳信美纺织有限公司(竹纤维纱)

8. http://www.kongfi.com/Index.htm(Suzhou Shenboo Textile Co., Ltd.)苏州市利飞纺织品有限公司

第二节　再生蛋白质纤维
——牛奶蛋白纤维、大豆蛋白纤维

1　牛奶蛋白纤维

1.1　牛奶蛋白纤维的研究与产业发展现状

　　牛奶蛋白纤维是以牛奶作为基本原料,经过脱水、脱油、脱脂、分离、提纯,形成一种具有线型大分子结构的乳酪蛋白;再采用高科技手段将乳酪蛋白与聚丙烯腈或聚乙烯醇等高聚物进行共混、交联、接枝或醛化,制备成纺丝原液;最后通过湿法纺丝成纤、固化、牵伸、干燥、卷曲、定形、短纤维切断(长丝卷绕)而制成的。它是一种有别于天然纤维、再生纤维素纤维和合成纤维的新型动物蛋白纤维,又被称为"半合成再生蛋白质纤维"。

1-2-16　牛奶蛋白纤维导学十问

1.1.1　牛奶蛋白纤维的研发历程

　　牛奶蛋白纤维的研究与发展,源自 1935 年意大利 SNIA 公司和英国 Courtaulds 公司分别从牛奶乳酪中提炼出"Lanital""Merinova"纯蛋白纤维,但成本高,没有使用价值。1956 年,日本东洋纺公司发明了用牛乳蛋白溶液与丙烯腈聚合物共混、共聚、接枝的方法,开发了类似于真丝结构的新型牛奶长丝,并于 1969 年实现工业化生产,商品名为"Chinon",产品定位是手术缝合线,目前已经停产。

1-2-17　牛奶蛋白纤维 PPT课件

　　我国从 20 世纪 60 年代开始研究牛奶蛋白纤维,如上海合成纤维研究所、中国纺织大学(现东华大学)与三枪集团、上海金山石化、黑龙江蛋白纤维研究所、山西碳纤维厂等,都在这方面有所努力。当时,对蛋白质接枝共聚的各项研究工作是出于对合成纤维的改性和废料的综合利用,希望制取一种手感和性能都优于合成纤维的仿真丝纤维。由于制造纤维的工艺流程复杂,技术条件有限,加之国家食品供应紧缺,不可能采用牛乳作为蛋白质纤维的原材料,所以再生制造纤维被淡化。

　　直到 20 世纪 90 年代,化学纤维向着差别化、个性化、多元化和功能化方向发展,牛奶蛋白纤维迎来了产业化研发机遇。最早投入工业化生产的是上海正家牛奶丝科技有限公司,从 2004 年下半年开始市场推广,并利用超细喷孔开发出 0.89 dtex(0.8 D)以下的牛奶超细纤维。之后,又积极开发仿羊绒技术,将两种不同缩率的纺丝原液从同一个喷丝孔纺出的牛奶复合纤维,烘干后自动卷曲,通过调节两种组分的比例,可使复合纤维的卷曲度最接近羊毛。

　　山西恒天纺织新纤维科技有限公司从 2000 年开始对酪素类纤维进行研究,恒天牛奶蛋白纤维是其自主研发、拥有两项国家发明专利和独立知识产权的产品,并于 2004 年4 月获得 Oeko-Tex Standard 100 认证。在牛奶蛋白纤维生产的基础上,先后开发出毛型、棉型、绒型几大系列产品和纳米牛奶蛋白纤维、负离子牛奶蛋白纤维等多功能纤维。

　　嫩江华强蛋白纤维有限责任公司生产的牛奶蛋白纤维是以牛奶蛋白质为原料,采用高科技手段和专用化学助剂使其降解改性,再与高聚物共混、共聚制成纺丝原液,经湿法纺丝工艺制成的牛奶蛋白短纤维,于 2003 年 12 月获国家发明专利。嫩江华强蛋白纤维具有咖啡色、驼色和米色等多种天然颜色。

1.1.2　牛奶蛋白纤维的生产

　　牛奶蛋白纤维的生产流程如图 1-2-22 所示。纺丝液的制备方法一般有三种:①共混法,牛奶乳酪和聚丙烯腈共混;②接枝共聚法,牛奶乳酪和丙烯腈在体系中催化形成接枝共聚物;③交联法,牛奶乳酪和丙烯腈或聚乙烯醇中加入交联剂进行交联反应形成聚合物。

图 1-2-22　牛奶蛋白纤维的生产流程

1.1.3　牛奶蛋白纤维的应用

　　牛奶蛋白纤维具有天然蛋白纤维蚕丝的光泽和亲肤性、羊绒的手感和保暖性及合纤的易护理性,因此其产品大多应用于与皮肤直接接触的服用材料。牛奶蛋白纤维产品如图 1-2-23 所示。

|（a）纤维|（b）纱线|（c）面料|（d）服装|

图 1-2-23　牛奶蛋白纤维产品

　　(1)纤维。牛奶蛋白纤维可作为被褥的填充材料。

　　(2)纱线。牛奶蛋白纤维纱主要有短纤纯纺纱线和牛奶/羊毛、牛奶/羊绒、牛奶/真丝、牛奶/天丝等混纺或合股纱线及牛奶/氨纶包芯纱、牛奶蛋白纤维长丝纱。

　　(3)面料。市场上的牛奶蛋白纤维面料主要有 Pw、Lm、Sm 和 Am 四大系列产品。其中,Pw 和 Lm 系列是以 100% 牛奶蛋白纤维织造的针织平针面料、抽条平针面料,适合制作 T 恤、内衣等休闲、家居服装。由牛奶蛋白纤维和真丝交织而成的 Sm 系列种类繁多,包括牛奶蛋白纤维真丝缎、牛奶蛋白纤维真丝纺、牛奶蛋白纤维真丝绢、牛奶蛋白纤维真丝绉。Sm 系列集牛奶蛋白纤维和真丝的优点于一身,既有牛奶丝纤维轻盈、滑爽、悬垂性好的特性,又具有真丝柔中带韧、光洁艳丽的风格,织物色彩鲜艳,风格独特,具有顺滑柔软的手感,穿着舒适,特别适宜制作唐装、旗袍、晚礼服等高级服装。Am 系列是牛奶蛋白纤维中加入氨纶(莱卡)织造的弹力面料,适合制作针织运动上衣、韵律健身服和美体内衣。

（4）服装和日用品。①时装:柔和的光泽、轻盈的质地、柔软的手感,使得牛奶蛋白纤维成为制作高档针织套衫、T恤衫、女式衬衫、男女休闲服饰、牛仔裤、日本和服等外衣的理想材料,用牛奶蛋白纤维制成的服装雍容华贵,轻盈飘逸;②家居服:牛奶蛋白纤维的吸湿、导湿及保湿功能良好,可用于制作儿童服饰、女士衬衣、睡衣、T恤等,广泛应用于内衣等贴身衣物;③床品:牛奶蛋白纤维柔软、滑爽和较高的睡眠舒适指数,特别适合用作床上用品;④日用品:牛奶蛋白纤维中含有17种对人体有益的氨基酸,并含有蛋白质天然保湿因子,能起到营养肌肤、保健肌肤的作用,是织制手帕、围巾、浴巾、毛巾、装饰线、绷带、纱布、领带、卫生巾、护垫、短袜、连裤袜等功能性产品的理想材料。

1-2-18 牛奶蛋白纤维产业链——纤维视频

1-2-19 牛奶蛋白纤维产业链——纱线视频

1-2-20 牛奶蛋白纤维产业链——绒线视频

1-2-21 牛奶蛋白纤维产业链——织物视频

1.2 牛奶蛋白纤维种类

牛奶蛋白纤维按与其共混、交联、接枝的高聚物类型,有腈纶基、维纶基和黏胶基三种:牛奶酪蛋白与聚丙烯腈共混、交联、接枝制得的纤维为牛奶蛋白改性聚丙烯腈纤维(腈纶基牛奶蛋白纤维);牛奶酪蛋白与聚乙烯醇共混、交联、接枝制得的纤维为牛奶蛋白改性聚乙烯醇纤维(维纶基牛奶蛋白纤维);牛奶酪蛋白与纤维素共混制得的纤维为牛奶蛋白改性纤维素纤维(黏胶基牛奶蛋白纤维)。

按长度分为短纤维和长丝两类。山西恒天和上海正家生产的短纤维品种规格分别如表1-2-16和表1-2-17所示。

表 1-2-16 山西恒天牛奶蛋白纤维规格

品种	细度/D(dtex)	长度/mm
棉型、绒型	1.5(1.67)	38,47
毛型	2.5(2.78)	76,80~110 (不等长)
毛型	3.0(3.33)	76,80~110 (不等长)

表 1-2-17 上海正家牛奶蛋白纤维规格

品种	细度/D(dtex)	长度/mm
棉型	1.5(1.67)	任意,常规为38
毛型	2.5(2.78)	任意,常规为88
长丝	6.0(6.67)	无限

1.3 牛奶蛋白纤维的结构特征

1.3.1 形态结构

腈纶基和维纶基牛奶蛋白纤维的形态结构如图1-2-24所示。腈纶基牛奶蛋白纤维的形态特征与腈纶相似,纵向有竖条纹,形成较浅的沟槽,表面组织不均匀,纤维有凹凸,横截面接近圆形或哑铃形;维纶基牛奶蛋白纤维纵向有一条较深的凹槽,表面有微小的凹坑,并呈现海岛状的凹凸,横截面近似腰圆形。

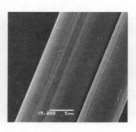
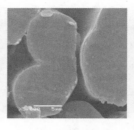
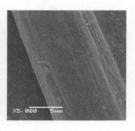

　（a）腈纶基横截面　　　（b）腈纶基纵向　　　（c）维纶基横截面　　　（d）维纶基纵向

图1-2-24　牛奶蛋白纤维形态结构电镜图(5 000 倍)

　　牛奶蛋白纤维采用湿法纺丝,纤维横截面呈不规则的圆形或锯齿形或腰圆形,并且流体丝束固化时分子间交换、小分子溶剂溢出和水分子占位,使纤维大分子结构中存在更多的空穴和无定形区,纤维内布满了大大小小的空隙;纵向有许多不规则的沟槽,部分酪丝蛋白质覆盖在载体的表面。牛奶蛋白纤维这种特殊的形态结构,使它不仅具有天然纤维优良的吸湿性、透气性及合成纤维较好的导湿性、柔软性、滑糯性,而且具有染料、氧化剂、助剂等化工料容易进入、容易染色等优点,但是,也带来不耐酸碱、氧化剂和还原剂、沸水容易收缩、烘干和定形温度不能太高、极易产生色花和色差、织物尺寸不稳定等不足。

1.3.2　组分分布

　　国产牛奶蛋白纤维的主要组分:腈纶基牛奶蛋白纤维中,聚丙烯腈与牛奶酪蛋白的含量比为68～74：32～26;维纶基牛奶蛋白纤维中,聚乙烯醇与牛奶酪蛋白的含量比为69～73：31～27。牛奶蛋白纤维中的牛奶酪蛋白组分大部分分布在纤维的无定形区,使纤维在高温水中易产生酪素蛋白溶失的现象。例如腈纶基牛奶蛋白纤维在 80 ℃的水中处理80 min,纤维失重达 8%,经红外光谱分析得出,纤维的失重主要由牛奶蛋白纤维中酪素蛋白的溶失所致。

1.4　牛奶蛋白纤维的性能

1.4.1　物理力学性能

　　腈纶基和维纶基牛奶蛋白纤维的物理力学性能如表 1-2-18 所示。可以看出,腈纶基牛奶蛋白纤维的强度高于维纶基牛奶蛋白纤维,而两者的强度又分别低于腈纶、维纶;两者的湿态强度损失较少,约是干态强度的 80%。同时,两种牛奶蛋白纤维的初始模量适中,并且都大于腈纶和维纶。腈纶基牛奶蛋白纤维的变形能力大于维纶基牛奶蛋白纤维,但小于腈纶,而维纶基牛奶蛋白纤维的变形能力稍大于维纶。腈纶基和维纶基牛奶蛋白纤维的质量比电阻明显小于各自的基体纤维,这主要得益于牛奶蛋白本身具有多种氨基酸和天然的保湿因子。维纶基和腈纶基牛奶蛋白纤维的摩擦因数较小,尤其是后者的摩擦因数更小(≤0.303),这不仅有利于减少静电的产生,而且可提高纤维的可纺性,但仍需在纺纱时适当加入油剂,以增加纤维的抱合力。

表 1-2-18 牛奶蛋白纤维的物理力学性能

纤维名称	强度/(cN·dtex⁻¹)		伸长率/%		初始模量/(cN·dtex⁻¹)	质量比电阻/(Ω·g·cm⁻²)	摩擦因数		密度/(g·cm⁻³)
	干	湿	干	湿			干	湿	
腈纶基牛奶蛋白纤维	2.78	2.54	32.5	26.7	57.5	4.9×10^{10}	0.303	0.207	1.22
维纶基牛奶蛋白纤维	3.42	3.29	22.7	18.71	51.0	2.4×10^{10}	0.376	0.274	1.30
腈纶	3.25	2.95	37.5	42.5	38.5	5.5×10^{12}	—	—	1.14
维纶	4.85	3.70	19.0	19.0	42.0	3.7×10^{11}			1.26

1.4.2 吸湿性能

（1）标准大气条件下的回潮率。牛奶蛋白纤维在标准大气条件下的平衡（吸湿）回潮率，腈纶基为 6%～7%，维纶基为 8%～9%（同样的测试方法，羊毛为 16%～17%）。

（2）吸放湿等温线。牛奶蛋白纤维的吸放湿等温线如图 1-2-25 所示，它与羊毛纤维的吸放湿等温线非常相似。在吸湿等温线的初始阶段，牛奶蛋白纤维与羊毛纤维的吸湿速率较快，羊毛纤维的吸湿速率远大于牛奶蛋白纤维；大约 75 min 时，吸湿速率开始减小；150 min 左右，两种纤维达到吸湿平衡状态。羊毛纤维的回潮率始终大于牛奶蛋白纤维。牛奶蛋白纤维与羊毛纤维达到放湿平衡的时间较长，大约需 400 min；两者的吸湿滞后值相近，达 2%～3%。

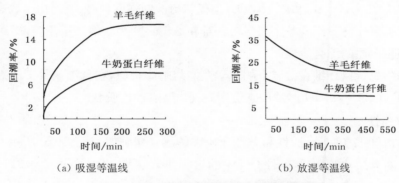

（a）吸湿等温线　　　　　　（b）放湿等温线

图 1-2-25 牛奶蛋白纤维的吸放湿等温线

1.4.3 化学性能

牛奶蛋白纤维由两类高聚物共混、共聚而成，共混、共聚的过程包括复杂的物理化学变化，生成物的相态结构因组分浓度不同而不同，纤维的化学特性是高聚物各自特性和综合特性的组合。

腈纶基和维纶基牛奶蛋白纤维的化学性能如表 1-2-19 所示。聚乙烯醇大分子主链上有大量仲羟基，其化学性质与纤维素有许多相似之处，不溶于 2.5% NaOH 溶液，而且 NaOH 溶液可以作为聚乙烯醇纺丝的凝固液。维纶在 88% HCOOH（甲酸）中溶胀并溶解，在浓硝酸中迅速溶解并释放出红棕色且有刺激性气味的 NO_2 气体，能够溶解于 75% H_2SO_4 和浓 H_2SO_4。

表1-2-19　腈纶基和维纶基牛奶蛋白纤维的化学性能

试剂		溶解结果			
名称	浓度/%	20～25 ℃，20 min		恒温水浴锅(100 ℃)，20 min	
		腈纶基牛奶蛋白纤维	维纶基牛奶蛋白纤维	腈纶基牛奶蛋白纤维	维纶基牛奶蛋白纤维
H_2SO_4	40	—	不溶解	溶解	部分溶解
	75	轻微溶解(同腈纶)	部分溶解	—	立即溶解
	浓	—	溶解	—	立即溶解
HCl	15	—	不溶解	—	溶解
	浓	—	溶解	—	立即溶解
HAc	5	—	不溶解	轻微溶解，泛黄	部分溶解
	20	—	不溶解	部分溶解，泛黄	部分溶解
NaOH	2.5	不溶解	不溶解	—	不溶解，色变深
	5	不溶解	不溶解	—	不溶解，色变深
	25	不溶解	不溶解，色变深	溶解成冻胶状	部分溶解，色变深
HCOOH	88	—	部分溶解	—	部分溶解

维纶基牛奶蛋白纤维在88% HCOOH中能够部分溶解，从试验现象看，可能与纤维中聚乙烯醇的溶解有关，剩余物主要是蛋白质。在沸腾水浴中，维纶基牛奶蛋白纤维能够完全溶解于75% H_2SO_4 和浓 H_2SO_4，不仅与硫酸的强酸性有关，还由于较高温度下硫酸表现出的强氧化性。维纶基牛奶蛋白纤维在2.5% NaOH溶液中不溶解，可以认为是聚乙烯醇与蛋白质的综合表现。

腈纶基牛奶蛋白纤维在常温下的化学性能与腈纶相似，在煮沸条件下多表现出蛋白纤维的特性，在25%NaOH溶液中煮沸则表现出特有的冻胶状。

1.4.4　热收缩性

牛奶蛋白纤维在中性、酸性和碱性介质中的热收缩率如表1-2-20所示。腈纶基牛奶蛋白纤维对介质比较敏感，碱性介质中的热收缩率较大，水中的热收缩率较小；维纶基牛奶蛋白纤维对温度比较敏感，在100 ℃以上的温度下，在各种介质中的热收缩率明显增加，尤其在110～120 ℃温度范围内，增幅更显著。

表1-2-20　牛奶蛋白纤维的热收缩率(%)

温度/℃	腈纶基牛奶蛋白纤维			维纶基牛奶蛋白纤维		
	水	pH=3	pH=13	水	pH=3	pH=13
80	0.8	2.5	9.4	0	0	0
90	2.5	4.4	14.8	2.5	1.0	2.5
100	5.0	7.5	20.0	4.7	2.5	5.0
110	10.0	10.0	31.9	8.3	5.0	8.7
120	12.5	14.0	55.3	51.7	53.3	41.7

1.5　牛奶蛋白纤维的鉴别

1.5.1　定性鉴别

（1）燃烧鉴别法。靠近火焰，熔融并卷曲；接近火焰，卷曲、融化、燃烧；离开火焰，燃烧，有时自灭；燃烧时气味，毛发燃味；残留物特征，黑色状，基本松脆，但有微量硬块，腈纶基的硬块较维纶基少。

（2）溶解鉴别法。腈纶基牛奶蛋白纤维在25％NaOH溶液中，以100℃恒温加热30 min，即出现牛奶蛋白纤维特有的冻胶状溶解现象并伴随颜色变化——从本色逐渐变为深红色，然后从深红色褪色至浅黄色；维纶基牛奶蛋白纤维在88％甲酸中部分溶解，75％硫酸中常温下部分溶解、沸腾水浴中能够完全溶解。

（3）氯化锌-碘着色法。常温下加入试剂后，腈纶基牛奶蛋白纤维呈褐色，而维纶基牛奶蛋白纤维呈淡蓝色，前者对氯化锌-碘试剂的敏感程度高，径向膨胀比例大，受热后完全溶解；着色剂对维纶基牛奶蛋白纤维的影响较小，几乎无变化。

（4）显微镜法。牛奶蛋白纤维的横截面形态取决于共聚、共混的聚合物，腈纶基牛奶蛋白纤维的横截面形态类似于腈纶的圆形或哑铃形，维纶基类似于维纶的腰圆形；纵向有沟槽和微小的蛋白质颗粒附着物，腈纶基的沟槽直而均匀，维纶基的沟槽由断续的凹坑构成。

1.5.2　定量鉴别

腈纶基牛奶蛋白纤维的二组分定量鉴别可参照纺织行业标准 FZ/T 01103—2009《纺织品　牛奶蛋白改性聚丙烯腈混纺产品　定量化学分析方法》。由于牛奶蛋白纤维本身是二组分共聚、共混而成的，因此腈纶基牛奶蛋白纤维与其他纤维的二组分混纺实质上是聚丙烯腈组分＋牛奶酪蛋白组分＋其他纤维的三组分混纺，其测试原理如表 1-2-21 所示。

表 1-2-21　牛奶蛋白纤维(腈纶基)二组分混纺比测试原理

组分1		组分2	原理	修正系数
聚丙烯腈	牛奶酪蛋白	动物纤维或蚕丝	次氯酸钠法：用 1 mol/L 的次氯酸钠溶液溶解组分 2 和组分 1 中的牛奶酪蛋白	剩余部分为组分 1 中的聚丙烯腈，K 为组分 1 中的聚丙烯腈在牛奶蛋白纤维中的含量的倒数
		聚丙烯腈纤维	二甲基甲酰胺法：用沸点为 152～154 ℃的二甲基甲酰胺(25 ℃)溶解聚丙烯腈纤维	原色牛奶蛋白纤维，$K=1.06$ 染色牛奶蛋白纤维，$K=1.01$
		纤维素纤维、聚酰胺、聚酯、聚氨酯、聚乳酸等	次氯酸钠/硫氰酸钠法：用 1 mol/L 的次氯酸钠溶解牛奶酪蛋白，用 50％硫氰酸钠溶解聚丙烯腈	聚酰胺纤维、棉纤维、铜氨纤维，$K=1.01$ 聚氨酯纤维、聚酯纤维、莫代尔纤维、聚乳酸纤维，$K=1.00$ 莱塞尔纤维，$K=1.02$ 黏胶纤维，$K=1.07$
		聚酰胺纤维	甲酸法：用 80％甲酸溶解聚酰胺	牛奶蛋白纤维，$K=1.09$
		二醋酯纤维	丙酮法：用馏程为 55～57 ℃的丙酮溶解二醋酯纤维	牛奶蛋白纤维，$K=1.00$
		三醋酯纤维	二氯甲烷法：使用 GB/T 2910.1 中 5.4.2.1规定的试剂溶解三醋酯纤维	牛奶蛋白纤维，$K=1.00$

混纺比的计算公式：

$$P_1(\%)=\frac{m_1}{m_0}\times K\times 100$$

$$P_2(\%)=100-P_1$$

式中：P_1——未溶解组分的干重百分数；

　　　m_1——未溶解组分的干重；

　　　m_0——纤维总干重；

　　　K——未溶解组分在试剂中处理的质量修正值；

　　　P_2——溶解组分的干重百分数。

1-2-22 牛奶蛋白纤维测试题

【牛奶蛋白纤维产业链网站】

1. http://www.milkfashion.com 上海正家牛奶

2. http://www.htxw.com 山西恒天纺织新纤维科技有限责任公司

3. http://www.pytianyuan.com/index.asp 濮阳市天元蛋白纤维有限责任公司

4. http://www.zhulikj.com 湖州珠力纳米材料科技开发有限公司

2 大豆蛋白纤维

2.1 大豆蛋白纤维的研究与产业发展现状

1-2-23 大豆蛋白纤维导学十问

大豆蛋白纤维属于再生植物蛋白纤维，它以榨过油的大豆豆粕为原料，利用生物工程技术提取豆粕中的球蛋白，通过添加功能性助剂，与腈基、羟基等高聚物接枝、共聚、共混，制成一定浓度的蛋白质纺丝液，经湿法纺丝而制成。这种纤维是由我国纺织科技工作者自主开发的，并在国际上率先实现工业化生产，是迄今为止我国获得的唯一的完全知识产权的纤维。

2.1.1 大豆蛋白纤维的研发历程

1-2-24 大豆蛋白纤维PPT课件

日本和美国早期对大豆蛋白纤维的开发和应用均有尝试。1938年，日本油脂公司开发了以大豆为原料的纤维；1942年前后，日本东京工业试验所在大豆蛋白提取和纤维成型方面做过较为系统的探索；日本昭和产业的大豆蛋白纤维曾以 Silkool 商品名称投放市场；1975年，日本东洋纺的山田晃等人报道了大豆蛋白丙烯腈接枝纤维，通过湿法纺丝，但未实现工业化生产。1943年，美国 Drackett 公司试生产了大豆蛋白纤维；与此同时，美国 Ford Motor 公司研制了大豆蛋白纤维 Soylon，吸水率为11%左右；1945年，美国大豆蛋白纤维进行过短期生产，福特汽车也曾使用大豆蛋白纤维织物作为汽车内装饰。

我国河南农民李官奇从1991年开始，经过10年努力，于2000年成功研制出大豆蛋白纤维产品，使我国成为目前全球唯一能工业化生产纺织用大豆蛋白纤维的国家。2003年9月，在奥地利举行的第42届国际人造纤维会议上，大豆蛋白纤维被确认为"世界第八大人造纤维"，正式载入国际纤维史册。2004年，李官奇发明的"植物蛋白合成丝及其制造方法"获得第八届中国专利金奖。

2.1.2 大豆蛋白纤维的生产

大豆蛋白纤维以天然大豆为主要原料,利用生物工程新技术,将豆粕中的球蛋白提取、提纯,并使提纯的球蛋白改变空间结构,配制成一定浓度的蛋白纺丝液,经熟成后,用湿法纺丝工艺纺成单纤细度为 1.27~3.33 dtex 的丝束,通过化学交联稳定纤维的性能,再经过卷曲、热定形、切断,生产出各种长度规格的纺织用高档纤维。所用原料是大豆粕、羟基和氰基高聚物,纤维中大豆蛋白与聚乙烯醇或聚丙烯腈的比例为15~45：55~85。大豆蛋白短纤维的生产流程如图 1-2-26 所示。

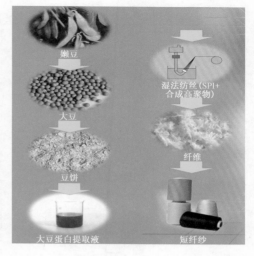

图 1-2-26 大豆蛋白纤维的生产流程

2.1.3 大豆蛋白纤维的应用

大豆蛋白纤维具有纤细、光滑、柔软和怡人的光泽、良好的悬垂性和吸湿透气性,而且蛋白质对人体皮肤有保健作用,在内衣、睡衣领域大有开发潜力。大豆蛋白纤维针织物与真丝(85％)/羊绒(15％)的针织物具有极其相似的风格,适宜针织产品开发。大豆蛋白纤维的机织产品在光泽上具有麻/绢混纺产品的风格,手感比绢丝织物挺,悬垂性好,抗皱性优于真丝,且可用活性染料染色,染色牢度好,是高档的衬衫用面料。大豆蛋白纤维还可以与蚕丝、羊毛、山羊绒、棉和其他纤维混纺,由于具有轻、柔软、光滑、丝光、强度高、吸湿、导湿、透气性好等诸多良好性质,能产生许多独特风格。大豆蛋白纤维的产品种类和规格如表 1-2-22 所示。

1-2-25 大豆蛋白纤维产业链——纤维视频

1-2-26 大豆蛋白纤维产业链——纱线视频

1-2-27 大豆蛋白纤维产业链——织物视频

表 1-2-22 大豆蛋白纤维的产品种类和规格

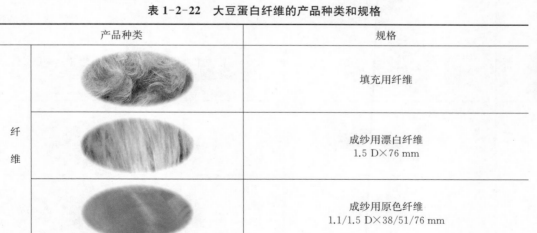

产品种类		规格
纤维		填充用纤维
		成纱用漂白纤维 1.5 D×76 mm
		成纱用原色纤维 1.1/1.5 D×38/51/76 mm
纱线		棉型纱 纯大豆蛋白纱 10ˢ~80ˢ;10ˢ/2~80ˢ/2 棉/大豆蛋白纤维(70~45/30~55)混纺纱 大豆/黏胶(80/20)混纺纱 氨纶包芯纱 16ˢ+70 D;32ˢ+40 D;40ˢ+40 D

（续　表）

产品种类		规格
纱线		毛型纱 纯大豆蛋白纱 24～60 公支 大豆/羊绒(85～50/15～50)混纺纱 羊毛(天丝、蚕丝)/大豆(50/50)混纺纱 大豆/PTT/羊毛混纺纱
纤维		雪尼尔纱 纯大豆纱 1.0^s～6.0^s
		毛圈纱 大豆纱＋氨纶 12＋40 D;8＋40 D
		钩编纱 大豆纯纺纱 1.0^s～4.5^s 大豆/羊毛、大豆/棉混纺纱 1.0^s～4.5^s
		手工针织纱 纯大豆纱 0.8^s～1.5^s 羊毛/大豆 50/50 混纺纱 8^s～1.5^s
织物		针织物 大豆蛋白纤维纯纺或混纺纱形成本色和染色平针、罗纹和提花织物
		机织物 大豆与棉混纺和交织形成本色、染色和色织物,采用平纹、斜纹、缎条和提花组织
家纺		毛巾 纯大豆蛋白纤维织制的本色和染色毛巾
		被褥 大豆蛋白纤维面料和填充材料
		枕头 大豆蛋白纤维面料和填充材料

2.2　大豆蛋白纤维的种类

大豆蛋白纤维按与其共混、交联、接枝的高聚物类型有腈纶基、维纶基和黏胶基三种。大豆球蛋白与聚丙烯腈共混、交联、接枝制得的纤维为大豆蛋白改性聚丙烯腈纤维（腈纶基大豆蛋白纤维）；大豆球蛋白与聚乙烯醇共混、交联、接枝制得的纤维为大豆蛋白改性聚乙烯醇纤维（维纶基大豆蛋白纤维）；大豆球蛋白与纤维素共混制得的纤维为大豆蛋白改性纤维素纤维（黏胶基大豆蛋白纤维）。

按长度分为短纤维和长丝两类。我国生产大豆蛋白纤维最大的企业是江苏常熟江河天绒丝纤维公司，生产的短纤维品种规格如表 1-2-23 所示。

表 1-2-23　江河天绒丝纤维公司生产的大豆蛋白纤维规格

品种	细度/D(dtex)	长度/mm	颜色
棉型	1.15(1.27);1.5(1.67)	38;51	本色、漂白
毛型	2.0(2.22);3.0(3.33)	76;102;76～110 (不等长)	本色、漂白

2.3　大豆蛋白纤维的结构特征

2.3.1　形态结构

（1）维纶基大豆蛋白纤维的形态结构如图 1-2-27 所示。维纶基大豆蛋白纤维的横截面近似圆形，有表皮层，表皮层薄而结构较为紧密，芯层结构松散、不匀，含有多而大小不一的孔洞和缝隙。纵向形态有构槽有凹凸坑，表面附有小颗粒。

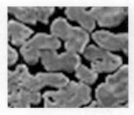  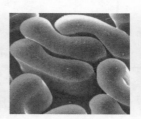 

（a）维纶基横截面　　（b）维纶基纵向　　（c）维纶横截面　　（d）维纶纵向

图 1-2-27　维纶基大豆蛋白纤维与维纶的形态结构电镜图

（2）腈纶基大豆蛋白纤维的形态结构如图 1-2-28 所示。腈纶单体大豆蛋白纤维的横截面近似豆瓣状，结构较紧密、均匀，含有一定量的微小孔洞和缝隙。

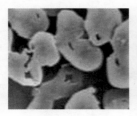  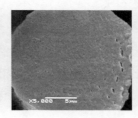 

（a）腈纶基横截面　　（b）腈纶基纵向　　（c）腈纶横截面　　（d）腈纶纵向

图 1-2-28　腈纶基大豆蛋白纤维与腈纶的形态结构电镜图

　　（3）黏胶基大豆蛋白纤维的形态结构如图1-2-29所示。横截面呈扁平状、哑铃形或腰圆形，有皮芯结构，并且横截面上有细小的微孔；纵向表面不光滑，有不规则的沟槽和海岛状的凹凸。

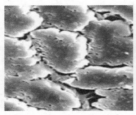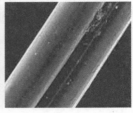

　（a）黏胶基横截面　　　　（b）黏胶基纵向　　　　（c）黏胶横截面　　　　（d）黏胶纵向

图1-2-29　黏胶基蛋白纤维与黏胶纤维的形态结构电镜图

　　纤维截面上布满的大大小小的空隙和纵向凹凸坑、表面附有的小颗粒，是大豆蛋白纤维与相应基体纤维形态的主要区别。

2.3.2　组分分布

　　大豆蛋白纤维的形态结构和化学特性都体现出基体的特性，因此可推断出：大豆蛋白纤维中分别有基体和大豆蛋白两种物质。对选定的腈纶基和维纶基两种大豆蛋白纤维，用不同的化学试剂将基体溶解，溶解液中的蛋白质物质形成腐乳状聚集，经过滤将基体物质分离出来，对剩余物质用氯化锌-碘化学试剂进行着色反应，颜色呈偏黄色，体现蛋白质特性，说明剩余物质全部为大豆蛋白，其成分定量分析结果见表1-2-24。

表1-2-24　大豆蛋白纤维基体和大豆蛋白含量

纤维名称	含量/%	
	基体	大豆蛋白
腈纶基大豆蛋白纤维	51.0	49.0
白色维纶基大豆蛋白纤维	29.8	70.2

注：并不是所有的大豆蛋白纤维成分含量如此表所示，不同厂家、不同品种的含量各不相同。

2.4　大豆蛋白纤维的性能

2.4.1　物理力学性能

　　大豆蛋白纤维的物理力学性能如表1-2-25所示。纤维性能与基体种类和蛋白质含量有关，纤维强伸度、比电阻和密度一般较相应基体小，并随着蛋白质含量的增加，降低程度增加。黏胶基大豆蛋白纤维的蛋白质含量对其物理力学性能的影响如表1-2-26所示。

表 1-2-25　大豆蛋白纤维的物理力学性能

纤维名称	强度/(cN·dtex⁻¹)		断裂伸长率/%		初始模量/(cN·dtex⁻¹)	质量比电阻/(Ω·g·cm⁻²)	摩擦因数		密度/(g·cm⁻³)
	干	湿	干	湿			动	静	
腈纶基大豆蛋白纤维	5.7	—	16.3		32.1	$2.2×10^9$	0.46	0.60	—
维纶基大豆蛋白纤维	4.7	4.3	16.2	16.5	62.2	$4.3×10^9$	0.31	0.52	1.28
黏胶基大豆蛋白纤维	2.1	2.1	15.8	23.1	—	$1.2×10^7$	0.22	0.41	1.48
腈纶	3.3	3.0	37.5	42.5	38.5	$5.5×10^{12}$	—	—	1.14
维纶	4.9	3.7	19.0	19.0	42.0	$3.7×10^{11}$	—	—	1.26
黏胶纤维	2.8	1.6	21	26	37.3	$2.3×10^7$	—	—	1.51

表 1-2-26　黏胶基大豆蛋白纤维的物理力学性能

蛋白质含量/%	强度/(cN·dtex⁻¹)		断裂伸长率/%	密度/(g·cm⁻³)
	干态	湿态	干态	
0	2.48	1.32	18.01	1.60
5	2.23	1.12	19.77	1.57
10	2.13	1.08	20.34	1.48
15	2.01	1.02	23.75	1.23
20	1.64	0.86	25.36	1.17

2.4.2　吸湿性能

（1）标准大气条件下的回潮率。大豆蛋白纤维在标准大气条件下的平衡（吸湿）回潮率，腈纶基为5%～6%，维纶基为6%～7%，黏胶基为13%～14%。

大豆蛋白纤维中的基体成分对回潮率有较大影响，回潮率大小顺序为：黏胶基＞维纶基＞腈纶基，与基体纤维的回潮率排序相同。同时，大豆蛋白对纤维吸湿性也有影响，大豆蛋白的吸湿能力大于腈纶和维纶，因此腈纶基和维纶基大豆蛋白纤维的回潮率较相应基体纤维的回潮率大，而黏胶基大豆蛋白纤维的回潮率与黏胶纤维相近。

（2）导湿保湿性。大豆蛋白纤维的表面沟槽和纤维中的孔洞，使纤维的毛细管效应显著，大豆蛋白纤维的导湿性优于竹浆、纽代尔等吸湿性好的纤维。图1-2-30所示为27.8 tex的大豆蛋白纤维纱、大豆/纽代尔混纺纱、竹浆纤维纱和纽代尔纱的导湿曲线，从图中可见，大豆蛋白纤维纱的毛效明显高于再生纤维素纤维纱，如竹浆纤维纱或纽代尔纱，其30 min时的毛效高出纽代尔纱约4 cm，导湿功能显著。

大豆蛋白纤维的保湿性能较差，由图1-2-31可以看出：大豆蛋白纤维纱较再生纤维素纱及混纺纱的含湿倍数（水分与纱线干重的比值）小得多。这与纤维本身的吸湿能力和导湿性有关，吸湿能力越强，导湿越慢，则保湿性越好。

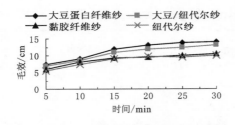

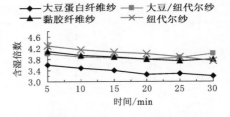

图 1-2-30 大豆蛋白纤维纱等的导湿曲线   图 1-2-31 大豆蛋白纤维纱等的含湿曲线

2.4.3 化学性能

维纶基和黏胶基大豆蛋白纤维的化学性能如表 1-2-27 所示。维纶基和黏胶基大豆蛋白纤维对一般溶剂和碱的稳定性较好,在浓度较高的酸液中能溶解。

表 1-2-27 维纶基和黏胶基大豆蛋白纤维的化学性能

纤维名称	溶剂							
	盐酸 37%	硫酸 75%	氢氧化钠 5%	甲酸 85%	冰醋酸	间甲酚	二甲基甲酰胺	二甲苯
维纶基大豆蛋白纤维	S	S	P	S(40℃)	I	SS	I	I
黏胶基大豆蛋白纤维	S	S	P	SS	I	SS	I	I
维纶	S	S	I	S	I	S	I	I
黏胶纤维	S	S	I	I	I	I	I	I
羊毛	I	I	S	I	I	I	I	I
蚕丝	P	S	S	I	I	I	I	I
棉	I	S	I	I	I	I	I	I
麻	I	S	I	I	I	I	I	I

注:S——溶解;I——不溶解;P——部分溶解。(除标注外,纤维在氢氧化钠溶液中为煮沸条件,其他均为常温下)

此外,试验表明维纶基大豆蛋白纤维微溶于 1.0 N 次氯酸钠溶液(反应条件:25 ℃、30 min);大豆蛋白纤维几乎全溶于甲酸/氯化锌溶液(反应条件:40 ℃、2.5 h)。

根据大豆蛋白纤维的化学溶解性能,其混纺纱的混纺比测试可采用以下化学试剂:

(1)大豆蛋白纤维与聚丙烯腈纤维混纺织物的组分分析,可采用二甲基甲酰胺法。

(2)大豆蛋白纤维与聚酯纤维混纺织物的组分分析,可采用 75% 硫酸法。

(3)大豆蛋白纤维与棉、苎麻、亚麻纤维混纺产品的组分分析,可采用甲酸/氯化锌法。

2.4.4 耐热性

维纶基大豆蛋白纤维无熔点,150 ℃时变黄,强力下降;200 ℃时变为褐色,长度明显收缩;250 ℃时变为深褐色,纤维完全炭化。

黏胶基大豆蛋白纤维无熔点,150 ℃时变为浅黄色,强力下降幅度不大;200 ℃时变为浅褐色;250 ℃时变为褐色,开始炭化,长度收缩;300 ℃时完全炭化,尺寸明显收缩。两种纤维的强力随干热温度变化的情况如图 1-2-32 所示,从图中可以看出,黏胶基大豆蛋白纤维在低于 140 ℃的温度作用下,纤维强力变化不大,而维纶基大豆蛋白纤维在高于 120 ℃的温度作用下,强力随温度变化较为明显,即黏胶基大豆蛋白纤维的耐干热性能优于维纶基大豆蛋白纤维,但维纶基纤维的强力总体上高于黏胶基纤维。

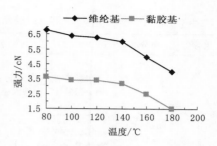

图 1-2-32 大豆蛋白纤维耐干热性能

2.5 大豆蛋白纤维的鉴别

2.5.1 定性鉴别

(1)燃烧鉴别法。纤维在靠近火焰、接触火焰和离开火焰时的燃烧特征见表 1-2-28。

表 1-2-28 大豆蛋白纤维燃烧特征

纤维名称	靠近火焰	接触火焰	离开火焰	燃烧气味	灰烬特征
维纶基大豆蛋白纤维	收缩熔融并卷曲	卷曲,熔化后燃烧	燃烧有黑烟	烧毛发味	黑色,基本松脆
黏胶基大豆蛋白纤维	不收缩和熔融	迅速燃烧	继续燃料	烧毛发味	灰白色,松脆

(2)溶解鉴别法。维纶基大豆蛋白纤维常温下可溶解于 40% H_2SO_4、20% HCl 和部分溶解在 88% HCOOH 中。

(3)显微镜法。大豆蛋白纤维在光学显微镜下的形态结构如图 1-2-33 所示,与基体纤维的形态基本相同。

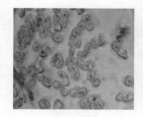   

(a)维纶基横截面　　　(b)维纶基纵向　　　(c)黏胶基横截面　　　(d)黏胶基纵向

图 1-2-33 大豆蛋白纤维在光学显微镜下的形态结构

2.5.2 定量鉴别

维纶基大豆蛋白纤维的二组分定量鉴别可参照纺织行业标准 FZ/T 01102—2009《纺织品 大豆蛋白复合纤维混纺产品 定量化学分析方法》。由于大豆蛋白纤维由两个组分共聚、共混而成,因此维纶基大豆蛋白纤维与其他纤维的二组分混纺实质上是聚乙烯醇组分+大豆蛋白组分+其他纤维的三组分混纺,其测试原理如表 1-2-29所示。

表1-2-29　维纶基大豆蛋白纤维二组分混纺比测试原理

组分1		组分2	原　理	修正系数
聚乙烯醇	大豆蛋白	动物纤维或蚕丝	次氯酸钠法:用1 mol/L次氯酸钠溶解组分2和组分1中的大豆蛋白	剩余部分为组分1中的聚乙烯醇K为组分1中的聚乙烯醇在大豆蛋白纤维中的含量的倒数
			氢氧化钠法:用100 ℃的2.5%氢氧化钠溶解组分2	原色大豆蛋白纤维,$K=1.07$漂白大豆蛋白纤维,$K=1.12$
			硝酸法:用浓硝酸∶水(体积比)=5∶1的溶液溶解组分1	蚕丝或其他动物纤维,$K=1.04$
		聚丙烯腈纤维聚氨酯纤维	二甲基甲酰胺法:用沸点为152～154 ℃的二甲基甲酰胺(90～95 ℃)溶解聚丙烯腈或聚氨酯纤维	大豆蛋白纤维,$K=1.01$
		纤维素纤维聚丙烯腈纤维聚酯纤维	次氯酸钠/盐酸法:用1 mol/L次氯酸钠溶解大豆球蛋白,用20%盐酸溶解聚乙烯醇缩甲醛	棉纤维,$K=1.04$黏胶纤维、莫代尔纤维,$K=1.01$聚丙烯腈纤维、聚酯纤维,$K=1.00$
		聚酰胺纤维	冰乙酸法:用冰乙酸溶解聚酰胺	大豆蛋白纤维,$K=1.02$
		二醋酯纤维	丙酮法:用馏程为55～57 ℃的丙酮溶解二醋酯纤维	大豆蛋白纤维,$K=1.00$
		三醋酯纤维	二氯甲烷法:使用GB/T 2910.1中5.4.2.1规定的试剂溶解三醋酯纤维	大豆蛋白纤维,$K=1.00$

混纺比计算公式:

$$P_1(\%) = \frac{m_1}{m_0} \times K \times 100$$

$$P_2(\%) = 100 - P_1$$

式中:P_1——未溶解组分的干重百分数;

　　　m_1——未溶解组分的干重;

　　　m_0——纤维总干重;

　　　K——未溶解组分在试剂中处理的质量修正值;

　　　P_2——溶解组分的干重百分数。

【大豆蛋白纤维产业链网站】

1. http://www.spftex.com 香港华盛国际实业有限公司

2. http://www.ecora-soyfiber.com 常熟市江河天绒丝纤维有限公司

3. http://winshow.diytrade.com 上海沅秀大豆蛋白纤维实业有限公司

1-2-28　大豆蛋白纤维测试题

第三节 再生生物质纤维
——甲壳素纤维、海藻纤维

1 甲壳素纤维

1.1 甲壳素纤维的研究与产业发展现状

甲壳素包含甲壳质和壳聚糖,是一种类似于纤维素的天然多糖高聚物。甲壳素纤维是以天然高聚物蟹壳、虾皮等为原料,经过化学处理加工制成的一种有别于天然纤维和再生纤维的新型绿色纤维素纤维。近年来,随着人们对绿色环保、抗菌保健意识的不断增强,甲壳素纤维以其天然的抗菌功能、良好的生物相容性、优良的吸湿性能和优良的纺织加工性能,成为了 21 世纪最具有开发前景的纤维品种之一(图 1-2-34)。

1-2-29 甲壳素纤维导学十问

图 1-2-34 甲壳素纤维原料与纤维实物

1.1.1 甲壳素纤维的研发历程

1811 年,法国自然科学史教授 H. Braconnot 用温热的稀碱溶液处理蘑菇,最后得到白色残渣,他以为从蘑菇中得到了纤维,并把这种来源于蘑菇的的纤维称为"Fungine",意思是"真菌纤维素"。1823 年,法国科学家 A. Odier 从昆虫的翅鞘中分离出同样的物质,他认为此物质是一种新型纤维素,便将其命名为"Chitin",中文译为"甲壳素"。在甲壳素发现后的 100 年时间里,全世界大约只有 20 篇论文发表,且大部分研究都是由法国科学家完成的。20 世纪 30～70 年代,甲壳素的研究逐渐受到重视,甲壳素的制备、研究取得了长足的进步。1934 年,美国首次出现了关于工业制备壳聚糖的专利和制备甲壳素

1-2-30 甲壳素纤维 PPT 课件

薄膜、甲壳素纤维的专利,并且在1941年制备出壳聚糖人造皮肤和手术缝合线。在20世纪60年代末,日本富士纺的研究人员对甲壳素纤维进行了研究,发现这些天然材料的来源广泛且安全无毒性,特别适合制作绷带类的产品,能加速伤口愈合,并且对细菌引起的感染具有比普通抗菌素相同或更好的疗效。

从20世纪70年代开始,甲壳素的研究重心逐渐转移到了日本。从1980年到1990年,日本申请了大量的有关甲壳素的专利,并开发了很多的甲壳素产品。20世纪90年代初期,日本最先利用甲壳素纤维的特性,制成与棉混纺的抗菌防臭类内衣和裤袜,深受广大消费者的青睐。其后,日本织物加工公司与旭化成株式会社合作,利用甲壳素开发了既能吸汗又能防水透湿的材料,用这种材料制作的运动衣不仅具有良好的抗菌性,而且穿着舒适,无闷热及发黏感。日本富士纺开发了一种适合婴儿服面料的高湿模量黏胶纤维,这种纤维在制造过程中加入了具有保湿抗菌成分的甲壳素,可抑制微生物的繁殖,对皮肤过敏者有预防效果。用这种材料制成的服装或床上用品,对人体无刺激,对皮肤的亲和性较好,临床经验也证实它对预防过敏性皮炎有效。

与国外相比,我国开发研制甲壳素纺织品的工作起步较晚。我国最早是从1952年开展甲壳素研究的,1954年发表了第一篇实验报告,但由于历史原因和技术的限制,甲壳素的研究工作在1980年前并没有得到实质性的进展。20世纪90年代是我国甲壳素、壳聚糖研究和开发的全盛时期,到90年代中期,全国有上百家大专院校和科研单位投入甲壳素的研究和开发。1991年,东华大学研制成功甲壳素医用缝合线,接着又研制成功甲壳胺医用敷料(人造皮肤)并已申请专利。1999年至2000年,东华大学研制开发了甲壳素系列混纺纱线和织物并制成各种保健内衣、裤袜和婴儿用品。2000年,在山东潍坊,世界上第一家量产纯甲壳素纤维的韩国独资企业投入生产。除上海之外,北京、江苏、浙江等省市也有一些厂家开发了甲壳素保健内衣或床上用品,并已推向市场。

1.1.2 甲壳素纤维的生产

目前,甲壳素纤维的生产普遍采用的是湿法成形法。该方法首先将甲壳素或壳聚糖溶解在合适的溶剂中,配制成一定浓度的纺丝原液,纺丝原液经过滤脱泡后,在一定压力下通过喷丝头的小孔喷入凝固浴槽中,呈细流状的原液在凝固浴中形成固态纤维,其工艺流程如图1-2-35所示。除了上述工艺方法之外,利用甲壳素或壳聚糖制造纤维的方

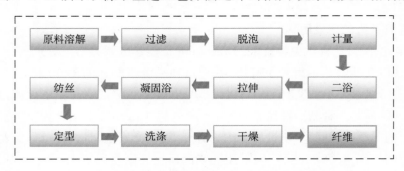

图1-2-35 甲壳素纤维的加工工艺流程

法还有很多,但其主要原理、操作过程是相似的,只是在溶剂及凝固浴的选择、溶解、纺丝及后处理工艺等方面进行不同的调整而已。

常规工艺生产的甲壳素纤维其强度尚不能满足使用要求,尤其是作为医用缝合线使用,科学家们花费了大量精力、财力去研究如何提高甲壳质类纤维的强力。目前,提高甲壳素纤维强度的方法综合起来大致有四种方法,分别是提高甲壳质的溶解度、初生纤维特殊热处理、初生纤维交联处理法和液晶纺丝法。

1.1.3 甲壳素纤维的应用

甲壳素纤维具有优异的抗菌、吸湿保温等性能,近年来对甲壳素纤维的工艺研究及产品开发均呈现上升趋势,目前该纤维主要应用在服装和家纺、医用纺织品和产业用纺织品等领域。

1-2-31 甲壳素纤维产业链

(1)服装和家纺。目前,甲壳素纤维已经广泛应用于贴身穿着的服装和家纺中的床品,其中服装包括各种内衣、袜子、睡衣、婴儿装、运动装等,如图 1-2-36 所示。研究表明,甲壳素材料可使带负电荷的细菌微生物的电荷中和,从而使细菌活动受到抑制,失去活性,达到抗菌保健目的。另外,甲壳素纤维制成的衣物、床品对人体无刺激性,具有优良的亲肤性,对预防过敏性皮炎具有较好的效果。由于人体激烈运动会大量出汗,要求运动衣的材质有较强的吸汗性。鉴于此需求,中日合作开发了既能吸汗又能防水的甲壳素纤维面料,该面料比以前开发的防水透湿材料的效果提高一倍左右,再加上甲壳素织物具有良好的舒适性和抗菌性,由其制成的运动衣穿着舒适,无闷热感及发黏感。

图 1-2-36 甲壳素纤维服用和家用产品

(2)医用纺织品。甲壳素纤维经过毒性、诱变性、致热性、溶血性、变态反应等一系列试验,已经证明对人体无毒、无刺激性,是一种非常安全的机体用材料。另外,甲壳素纤维对金黄色葡萄球菌、表皮葡萄球菌、大肠埃希氏菌、绿脓假单胞菌、白色念珠菌等均有抑制作用,特别是对革兰氏阳性细菌效果显著。因此,甲壳素纤维被广泛用于制造特殊医用产品,例如人造皮肤、可吸收缝合线、血液透析膜、药物缓释剂及各种医用敷料等,如图1-2-37所示。

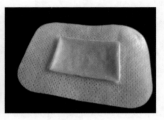

图 1-2-37　甲壳素纤维医用纺织品

（3）产业用纺织品。利用甲壳素纤维可生物降解的特性以及优异的防菌抑菌等功效可以制作特殊的防护用品,如医疗防护服、空气过滤材料等。目前市场上已经出现使用甲壳素水刺非织造布制造的湿面巾、婴儿揩布、化妆用布、美容面膜、食品保鲜盖布、自来水和饮料的过滤和净化材料等产品,如图1-2-38所示。在印染工业中甲壳素纤维可作为印染废水处理的吸附剂,由于甲壳素纤维含有大量的氨基,在酸性条件下,游离氨基质子化,使纤维带正电荷,从而对染料具有极大的亲和力。另外,由于印染废水中含有多种重金属离子,而甲壳素纤维含有大量的氨基和羟基,可以与废水中的许多金属离子形成络合物,其中应用甲壳素从废水中回收铜离子已实现工业化。

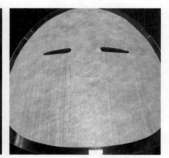

图 1-2-38　甲壳素纤维产业用纺织品

1.2　甲壳素纤维的结构特征

1.2.1　外观特征

甲壳素纤维是以可溶性甲壳素或壳聚糖粉末为原料,经溶解、喷丝、定型、拉伸、洗涤、烘干、卷绕等工序加工而成,其纤维外观形态见图1-2-39。甲壳素纤维外观呈白色或微黄色透明体,表面平直、略微有弯曲,整体形态均匀,手感柔软。

1.2.2　形态结构

甲壳素纤维的形态结构如图1-2-40、图1-2-41所示。从中可以看出,甲壳素纤维纵向平直光滑,形态均匀;横截面粗细均匀,形状多呈圆形或多角形。

(a) 长丝 　　　　　　　　　　　(b) 短纤维

图 1-2-39　甲壳素纤维的外观形态

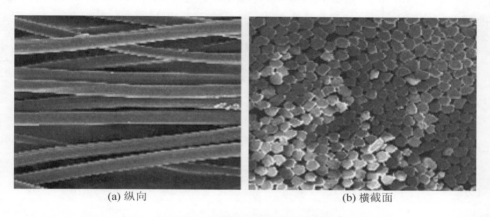

(a) 纵向 　　　　　　　　　　　(b) 横截面

图 1-2-40　甲壳素纤维电子显微镜下的形态结构

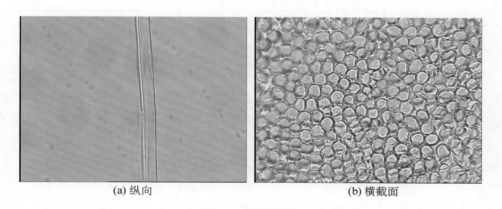

(a) 纵向 　　　　　　　　　　　(b) 横截面

图 1-2-41　甲壳素纤维光学显微镜下的形态结构

1.2.3　化学组成

甲壳素的化学名称为(1-4)-2-氨基-2-脱氧-β-D-葡萄糖,它是由 2-乙酰胺基-2-脱氧葡萄糖通过 β-(1-4)苷键连接而成的线性含氮多糖高聚物,它的主链结构与纤维素类似。由于乙酰胺基团有很高的氢键形成能力,所以甲壳素是一种结晶度很高的高分子材料,并且其结晶度随着纤维中乙酰度的提高而提高,结晶度的增加使纤维的强度增加。

当纤维部分乙酰化时,纤维的高分子结构变得无规则,影响了纤维的结晶度,从而使湿强有所下降。

1.3　甲壳素纤维的性能

1.3.1　力学性能

甲壳素纤维与其他常见纤维的力学性能对比见表1-2-30。从表中可以看出,甲壳素纤维的干态强力比黏胶纤维和羊毛高,湿态强力也高于羊毛,与黏胶纤维相似,但纤维吸湿后强力下降较多。甲壳素纤维的初始模量和羊毛、涤纶、黏胶纤维相似,但比棉纤维的初始模量小得多,因此利用甲壳素纤维与棉混纺纱线所得织物更加挺括,不易变形。甲壳素纤维的干态、湿态断裂比功都比羊毛和涤纶小。这表明甲壳素纤维相比于羊毛和涤纶,前者的韧性更差,织物的耐磨性也较差,但总体比黏胶纤维好一些。

表 1-2-30　甲壳素纤维与其他常见纤维的力学性能对比

指标		甲壳素纤维	黏胶纤维	棉	羊毛	涤纶
断裂强度/ ($cN \cdot dtex^{-1}$)	干态	1.5～2.4	1.3～1.9	2.6～4.3	0.9～1.5	3.5～4.6
	湿态	1.4～1.9	1.6～1.7	2.9～5.7	0.7～1.4	3.7～4.8
断裂伸长率 %	干态	19.2～21.9	11.4～17.2	3.0～7.0	25.0～35.0	29.3～40.9
	湿态	15.9～19.4	9.0～14.5	—	25.0～50.0	19.5～35.7
初始模量/($cN \cdot dtex^{-1}$)		16.7～26.8	19.5～26.7	60.0～82.0	10.0～22.0	17.7～30.8
断裂比功 ($cN \cdot mm^{-2}$)	干态	4.0～5.6	2.5～3.9	—	2.7～11.8	9.3～19.0
	湿态	2.5～4.5	1.9～2.9	—	2.0～8.0	4.0～13.5

1.3.2　吸湿性能

甲壳素纤维在其大分子链上存在大量羟基(—OH)和氨基(—NH₂)等亲水性基团,因此纤维具有有优良的亲水性、吸湿性和表面触感。研究表明,甲壳素纤维的吸湿率可达400%～500%,是纤维素纤维的2倍多,其平衡回潮率为12%～16%,在不同条件下其保水值均在130%左右。由甲壳素纤维制成的轻薄织物具有优良的吸湿和透气性能,可快速吸收皮肤散发的湿气和汗液,并向周围空气快速扩散,从而保持皮肤干爽,穿着十分舒适。

1.3.3　抗菌性能

甲壳素纤维具有优异的抗菌性能,甲壳素纤维分子中的氨基阳离子与构成微生物细胞壁的唾液酸或磷脂阴离子发生离子结合,能充分限制微生物的生命活动,使有害菌不能在纤维上存活,对于危害人体健康的大肠杆菌、金黄色葡萄球菌、白色念珠菌、绿脓杆菌、肺炎杆菌、白绒菌等均有较强的抑制作用(表1-2-31),从根本上消除了有害菌的滋生源和由细菌产生的异味。因此,甲壳素纤维制成的纺织品不需要进行特殊整理就具有良好的抗菌防臭作用,并且可以防治皮肤病。

表 1-2-31 甲壳素纤维对不同菌种的抗菌效果

纤维名称	抗菌率/%		
	金黄色葡萄球菌	白色念珠菌	大肠杆菌
甲壳素纤维	99.89	99.77	99.87
甲壳再生纤维	≥99.90	≥99.80	≥99.80

1.3.4 可降解性能

甲壳素纤维是一种以虾蟹等废弃物为原料的生物可降解性的天然高分子材料,在使用酶作催化剂的情况下,甲壳素可以被分解成各种小分子物质,这些小分子物质对环境没有污染,因此其是一种绿色纺织原料。

1.3.5 生物相容性能

甲壳素大分子结构与人体的氨基酸、葡萄糖的构成相同,而且具有类似于人体骨胶原组织结构,对人体无毒、无刺激,可被人体内的溶菌酶分解而吸收,因此甲壳素纤维具备优良的生物相容性。此外,甲壳素纤维还具有消炎、止血、镇痛促进伤口愈合等功能。

1.3.6 热学性能

甲壳素纤维没有熔点,其热分解温度比较高,纤维耐高温性能较好。这一优点有利于后期加工,扩大了纤维的使用范围。

【甲壳素纤维产业链网站】

1. http://www.tjzssw.com/ 天津中盛生物工程有限公司
2. http://www.youngchito.com/ 潍坊盈珂海洋生物材料有限公司
3. http://www.jswcl.com/ 江苏伟创力新材料有限公司

1-2-32 甲壳素纤维测试题

2 海藻纤维

2.1 海藻纤维的研究与产业发展现状

海藻纤维作为一种新型生物可降解再生纤维,是以从海藻植物(如海带、海草等)中分离出来的海藻酸为原料而制成的纤维,其产品具有良好的生物相容性、可降解吸收性等特殊功能,而且原料来源丰富(图 1-2-42)。由于其优异的性能,海藻纤维被业界称为

图 1-2-42 海藻纤维原料与纤维实物

1-2-33 海藻纤维导学十问

"第三种纤维",广泛应用于纺织、医疗、美容、环保、军事等领域。

2.1.1　海藻纤维的研发历程

1-2-34　海藻纤维 PPT 课件

　　英国化学家 ECC Stanford 在 1881 年 1 月 12 日首次从褐藻类海藻植物狭叶海带中提取出一种凝胶状物质,命名为"Algin",加酸后生成的凝胶称为"Alginic Acid",即海藻酸。1944 年,英国人 Speakman 和 Chamberlain 研究了利用不同相对分子质量的海藻酸加工出来的纤维性能,结果表明海藻酸的相对分子质量对纤维强度有一定的影响,但影响程度不是很大。在 1912 年到 1940 年,德国、日本和英国纷纷发表了海藻酸盐经挤压可得到可溶性海藻纤维的报道。1947 年,有报道以海藻酸钙和海藻酸钠为原料的海藻纤维可以制成毛纺织品、手术用纱布和伤口包覆材料。在英国,20 世纪 60 年代和 70 年代,Steriseal 公司就开始销售名为 SORBSON 的产品,它是利用海藻纤维制备的保暖、保湿的创伤被覆材料,可治疗严重感染的溃疡。据报道,日本 Acordis 特种纤维公司是世界上首家实现海藻纤维大批量生产的厂家,其工艺属领先地位。此外,日本 Forest 公司也开发出一种海藻纤维,这种纤维主要从海草的海藻胶粉中提炼制取,经湿法纺丝,所得纤维线密度为 2.2 dtex(1.97 D),强度 1.7 cN/dtex(1.92 gf/D)。这家公司从 1993 年起在本国销售海藻纤维毛巾,自 2000 年起在韩国销售海藻纤维内衣,目前已扩大到欧洲和东南亚等国家。

　　我国最早开展海藻纤维相关研究的是甘景镐课题组。该课题组在 1981 年结合国外对海藻酸纤维的研究,采用含 5% 海藻酸钠的纺丝溶液,通过湿法纺丝制备海藻酸钙纤维。孙玉山等在 1990 年详细研究了海藻酸纤维的生产工艺。该课题组通过湿法纺丝,在气体介质中拉伸后得到的纤维强度达 2.67 cN/dtex。

　　2004 年,青岛大学夏延致教授及其团队在海藻纤维的生产技术及海藻纤维在功能性纺织品、本质阻燃材料等方面的应用进行了探索和研究,开拓了海洋生物资源应用新领域,并主持 863 计划重点项目"海藻资源制取纤维及深加工关键技术开发",开展海藻纤维的工业化生产。2007 年,青岛大学公开了一种壳聚糖接枝海藻纤维及其制备方法与用途的专利,这种纤维由于表面包覆了一定的壳聚糖,具有良好的吸湿性和抗菌性,且无毒无害,安全性高,生物可降解,在医药、环保等领域均有良好的应用前景,作为止血治疗的新型材料,尤其适合于制造纱布,做伤口敷料使用。2012 年,绍兴蓝海纤维科技有限公司的"功能性海藻酸纤维的工业化生产关键技术"项目通过成果鉴定,解决了工业化生产海藻酸纤维过程中存在的容易并丝、强力低、耐碱性差等技术难点,并自主设计研发了适用于海藻类纤维的规模化生产线。青岛大学历经 10 余年的不懈探索,攻克了海藻纤维工业化生产的系列关键技术难题,于 2012 年铺设了年产量 800 t 的海藻纤维专用生产线。2016 年,青岛大学夏延致团队研发的"海藻纤维产业化成套技术及装备"集理论创新、工艺技术创新、装备集成创新为一体,并建成产业化海藻纤维生产线,为海藻纤维在服用纺织品领域的发展打下了坚实基础。

2.1.2　海藻纤维的生产

　　目前,海藻纤维一般应用湿法纺丝工艺进行制备。其主要流程是将可溶性海藻酸盐(铵盐、钠盐、钾盐)溶于水中形成黏稠溶液,然后通过喷丝孔挤出到含有高价金属离子

（一般为钙离子）的凝固浴中，形成固态海藻酸钙纤维长丝。海藻纤维的制备工艺流程见图 1-2-43。

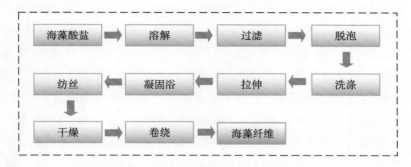

图 1-2-43　海藻纤维的制备工艺流程

2.1.3　海藻纤维的应用

海藻纤维具有优异的高吸湿、高透氧、生物相容等性能，目前该纤维主要应用在医用纺织品、防护纺织品和服用及家用纺织品等产品。

（1）医用纺织品。目前，已经开发的医用海藻纤维纺织品主要包括高吸湿、抗菌除臭、远红外和调温等医用海藻纤维制品。采用海藻纤维制备的吸湿性医疗敷料和绷带可以吸湿后可以隔绝或阻止细菌的进入，防止伤口的感染，其产品如图 1-2-44 所示。此外，制备的锌/钙海藻纤维，有明显的抑菌效果和消肿效果。由于创伤病人的免疫功能下降，伤口在愈合过程中易被细菌等感染，严重影响伤口的愈合速度，医用抗菌海藻纤维纺织品主要利用抗菌金属离子（如毒性低的银离子）或生物降解性和相容性好的天然抗菌剂（如壳聚糖、芦荟等等）实现抗菌的功能。医用远红外海藻纤维纺织品则是由具有远红外功能的海藻纤维制造而成，该纤维主要通过将远红外陶瓷粉末直接加入纺丝液，在分散剂的作用下使其均匀分散，然后进行纺丝成型，从而制备具有促进伤口愈合功能的远红外海藻纤维。调温海藻纤维制品则主要通过添加调温材料起到平衡温度的作用，使温度不会太高，也不会太低，还可以通过动态的气候控制来调节材料内部的相对温湿度，所以将海藻纤维制成透气且随外界温度变化的医用敷料等会对伤口的愈合速度与效果都有很好的辅助作用。

1-2-35　海藻纤维产业链

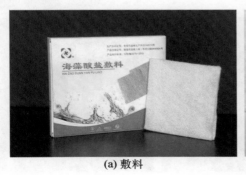

(a) 敷料　　　　　　　　　(b) 绷带

图 1-2-44　海藻纤维产品（医用）

（2）防护纺织品。防护性海藻纤维产品主要包括防辐射、抗静电纺织品、阻燃纺织品和美容护肤纺织品。海藻酸钠在水溶液中存在—COOH、—OH 基团，能与多价金属离子形成配位化合物，其溶于水中形成黏稠溶液，然后通过喷丝孔挤出到含有多价金属离子的凝固浴中，形成固态海藻酸钙纤维长丝。只要改变凝固浴中金属离子的种类，形成稳定的络合物，则形成的海藻酸纤维可以用于制备电磁屏蔽织物。原因可能是离子在纤维基质中的含量增加到一定程度时，离子间的结合力增强，足以克服离子间的静电斥力作用而相互连接，形成导电离子链，提高了织物的电磁屏蔽和抗静电能力。研究表明，海藻纤维能够抵御 99.7％的紫外线侵袭，因此以海藻纤维为原料开发的纺织品还能够有效防止人体过度暴露在紫外线中，从而预防严重的眼部疾病和皮肤癌等病征。海藻酸纤维自身具有阻燃性，在火焰中阴燃，有白烟，离火自熄。海藻酸钙纤维的极限氧指数为34.4％，属于难燃纤维，因此海藻纤维还可以制备阻燃纺织品。意大利 Zegna Baruffa Lane Borgosesia 纺丝公司推出一种名为 Thalassa 的长丝，丝中含有海藻成分，用这种纤维制成的面料和服装比常规纤维制成的面料和服装更能保持人体表面温度。穿着这种含海藻成分的面料，人的大脑可以得到松弛，也可以提高穿着者的注意力与记忆力，还具有抗过敏、减轻疲劳及改善失眠状况。

（3）服用及家用纺织品。在服用及家用纺织品方面，海藻纤维主要用于制作服装面料、袜子、毛巾、浴巾、床品、地毯等，如图 1-2-45 所示。据报道，浙江纺织服装科技有限公司采用海藻纤维/长绒棉混纺纱线作为经纬纱，或以棉纱与海藻/黏胶混纺纱线交织，开发出大提花缎纹织物，采用低温、低碱、低盐染色工艺，开发了中高档床上系列用品，其特点是富有光泽、手感柔滑、吸湿透气、舒适性较好。

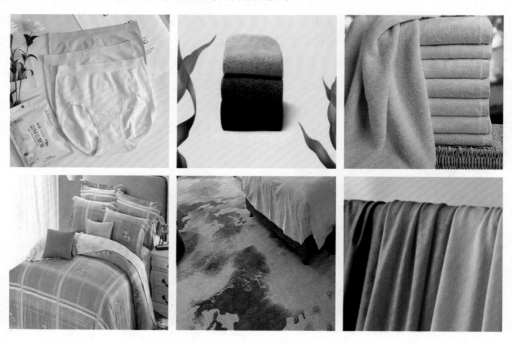

图 1-2-45　海藻纤维产品（服用及家用）

2.2 海藻纤维的结构特征

2.2.1 外观特征

海藻酸又称褐藻酸、海带胶、褐藻胶,是从褐藻类植物中提取的一种天然高分子材料,其纤维外观形态见图 1-2-46,海藻纤维外观呈白色或乳白色,纤维表面明亮,手感柔软。

2.2.2 形态结构

海藻纤维形态结构特征如图 1-2-47、图 1-2-48 所示。从图中可以看出,海藻纤维纵向平直、粗细均匀,纵向表面有沟槽,横截面呈不规则锯齿状。

图 1-2-46 海藻纤维实物

(a) 纵向

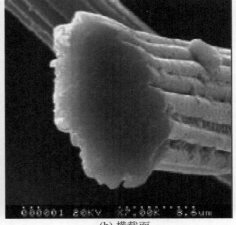

(b) 横截面

图 1-2-47 海藻纤维电子显微镜下的形态结构

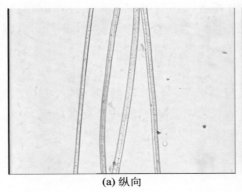

(a) 纵向

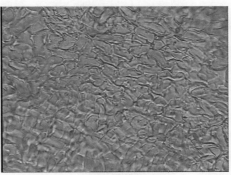

(b) 横截面

图 1-2-48 海藻纤维光学显微镜下的形态结构

2.2.3　化学组成

海藻纤维的主要原料是海藻酸,它是一种天然多糖,主要来源于藻类植物。海藻酸呈白色至浅黄色纤维状或颗粒状粉末,几乎无臭、无味,溶于水则形成黏稠糊状胶体溶液。目前,最常用的原料是海藻酸钠,它的分子式为$(C_6H_7O_6Na)_n$,$n=80\sim750$,由β-D-甘露糖醛酸(简称 M)和α-L-古罗糖醛(简称 G)两种组分通过 1,4 糖苷键结合而成,而 G 单元与 M 单元的比率决定其分子结构,不同的分子结构及其所表现的不同构象又决定了海藻酸的生物学特性。

2.3　海藻纤维性能

2.3.1　力学性能

海藻纤维与常规黏胶纤维的力学性能对比见表 1-2-32,可以看出海藻纤维的力学性能与常规黏胶纤维相近,可基本满足下游生产企业的要求。

表 1-2-32　海藻纤维与常规黏胶纤维的力学性能对比

指标		海藻纤维	常规黏胶纤维
线密度/dtex		1.69	1.66
断裂强度/ $(cN \cdot dtex^{-1})$	干态	2.2~2.5	2.2~2.6
	湿态	1.1~1.3	1.2~1.4
断裂伸长率/%	干态	17~20	17~19

2.3.2　吸湿、保湿性能

海藻纤维大分子中含有大量羧基和羟基等亲水性基团,吸水性较强,而且大分子中无定形区较大,纤维膨润性较好,可以吸收 20 倍于自己体积的液体。此外,海藻纤维与皮肤接触时,还可以释放维生素和矿物质,调和空气中的水分,具有高保湿性,其织物穿着凉爽,兼具美容保健的作用。

2.3.3　透氧性能

海藻纤维吸湿后可转变成水凝胶,其亲水基团上附着的"自由水"为氧气提供传递的通道,空气中的氧气可经过吸附、扩散、解吸过程进入伤口组织内。此外,海藻酸纤维大分子链上的 G 单元也可供氧气透过。因此,海藻纤维具有高透氧性能,非常适合用作医用敷料产品。

2.3.4　远红外与负离子性能

海藻炭纤维是将海藻酸的炭化物粉碎成超微粒子,然后添加到其他成纤高聚物溶液中加工而成的纤维。这种纤维纺成的纱线具有远红外放射功能及负离子功能,能加速血液循环,消除体内有害物质,促进新陈代谢,并能使人体内分子摩擦产生热反应,具有蓄热保温效果。通过纤维中的负离子,可以激发空气中的氧气、水分产生负氧离子,营造出一种大自然的环境,给人以舒适之感。

2.3.5　金属离子吸附性能

海藻纤维中存在的羟基和羧基等基团能与多种金属离子形成配位化合物,当金属离子含量达到一定程度时,离子间结合能力增强,足以克服其间的静电斥力作用,形成导电链,因此其织物具有电磁屏蔽性能及抗静电性,尤其是对低频电磁波的屏蔽效果非常好。

2.3.6　阻燃性能

海藻纤维的极限氧指数为 34.4%,属难燃纤维,其在空气中离开火焰随即熄灭,因此具有阻燃效果。海藻纤维阻燃主要由两方面因素共同作用:一方面,纤维中含有的大量羟基和羧基,在加热时发生脱水环化,极大地提高了海藻纤维热裂解时的温度和炭化程度,抑制热裂解的反应进程,起到阻燃作用;另一方面,纤维在热分解过程中释放大量二氧化碳和水,水分子汽化吸收热量,降低纤维表面温度,同时生成的二氧化碳稀释了可燃性气体的浓度,达到阻燃效果。

2.3.7　生物相容和可降解性能

海藻纤维中含有多种氨基酸,具有良好的生物相容性,同时纤维中含有大量的 Ca^{2+},可与血液中的 Na^+ 进行离子交换,可在伤口部位形成一层水溶性的海藻酸钠水凝胶,使氧气透过,阻挡细菌进入,并促进伤口凝血,吸除伤口过多的分泌物,保持伤口维持一定的湿度,加快表皮细胞的繁殖速度,保持细胞活性,促进生长因子的释放,从而增进愈合效果。同时,海藻纤维还具有可生物降解性,废弃物在微生物作用下极易分解为二氧化碳和水,不会对环境造成污染。

2.3.8　其他性能

海藻中含有脂类、萜类、酚类、多糖类、卤化物等多种抗菌活性物质,海藻纤维织物对革兰氏阳性菌和阴性菌均具有较好的抑菌性,且易溶于碱性溶液中。此外,海藻纤维还具有较好的易去除性,将其制成敷料贴敷于伤口表面,当海藻纤维与组织渗出液接触后,会形成一层柔软的水凝胶,不会粘连伤口。在伤口愈合过程中,可以将海藻纤维敷料整片拿掉,极大地保护了伤口周围的新生组织。

【海藻纤维产业链网站】

1. http://www.bmbm.cn/ 青岛明月生物医用材料有限公司
2. http://www.tjzssw.com/ 天津中盛生物工程有限公司
3. http://www.hongni.com/about/about.php/ 红妮集团
4. http://www.coub.cn/home.html 青岛海大生物集团有限公司

1-2-36　海藻纤维测试题

第三章　生态型合成纤维

第一节　可降解 PLA 纤维

1 可降解 PLA 纤维的研究与产业发展现状

1-3-1 可降解 PLA 纤维导学十问

　　PLA 是聚乳酸的英文（Poly-Lactic Aaicd）缩写，PLA 纤维即聚乳酸纤维，俗称玉米纤维（Corn Fiber），是一种可完全生物降解的合成纤维。合成聚乳酸的原料来自玉米、小麦、黑麦、稻谷、甘蔗或甜菜等谷物和制糖植物，所以日本有人将其称为"谷物纤维"。聚乳酸制品废弃后，在土壤和海水中经微生物作用，可分解为二氧化碳和水，燃烧时不会产生有毒气体，不污染环境，是一种可持续发展的生态纤维，如图 1-3-1 所示。

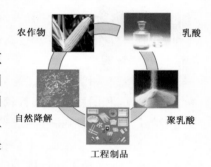

图 1-3-1　PLA 制品的生态循环

1.1 PLA 纤维的研发历程

1-3-2 可降解 PLA 纤维 PPT 课件

　　（1）美国的 PLA 纤维研发。1932 年，美国杜邦公司的著名高分子化学家 Carothers 利用乳酸以真空加热方式生产出一种低相对分子质量的玉米聚乳酸，因其相对分子质量未能进一步提高而放弃继续研究。

　　1948 年，美国弗吉尼亚卡罗莱纳化学公司（Virgins Carilina Chemical Corp）利用玉米残渣提取玉米醇熔蛋白质（Zein），生产出 Vicara 纤维，并于 1957 年投入生产。

　　1962 年，美国 Cyanamid 公司用聚乳酸制成性能优异的可吸收缝合线；20 世纪 70 年代，聚乳酸在人体内的易分解性和分解产物的高度安全性得到确认，被美国食品及药物管理局（FDA）批准为生物降解医用材料。

　　1994 年，美国杜邦等公司研制出玉米蛋白纤维，一种方法是将玉米蛋白质溶于溶剂中进行干法纺丝，另一种方法是将球状玉米蛋白质溶解于碱液中，并加入甲醛或多聚羧酸类交联剂进行湿法纺丝。

　　1992 年，美国著名化学公司 Dow Polymers 与著名谷物公司 Cargill 合作，组成 Cargill Dow Polymers LLC（CDP）公司，生产聚乳酸树脂和聚乳酸纤维，商品名为

"Nature Works"，在明尼苏达州 Sarage 市有一家产能为 5 600 t/年的试验工厂；2001 年，在内布拉斯加州 Blair 建成 13.6 万 t/年的 PLA 工厂；2002 年，又建成产能为 14 万 t/年的 PLA 工厂；2003 年，CDP 公司将生产的 PLA 纤维命名为"Ingeo"（英吉尔）。

（2）日本的 PLA 纤维研发。1989 年，日本岛津制作所与钟纺公司合作开发聚乳酸纤维新品种，分别于 1994 年、1998 年开发出商品名为"Lactom"的纤维和由此种纤维开发的系列产品，并于 1999 年正式展示由"Lactom"纤维制成的各种服饰；2000 年，钟纺公司与 CDP 公司合作生产聚乳酸树脂，尤尼吉卡公司利用 CDP 公司的聚乳酸通过熔融纺丝技术纺制了聚乳酸纤维、薄膜和纺黏非织造布，其商品名为"Terramac"。

（3）我国的 PLA 纤维研发。中国的聚乳酸工业起步较晚，1987 年前后，上海工业微生物研究所、江苏省微生物研究所、天津工业微生物研究所等开展了发酵法聚乳酸的研究。我国研制聚乳酸纤维的有南开大学、浙江省医学科学院、东华大学、华南理工大学、中国科学院长春应用化学研究所等。

东华大学承担的中国石油化工股份有限公司的项目"聚乳酸的合成方法及纤维制备工艺"，于 2003 年 7 月通过了中国石化集团公司的技术鉴定。

中国科学院长春应用化学研究所与常熟市长江化纤有限公司合作，先后突破了脱水聚、裂解纯化、开环聚合、后处理等关键技术，从乳酸水溶液到聚乳酸熔体直接纺丝，于 2006 年 11 月首次在模型装置上纺成聚乳酸长丝；2007 年 11 月，又自主研发出年生产能力达 59 t 的以"薄膜反应器"为核心的连续聚合直纺装置，解决了物料进出、混合与推进、温度测量与控制等一系列工程技术问题，突破了物料行进过程中在常压、真空、高压之间过渡等技术难题，随后在该装置上以 2 800～5 000 m/min 的纺丝速度纺出聚乳酸长丝。该技术成功地填补了国内聚乳酸树脂及纤维生产的空白。

1.2　PLA 纤维的生产与应用

PLA 纤维与涤纶等合成纤维不同的是，其生产原料是从谷物或秸秆中提取的乳酸，而非石油。PLA 从原料到高聚物形成的工艺流程：

1-3-3　可降解 PLA 纤维产业链视频

玉米、麦子、秸秆（稻、麦、玉米）等→淀粉→乳糖→发酵→乳酸→聚乳酸

PLA 纤维的纺丝可采用干纺（溶液纺丝法）和熔纺（熔融纺丝法）。从所得到的纤维性能来看，干纺纤维的性能优于熔纺纤维。但熔纺不需要溶剂和溶剂回收处理装置，对环境无污染，成本低。所以，目前各国的研究开发主要放在熔纺上，其工艺流程：

PLA 聚乳酸→熔融纺丝→拉伸→热处理→聚乳酸纤维

PLA 纤维的生产原料和产品如图 1-3-2 所示。

聚乳酸纤维性能介于涤纶和锦纶纤维间，其主要应用包括：

（1）用于运动装、军装、内衣及运动衫等。PLA 纤维比 PET 的芯吸性更好，悬垂性和回弹性好，卷曲持久，强度与涤纶相当，织物具有良好的定形能力和抗皱性。

（2）用于家纺领域。PLA 纤维的燃烧热低、发烟量少和优异的弹性，适合于制作悬挂物、室内装饰品、面罩、地毯、填充件等。

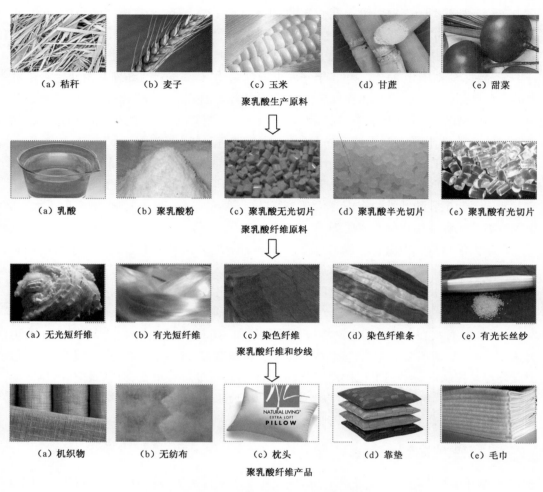

（a）秸秆　　（b）麦子　　（c）玉米　　（d）甘蔗　　（e）甜菜

聚乳酸生产原料

（a）乳酸　　（b）聚乳酸粉　　（c）聚乳酸无光切片　　（d）聚乳酸半光切片　　（e）聚乳酸有光切片

聚乳酸纤维原料

（a）无光短纤维　　（b）有光短纤维　　（c）染色纤维　　（d）染色纤维条　　（e）有光长丝纱

聚乳酸纤维和纱线

（a）机织物　　（b）无纺布　　（c）枕头　　（d）靠垫　　（e）毛巾

聚乳酸纤维产品

图 1-3-2　聚乳酸原料、纤维及产品

（3）用于生产双组分复合纤维。PLA 纤维的结晶熔融温度在 120～170 ℃范围内变化，且热黏结温度可以控制，可成为双组分纤维的最佳选择之一，可形成皮芯型、并列型、分割型、海岛型等结构。

（4）医疗用手术衣、手术覆盖布、口罩等非织造布和手术缝合线、纱布、绷带等。聚乳酸纤维的水分吸收及扩散能力、稍呈酸性的 pH 值，与人体皮肤相同，具有优良的生物相容性、降解性和安全性。

目前 PLA 最著名的品牌是 CDP 公司生产的 Nature Works，注册商标为"Ingeo™"，如图 1-3-3 所示。全球主要的 PLA 纤维生产企业如表 1-3-1 所示。

图 1-3-3　CDP 公司生产的 PLA 纤维商标

表 1-3-1 PLA 纤维生产企业

国家和地区	企 业 名 称
美国	Cargill Dow Polymers LLC，Birmingham Polymers，Polysciences Inc.
日本	Mitsui Chemical，Shimadzu Corporation
德国	Apack AG，BASF SE，Boeringer Ingelheim，Hycail B.V.
法国	Phusis
荷兰	Purac Biochem
中国台湾	Far East New Century Corporation

2 PLA 纤维的种类

PLA 纤维可制成长丝和短纤维。远东新世纪生产的 PLA 长丝纤维有 75D(83.3 dtex)/72F、75D(83.3 dtex)/36F、150D(166.7 dtex)/48F 和 150D(166.7 dtex)/144F 四种。

3 PLA 纤维的结构特征

3.1 形态结构

PLA 纤维的形态结构如图 1-3-4 所示。PLA 纤维与涤纶纤维一样，都是将熔融的成纤高聚物熔体从喷丝头的喷丝孔中压出，在空气中冷却固化成丝，即熔体纺丝法，两者的纵向形态与横截面形态基本相同。

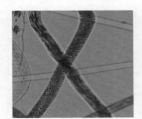 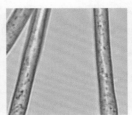 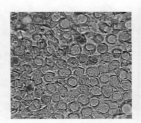 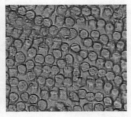

（a）PLA 纤维纵向　　（b）涤纶纤维纵向　　（c）PLA 纤维横截面　　（d）涤纶纤维横截面

图 1-3-4 PLA 纤维的形态结构电镜图

3.2 分子结构

聚乳酸纤维的分子式：

$$H \!\!-\!\!\left[\!O\!-\!CH\!-\!\overset{\displaystyle CH_3}{\underset{\displaystyle}{}}\overset{\displaystyle O}{\underset{\displaystyle \|}{C}}\right]_n\!\!-\!\!OH$$

从分子结构看，聚乳酸纤维属于脂肪族聚酯纤维，不含有芳香环。由于乳酸分子中存在手性碳原子,有 D 型和 L 型之分,使丙交酯、聚乳酸的种类因单体的立体结构不同而有多种,如聚右旋乳酸(PDLA)、聚左旋乳酸(PLLA)和聚外消旋乳酸(PDLLA)。由淀粉发酵得到的乳酸有 99.5% 是左旋乳酸,聚合得到的 PLLA 的结晶度较高,适合于生产纤维等制品,因此,人们对聚乳酸纤维结构的研究主要集中于 PLLA。

PLLA 纤维结构规整,具有较高的结晶度和取向度,其结晶度可达 84%。

4 PLA 纤维的性能

4.1 力学性能

PLA 纤维的拉伸曲线如图 1-3-5 所示,它的断裂强度介于天然纤维与合成纤维间,伸长能力远大于羊毛和普通合成纤维。这一特性使 PLA 纤维产品具有良好的伸展舒适性,但也给后道加工带来不少麻烦。

PLA 纤维湿态时的力学性能较干态时有明显的变化,测试结果如表 1-3-2 所示。干态时,玉米纤维的初始模量大于涤纶和锦纶,断裂伸长率与锦纶接近,断裂强度和断裂功均介于涤纶和锦纶之间。湿态下,玉米纤维的初始模量大于涤纶和锦纶,断裂强度小于涤纶和锦纶,断裂伸长率和断裂功均介于涤纶和锦纶之间。湿态下,玉米纤维的初

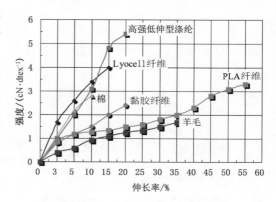

图 1-3-5 PLA 纤维的拉伸曲线

始模量、断裂强度和断裂伸长率分别为干态时的 60%、70%、114%,而涤纶分别为 46%、96%、90%,锦纶分别为 89%、99%、106%。由此可见,湿处理后玉米纤维的力学性能变化较涤纶(除初始模量外)、锦纶更为明显。

表 1-3-2 PLA 纤维湿态时的力学性能

纤维名称	初始模量/(cN·dtex⁻¹)		断裂强度/(cN·dtex⁻¹)		断裂伸长率/%	
	干	湿	干	湿	干	湿
PLA 纤维	95.41	54.67	4.79	3.48	40.85	46.71
涤纶	92.07	42.21	5.07	4.87	18.92	17.85
锦纶	25.81	22.89	4.45	4.42	45.75	47.83

4.2 物理性能

PLA 纤维具有涤纶的吸湿能力小、弹性回复率大、抗皱性好等特性,其基本物理性能如表 1-3-3 所示。

表 1-3-3　PLA 纤维的基本物理性能

纤维名称	PLA 纤维(Ingeo)	锦纶	涤纶	腈纶	黏胶纤维	棉	蚕丝	羊毛
密度/(g·cm⁻³)	1.27	1.14	1.38	1.18	1.52	1.52	1.33	1.32
回潮率/%	0.4～0.6	3.5～4.5	0.2～0.4	1～2	11～13	7～9	9～11	14～18
弹性回复率/%（伸长5%）	93	89	65	50	32	52	52	69

密度/(g·cm^{-3}) 栏见上。

4.3　化学性能

PLA 纤维的化学性能接近涤纶，总体表现为较耐酸不耐碱。PLA 纤维在常用化学试剂中的溶解性能如表 1-3-4 所示。

表 1-3-4　PLA 纤维的化学性能

试剂	溶解时间/min				试剂	溶解时间/min			
	1	5	10	30		1	5	10	30
硫酸(98%)(常温)	S_0	S	S	S	冰乙酸(煮沸)	P	S	S	S
硫酸(75%)(50 ℃)	I	I	I	I	氢氧化钠(5%)(常温)	I	I	P	P
硫酸(59.5%)(60 ℃)	I	I	I	I	氢氧化钠(5%)(煮沸)	P	P	S	S
盐酸(36%)(常温)	I	I	I	I	氢氧化钠(2.5%)(煮沸)	P	P	P	S
甲酸(98%)(常温)	I	I	I	I	次氯酸钠(1 mol/L)(常温)	I	I	P	P
甲酸(80%)(常温)	I	I	I	I	二甲基甲酰胺(常温)	I	△	△	△
甲酸/氯化锌(75 ℃)	I	I	I	I	二甲基甲酰胺(煮沸)	S_0	S	S	S
冰乙酸(常温)	I	I	I	I	二氯甲烷(常温)	S_0	S	S	S
冰乙酸(80 ℃)	I	I	P	S/P	丙酮(常温)	I	I	I	I

注：S_0——立即溶解，S——溶解，P——部分溶解，I——不溶解，△——溶胀。

酸和碱能催化酯键的水解反应，其中碱的催化作用更为突出，所以聚乳酸纤维在碱性条件下显得更加脆弱。PLA 纤维在不同 pH 溶液中保温湿处理 60 min 后，纤维的强力变化如图 1-3-6 所示。从图 1-3-6 可以发现，pH 值对 PLA 纤维的断裂强力的影响很大，即使在低温 60 ℃条件下处理，当 pH 值从 6 变为 8 时，其强力降低 32.52%。相比之下，碱性条件对 PLA 纤维性能的影响比酸性条件强。在

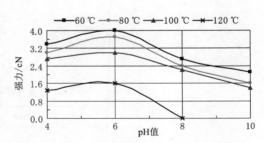

图 1-3-6　PLA 纤维强力与 pH 值的关系

60 ℃条件下处理，当 pH 值从 6 变为 4 时，纤维强力只降低 12.53%。在相同的 pH 值条件下，随着温度的升高，纤维性能损伤程度加大。在 100 ℃下，当 pH 值为 8 和 10 时，纤维强力分别下降 43.27% 和 64.44%；在 120 ℃下，当 pH 值为 8 和 10 时，纤维强力已经全

部损失,无法测量。

4.4　热学性能

PLA 纤维的热学性能如表 1-3-5 所示,它具有以下特点:

(1)燃烧特性。燃烧时低烟,蓝色火焰,放出热量较少,极限氧指数较大,与羊毛纤维相近。

(2)热转变点。PLA 纤维的玻璃化温度为 55~60 ℃,低于涤纶的 125 ℃和锦纶 6 的 90 ℃;PLA 纤维的熔点也较低,10 根纤维熔点测试值如表 1-3-6 所示,在 150 ℃左右开始熔融,至 165~170 ℃完全熔融。

表 1-3-5　PLA 纤维的热学性能

纤维名称	PLA 纤维(Ingeo)	锦纶	涤纶	腈纶	黏胶纤维	棉	蚕丝	羊毛
燃烧热/(MJ·kg⁻¹)	19	31	25~30	31	17	17	—	21
燃烧特征	少烟	中烟	多烟	中烟	中烟	中烟	中烟	中烟
极限氧指数/%	26	20~24	20~22	18	17~19	16~17	—	24~25
熔点/℃	130~175	215	255	320	—	—	—	—

注:表中数据来源于 http://www.natureworksllc.com。

表 1-3-6　PLA 纤维的熔点测试值

序号	开始熔融温度/℃	完全熔融/℃	序号	开始熔融温度/℃	完全熔融/℃
1	149.8	165.4	6	150.4	167.3
2	150.6	168.9	7	151.0	168.2
3	149.5	166.7	8	150.2	167.8
4	148.9	168.3	9	150.3	166.5
5	149.2	169.1	10	149.7	169.6

(3)热稳定性。在不同处理温度和处理时间的作用下,PLA 纤维的力学性能发生明显变化,如表 1-3-7 所示。

表 1-3-7　不同处理温度和处理时间下 PLA 纤维的力学性能

处理温度/℃	初始模量/(cN·dtex⁻¹) 处理时间/min			断裂强度/(cN·dtex⁻¹) 处理时间/min			断裂伸长率/% 处理时间/min		
	10	20	30	10	20	30	10	20	30
90	100.72	94.57	89.41	4.73	4.27	3.43	38.07	38.38	33.98
110	84.15	78.81	66.26	4.61	3.96	3.38	43.71	43.37	37.27
130	81.10	74.13	65.96	4.52	3.97	3.02	43.70	42.99	36.85
150	79.14	65.30	48.32	3.73	3.42	2.55	52.93	43.23	50.46

注:表中数据来源于《纺织学报》2008 年 4 月《热处理对玉米纤维力学性能的影响》。

由上表可见：

① PLA 纤维的断裂强度随处理温度上升逐渐下降,达到 130 ℃时,强度下降尤其明显。

② PLA 纤维的断裂伸长率随着处理温度的升高呈现逐渐上升的趋势,130 ℃以后,上升趋势非常明显。

③ PLA 纤维的初始模量随着处理温度和时间的增加逐渐下降,处理时间超过 20 min,纤维的初始模量显著下降。

4.5　特殊性能

(1) 生物降解性。生物降解性是 PLA 纤维的显著特点,其制品丢弃后埋在地下,在微生物的作用下会分解为二氧化碳和水,其降解前后的纤维结构如图 1-3-7 所示。

（a）降解前　　　　　　　（b）降解后

图 1-3-7　降解前后的 PLA 纤维表面特征

PLA 纤维具有天然纤维的生物降解特性,但降解机理不同于天然纤维素类聚合物与酶直接反应分解,而是在生物降解环境中,首先发生简单的水解反应,使纤维的相对分子质量降低,这种反应开始出现在非晶区和晶区表面,当相对分子质量降低到一定程度时,再在酶的作用下,因新陈代谢完成降解。

PLA 纤维在一般使用条件下不易发生分解,它的降解时间与棉等天然纤维相近,不会影响其使用寿命。但在微生物、复合有机废料或土壤中 24～36 个月可完全降解,如图 1-3-8所示。纤维在土壤中 25 个月,其强力基本损失,而在堆肥需氧生物中降解,只需 40 天左右。

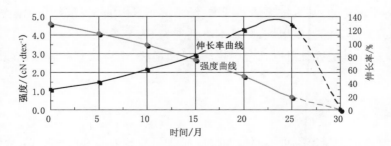

图 1-3-8　PLA 纤维降解过程中的强伸度

（2）生物相容性。PLA 纤维与动物机体组织能相容相生，因此 20 世纪 70 年代起，聚乳酸材料用于外科手术缝合线、骨丁、防粘连膜等。

德国海恩斯坦纺织研究院（Hohenstein）研究发现，PLA 纺织品能控制血管中对干细胞分泌发出信号的分子，刺激毛细血管生长，如图 1-3-9 所示。

（3）抗紫外线性。PLA 纤维的抗紫外线功能优于涤纶，与腈纶相当。

图 1-3-9　PLA 纤维纺织品刺激毛细血管生长示意图

5 PLA 纤维的鉴别

5.1 定性鉴别

（1）显微镜法。横截面为近似圆形，纵截面光滑、有明显斑点。

（2）燃烧法。当纤维靠近火焰时熔缩，接触火焰时熔融、燃烧，离开火焰时继续熔融、燃烧，并有熔体下落，燃烧时有淡淡的特殊甜味，残留物为浅灰色胶状物。其燃烧的性能和状态与合成纤维有相似，不同的是残留物颜色较浅。

（3）熔点法。聚乳酸纤维的熔点为 165～170 ℃，涤纶的熔点在 252 ℃左右，锦纶 6 在 220 ℃左右，锦纶 66 在 260 ℃左右，丙纶为 180 ℃，乙纶在 160 ℃左右。熔点法虽然能将 PLA 纤维与涤纶、锦纶区分开，但容易和乙纶混淆，加上现在许多低熔点涤纶的研发，使单纯应用熔点法不易进行定性鉴别。

（4）红外吸收光谱法。聚乳酸纤维和聚酯纤维的红外光谱图有很大的相似之处，表明该纤维具有酯类特征的吸收峰，属聚酯纤维家族，但可以通过聚乳酸的特征峰（1 076、1 179、1 747 cm^{-1}）加以判别。如果 C＝O 伸缩振动频率位置相应地比苯环共轭的聚酯类高，强度弱，可以基本判断为聚乳酸纤维。

（5）溶解法。聚乳酸纤维能溶解于常温下的二氯甲烷和煮沸的二甲基甲酰胺中，这是鉴别聚乳酸纤维和涤纶及丙纶、乙纶的关键点所在。

纤维的溶解一般采用实验室常规试剂。纤维不溶于 50 ℃下的 75% 硫酸，基本排除纤维素纤维和再生纤维素纤维；纤维不溶于常温下的 20% 盐酸和 80% 甲酸，基本排除锦纶；纤维不溶于冰乙酸，基本排除醋酯纤维；纤维溶于煮沸的 5% 氢氧化钠溶液、煮沸的二甲基甲酰胺或常温下的二氯甲烷，则基本可判别为 PLA 纤维。

综合考虑，聚乳酸纤维可以结合燃烧法、显微镜法、熔点法和溶解法比较准确地进行定性鉴别。

5.2 定量鉴别

聚乳酸纤维的定量鉴别可参照检验检疫行业标准 SN/T 2681—2010《聚乳酸纤维制品成分定量分析方法》，其测试原理见表 1-3-8。

表 1-3-8　聚乳酸纤维二组分混纺比测试原理

组分1	组分2	原理	修正系数
聚乳酸纤维	动物纤维或蚕丝	二甲基甲酰胺法:在 90～95 ℃的二甲基甲酰胺试剂中 1 h,溶解聚乳酸纤维	聚乳酸纤维,$K=$ 1.00
	天然或再生纤维素纤维	75%硫酸法:用 75%硫酸在(50±5)℃水浴中 1 h,溶解纤维素纤维或再生纤维素纤维	聚乳酸纤维,$K=$ 1.00
	天然或再生纤维素纤维	5%NaOH 法:在 90～95 ℃的 5%NaOH 中保温 1 h,溶解聚乳酸	棉纤维,$K=1.01$
	二醋酯纤维	丙酮法:在馏程为 55～57 ℃的丙酮中常温下 1 h,溶解二醋酯纤维	聚乳酸纤维,$K=$ 1.00
	三醋酯纤维	冰乙酸法:在冰乙酸中常温下 20 min,溶解三醋酯纤维	聚乳酸纤维,$K=$ 1.00
	聚酯纤维	二氯甲烷法:在二氯甲烷中常温下放置 30 min,溶解聚乳酸纤维	聚乳酸纤维,$K=$ 1.01

混纺比计算公式:

$$P_2(\%)=100-P_1$$

$$P_1(\%)=\frac{m_1}{m_0}\times K\times 100$$

式中:P_1—— 未溶解组分的干重百分数;

m_1—— 未溶解组分的干重;

m_0—— 纤维总干重;

K—— 未溶解组分在试剂中处理的质量修正值;

P_2—— 溶解组分的干重百分数。

【可降解 PLA 产业链网站】

1. http://www.natureworksllc.com

2. http://www.placn.com.cn 嘉兴普利莱新材料有限公司

3. http://www.juzhi.org.cn 中国聚酯网

4. http://ecoyarns.com.au

5. http://www.fenc.com 远东新世纪股份有限公司

6. http:/tjpla,en.made-in-china.com Maanshan Tong-Jie-Liang Biomaterials Co.,Ltd.

7. http://www.plactic.com 南通九鼎生物工程有限公司

8. http://www.hywf.net/hy 浙江弘扬无纺新材料

9. http://jy-gaoxin.company.weiku.com Jiangyin Gao Xin Chemical Fiber Co.,Ltd.

10. http://www. gaoxinhq.com（聚乳酸粒子）

1-3-4　可降解 PLA 纤维测试题

第二节　可水溶 PVA 纤维

1 可水溶 PVA 纤维的研究与产业发展现状

1-3-5 可水溶 PVA 纤维导学十问

1-3-6 可水溶 PVA 纤维 PPT课件

　　PVA 是聚乙烯醇的英文(Polyvinyl Alcohol)简称,它能溶于水,水温越高则溶解度越大,但几乎不溶于有机溶剂。PVA 的溶解性随醇解度和聚合度而变化,部分醇解和低聚合度的 PVA 溶解极快,而完全醇解和高聚合度 PVA 则溶解较慢。PVA 外观为白色粉末,是一种用途相当广泛的水溶性高分子聚合物,性能介于塑料和橡胶之间,它的用途可分为纤维和非纤维两大用途。

　　1924 年由德国 P.H.赫尔曼和黑内尔合成聚乙烯醇,30 年代制成纤维,名为津托菲尔(Synthofil),由于它溶解于水而不能作为纺织纤维,主要用作手术缝线。1939 年,日本樱田一郎等人研制成功聚乙烯醇的热处理和缩醛化方法,PVA 纤维(我国商品名为维纶)才成为耐热水性良好的纤维。维纶的性能与棉相似,其强度、耐磨、耐晒、耐腐蚀性比棉好,密度比棉低,吸湿率接近棉,当时在日本、朝鲜、中国得到大力发展,解决衣着问题。但是,随着使用性能更加优良的涤纶、锦纶和腈纶的崛起,以及维纶存在抗皱性和染色性差、尺寸不稳定等缺点,维纶在服用领域的应用受到限制。目前,人们又把目光转向聚乙烯醇的水溶特性,利用其水溶性,生产水溶性维纶。

1.1　水溶性 PVA 纤维的研发历程

　　日本是最早开发水溶纤维的国家,在 20 世纪 60 年代就投入了工业化生产,90 年代日本可乐丽公司采用"溶剂湿法冷却凝胶纺丝法"制得水溶温度为 5～90 ℃的 K-Ⅱ聚乙烯醇水溶性纤维,目前它几乎垄断了低温水溶 PVA 纤维市场。

　　我国开发水溶纤维最早的是北京维纶厂,产品于 1985 年通过鉴定。之后,各维纶厂相继开发水溶纤维。湖南湘维有限公司于 1991 年开始研制水溶纤维,用聚合度 1 700～1 800 的 PVA 生产出 90 ℃左右的水溶纤维,1994 年通过省级鉴定,产品除内销外,还出口到韩国、美国,创造了较好的经济效益。上海石化维纶厂于 1996 年成功开发出 70 ℃左右的水溶维纶,并进行了批量生产,这些水溶纤维在溶解温度以下性能稳定,具有良好的白度、抱合力和抗静电性。四川维尼纶厂与四川大学合作,采用干湿法和湿法凝胶纺丝技术制造 10、50、60 和 70 ℃等系列的低温水溶纤维。

1.2　水溶性 PVA 纤维的生产

　　水溶性 PVA 纤维是 PVA 溶液经纺丝后在干热条件或凝固浴中凝固,然后经牵伸、干燥,并经热处理加工而形成的纤维。水溶性 PVA 纤维可由常规湿法纺丝、有机溶剂湿法纺丝、干湿法纺丝、干法纺丝、半熔融法纺丝等工艺进行生产。

1.2.1　湿法纺丝技术

（1）水系湿法纺丝。以水为溶剂，以芒硝溶液为凝固浴，选择合适的聚合度和醇解度的 PVA，以适宜的工艺条件，可制得水溶温度较低的水溶性纤维。但是，当醇解度降低到某种程度时，会因水洗芒硝后干燥发黏而无法正常纺丝。用此法制得的水溶性纤维的截面常为复合形，如哑铃形截面，纤维径向不均匀，导致其物理力学性能有一定的限制。

（2）有机溶剂系湿法纺丝。采用有机溶剂湿法纺丝可制得横截面为圆形的纤维，一般纺丝原液黏度控制在 $5\sim200$ Pa·s。对于不能水洗的水溶性 PVA 纤维，可采用此方法。聚合度为 1 700、取代度为 95% 的 PVA，溶剂为毒性较小的 DMSO，质量比为 75/25 的甲醇/DMSO 的混合物作凝固浴，可制得低于 45 ℃ 的水溶性 PVA 纤维。东华大学曾用 PVA1788 为原料，制得强度在 3.92 cN/dtex 以上、30 ℃ 可溶的 PVA 纤维。

（3）干喷湿纺法。纺丝溶液从喷丝头压出后，进入凝固浴。干喷湿纺的显著优点是由于纺丝液细流出喷丝孔后，先通过空气层，纺丝速度可比一般湿法纺丝高 $5\sim10$ 倍，大大提高了生产效率，可制得在低于 100 ℃ 的水中可溶的 PVA 纤维。

1.2.2　干法纺丝与其他纺丝技术

（1）增塑熔融纺丝法。PVA 的熔点与其分解温度非常接近，不能直接进行熔纺，宜采用增塑熔融纺丝法。通过乙烯醚改性，可将 PVA 的熔融温度稍稍降低，但温度降低并不显著。东华大学曾对甘油增塑的聚合度为 1 799 的 PVA 的流变性和可纺性进行研究，制得约 30 ℃ 的水溶 PVA 纤维。有专利报道用乙烯改性聚醋酸乙烯酯再进行皂化，所得改性 PVA 进行熔纺可制得性能优良的水溶性纤维。

（2）溶剂湿法冷却凝胶纺丝法。日本仓敷公司首创了溶剂湿法冷却凝胶纺丝法生产绿色纤维。作为原液溶剂与渗透剂的有机溶剂都是在封闭系统中完全回收并循环使用，没有废液排放出来，不会污染环境，值得推广。可乐丽公司利用这项技术研制出水溶温度小于 5 ℃ 的 K-Ⅱ 纤维（WJ2）。

1.3　水溶性 PVA 纤维的应用

（1）用于伴纺伴织。将水溶性 PVA 纤维作为中间纤维与其他纤维混纺，经纺织加工后，溶出水溶性纤维，得到高支高档纺织品。据国际羊毛局资料介绍，平均直径小于 $19\,\mu m$ 的羊毛产量仅占澳毛总产量的 5%，而 $20\sim30\,\mu m$ 的羊毛产量占总产量的 65%，两者价格相差 50% 以上。因此，日本可乐丽公司与国际羊毛局（IWS）在 1993 年共同开发利用水溶性纤维的低温水溶性，以 $10\%\sim20\%$ 的比例和羊毛混合纺纱、织造，然后在染色、整理阶段将水溶性纤维溶解除去，其结果可以使羊毛支数提高 20% 左右，并增加羊毛纤维间的空隙，使羊毛织物轻量化、柔软化，更具蓬松性和保暖性，见图 1-3-10(c)。由于 PVA 纤维的增强效果使羊毛的纺织生产工艺性得到提高，从而使羊毛的原料使用范围扩大。水溶纤维与棉、麻等天然纤维混纺可改变纱线内部结构，增大纱线内部纤维间缝隙和毛细孔隙，从而改变织物的透气性，降低捻度使纱线松软、蓬松，织物手感更柔和，悬垂性进一步提高，面料更轻薄，吸湿排汗，衣着更舒适。采用这种方式纺高支纱，改变了

1-3-7　可水溶 PVA 纤维产业链视频

传统精梳纺纱工艺,缩短了工艺流程,用一般的原料即可,大大节约原料成本。

（2）生产超细纤维。将水溶性 PVA 与聚酰胺、聚酯、聚乙烯、聚丙烯等制成复合纤维,经拉伸处理后,再用水洗去 PVA,可以获得单丝线密度为 0.1 dtex 以下的超细纤维。

（3）作为绣花基布。绣花基布主要作为服装行业绣花的骨架材料,可单独绣花,也可与其他服装面料衬在一起使用。使用可溶性 PVA 非织造布为绣花基布,若在基布上绣上图案,再溶去 PVA 成分,可获得图案美观、表面平直、富有立体感的花边(图1-3-10);若在织物＋基布上绣花,绣花完成后溶去基布,可改善缝制工艺,同样使绣出的花型平直美观(图 1-3-11)。

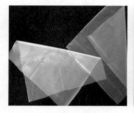   

（a）可溶性 PVA 基布　（b）在 PVA 在基布上绣花　（c）溶去 PVA 基布后的花边 1　（d）溶去 PVA 基布后的花边 2

（e）溶去 PVA 基布前的花边　　　　　　　（f）溶去 PVA 基布后的花边 3

图 1-3-10　以 PVA 可溶性非织造布为基布的各类花边

（a）绣花　　　　　　　　　　　　（b）溶去 PVA 基布后的绣花布

（c）溶去 PVA 基布后的各种绣花布

图 1-3-11　织物＋基布的绣花布

（4）针织品自然剪割。在针织加工时使用水溶纤维长丝作为分割纱，可以实现无刃裁剪。如在织袜过程中，在两只袜子的连接处使用水溶性纤维，既可以保证织制的连续性，又可以在织成后经热水处理将连接的袜子分开。

（5）无纺布生产。利用水溶性纤维的水溶性，在其他纤维中加入少量的水溶性纤维，经混梳制成纤维网，水溶性纤维的溶化溶胀部分与其他纤维黏合成整体，制成无纺布。

（6）无捻织物生产。将水溶性 PVA 纤维与其他单纱合股逆捻，或采用包缠纱生产技术，用水溶性 PVA 纤维作为包缠纤维包缠短纤维纱条，织成织物后溶去水溶性 PVA 纤维部分，得到织物中的纱线无捻效果，主要用于制造无捻毛巾、浴巾、婴幼儿用品、宾馆用品、体育用品等，如图 1-3-12 所示。使用水溶性 PVA 纤维作为包缠纤维形成包缠条（或纱）加工纺织品，既满足了织造过程所需的强度，又使退维后纤维在纱中呈单纤、无捻或弱捻状态，增大了纤维间的空隙，改善了制品的光泽、柔软性、保暖性，提高了制品的吸水性。

图 1-3-12　无捻毛巾

（7）无纬毛毯。用水溶性维纶长丝代替不溶的普通纱作纬纱，生产针织毛毯基布，经过洗涤、烘干及缩绒后，维纶丝在热水中溶解并被洗除，从而获得无纬毛毯的效果，搭接纤维将使布料有足够的强度满足后道生产的需要。

（8）均匀上浆。将水溶性 PVA 纤维包缠于纱线表面，或用 2%～5% 的水溶性 PVA 纤维与其他纤维混纺，然后在一定水温下处理，纱线表面形成一层完整的黏着层，起均匀上浆的作用，同时提高织物的耐磨性，防止起毛起球。

（9）加工花透织物。将水溶性 PVA 纤维与其他非水溶性纺织纤维混纺或交织，通过水溶性 PVA 纤维部分的溶解，可以形成花透织物（亦叫烂花织物），特别适用于格子组织的花透织物。

（10）假缝缝纫线。为防止针织布边和毛织物在漂洗或染色过程中发生卷缩，假缝不可少。水溶性缝纫线也可用于洗衣房收集被洗衣物的粗布袋的缝制，水溶性长丝缝纫线在热水中迅速溶解消失，从而将粗布袋松开，并且将衣服和粗布袋一起洗净。

② 水溶性 PVA 纤维的种类

水溶性 PVA 纤维分长丝和短纤维。日本可乐丽（Kuraray）公司生产的低温水溶性 PVA 即可乐纶 K-Ⅱ 纤维的各种规格及强伸度如表 1-3-9 所示。

表 1-3-9   可乐纶 K-Ⅱ 纤维的规格及强伸度

类型	溶解水温/℃	线密度/dtex	切断长度/mm	强度/(cN·dtex^{-1})	伸长率/%
WN2	20	1.7	38	5	20
		2.2	51		
WN4	40	1.2	38	7	15
		1.7	38		
		2.2	38，51，75B		
WN5	50	1.7	32，38	7	15
		2.2	32，38，51，75B，85B		
WN7	70	1.7	38	7	12
		2.2	51		
WN8	80	1.4	32，38	8	11
		1.7	32，38		
		2.2	51，85B		
		2.2	75B	7	15
WQ9	95	1.7	38	9	10
		2.2	51，75B		

注:"B"指长度可变。

中国石化四川维纶厂生产的水溶性维纶条的规格如表 1-3-10 所示。

表 1-3-10   水溶性 PVA 纤维毛条规格

类型	S-7 牵切条	S-8 牵切条	S-9 牵切条
单丝线密度/dtex	$(1.00\pm0.10)M$	$(1.00\pm0.10)M$	$(1.00\pm0.08)M$
纤维长度/mm	88.0 ± 5.0	88.0 ± 8.0	88.0 ± 8.0
条重/(g·m^{-1})	$N\pm1.5$	$N\pm2.0$	$N\pm2.0$
溶解温度/℃ (≤)	75	85	100
干断裂强度/(cN·dtex^{-1}) (≥)	—	—	4.0
热水不溶物/% (≤)	0.15	0.12	0.12

注:M 和 N 值视用户要求而定。

我国湖南湘维有限公司生产的可溶性维纶短纤维有 1.44 dtex×44 mm、1.56 dtex× 38 mm 和 2.00 dtex×38 mm 等规格。

3 可溶性 PVA 纤维的结构和形态

3.1 结构特征

(1) 聚合度。PVA 的聚合度与其水溶性的关系见图 1-3-13。由图可见,随着聚合度的增加,纤维疏水性增加,水溶温度相应提高。所以,采用低聚合度的 PVA 进行纺丝,可得到水溶温度较低的纤维。但聚合度降低,可纺性变差。日本专利中使用低聚合度(小于800)组分与高聚合度(大于 1 000)组分进行混纺,制得的纤维的可纺性及水溶性都较理想。

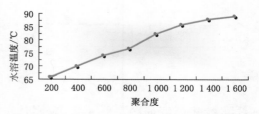

图 1-3-13　PVA 聚合度与水溶温度的关系

(2)醇解度。由较高醇解度的 PVA 原料如 PVA-1799 和 PVA-1798 形成的纤维,水溶温度较高,一般为 85 ℃。利用冻胶纺丝技术,可采用低聚合度和醇解度的 PVA 原料,如 PVA-1788、PVA-1792、PVA-1088,使纤维的水溶温度大大降低,得到水溶温度为 5～80 ℃的水溶纤维。

3.2　形态结构

PVA 纤维的形态结构及可溶性 PVA 伴纺纱溶解前后的纱线截面如图 1-3-14 所示。采用的纺丝方法不同,可溶性 PVA 纤维的截面也不同。可乐纶 K-Ⅱ纤维采用溶剂湿法冷却凝胶纺丝法,纤维截面呈圆形,结构致密,无皮芯结构,与普通 PVA 纤维的腰圆形、皮芯结构截面完全不同。由于普通 PVA 纤维采用常规湿法纺丝,原液从喷丝头挤出后在凝固液中,溶剂由外到内缓缓脱溶,首先脱溶的纤维表面形成硬的表面层,使纤维的表面和内部形成不均一的结构,使品质难以稳定化,强度的提高也有限。

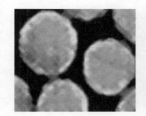 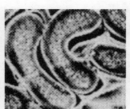 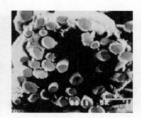 

(a) K-Ⅱ纤维截面　　(b) 常规 PVA 纤维截面　　(c) PVA 纤维溶解后的纱线　　(d) PVA 纤维溶解前的纱线

图 1-3-14　PVA 纤维形态结构电镜图

4　水溶性 PVA 纤维的水溶解性能

4.1　水溶机理

水溶性 PVA 纤维的溶解过程包括膨润和溶解分散两个阶段。将水溶性 PVA 纤维放在一定温度的热水中,随着水温的提高,纤维逐步膨润,随之产生收缩;当水温继续提高,纤维轴方向达到最大收缩率时,纤维就被溶断成胶状片断;进一步提高水温或延长处理时间,PVA 就以分子形式溶解分散而成为均匀的溶液。其溶解过程如图 1-3-15 所示。

纤维的膨润可看作组成纤维的高分子与溶剂的结合,即由溶剂化产生的局部溶解。

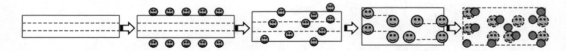

图 1-3-15 PVA 纤维在水中溶解的示意图

纤维膨润时,溶剂渗入非晶区。膨润时一般呈现各向异性,纤维长度方向的膨润小,而纤维径向的膨润较大。溶解时非晶区首先膨润和溶解,晶区的溶解通过增加非晶区内的超亲水性基团,如酰胺基、羧酸基等极性基团,增加非晶区的渗透压;同时,超亲水性基团的引入降低结晶性,从而改善纤维水溶温度。通过逐步升温溶解,或进行纤维超拉伸,将晶区内的大颗粒晶粒破碎为小颗粒晶粒,使水分子易渗入晶区内部,逐步溶解。

4.2 水溶解度

水溶性 PVA 纤维的水溶解度与水处理温度、水处理时间和升温过程有关。在温度一定时,增加水处理时间,纤维的溶解度增加;当时间一定时,提高水处理温度,纤维的溶解度增加,如图 1-3-16 所示。

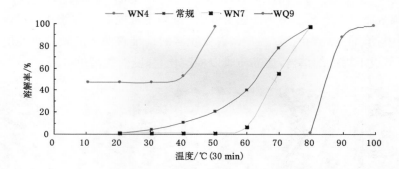

图 1-3-16 PVA 纤维的溶解率与水处理温度的关系

4.3 水溶收缩率

水溶性 PVA 纤维在水中首先溶胀,表现为纤维直径增加,而长度缩短。各类水溶性 PVA 纤维的收缩率随温度和相对湿度的变化规律如图 1-3-17 和图 1-3-18 所示(图中

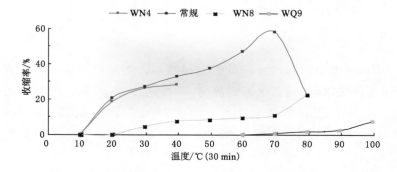

图 1-3-17 PVA 纤维的收缩率与水处理温度的关系

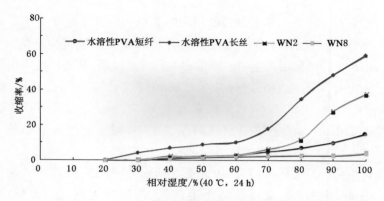

图 1-3-18 PVA 纤维的收缩率与相对湿度的关系

数据是在负荷为 2 mg/dtex、升温速度为 1 ℃/min 的条件下测定的)。

【可水溶 PVA 产业链网站】

1. http://www.guccilv.cn 常州水溶进出口有限公司
2. http://www.texnet.com.cn 济南海嘉纺织股份有限公司
3. http://www.svwpc.com.cn 中国石化集团四川维尼纶厂
4. http://www.fuwei.com 福建福维股份有限公司
5. http://www.wwgf.com.cn 安徽皖维集团(股份)有限公司
6. http://www.hnxiagnwei.com 湖南省湘维有限公司
7. http://www.svwpc.com.cn
8. http://www.bjghfz.en.made-in-China.com 北京光辉纺织有限公司
9. http://www.kuraray.com.cn 日本可乐丽株式会社
10. http://www.kuraray.co.jp/kii 日本可乐丽株式会社
11. http://www.wanwei-pva.com Polyvinyl Alcohol Suppiler BouLing Chemical Co.，Ltd.

第三节 可再生 PET 纤维

1 可再生 PET 纤维的研究与产业发展现状

把回收的聚酯瓶或聚酯产品中的添加剂、着色剂分离出去,还原成与用石油制造的原料相同等级的高纯度聚酯原料,然后用这种聚酯原料进行纺丝,形成再生 PET(聚酯)纤维。

日本帝人公司从 1995 年开始出售用废聚酯瓶料生产的聚酯纤维,其应用范围已扩大到服装、床上用品、室内和厨房用品。日本三菱公司用再生粒子纺出 Y 形截面的异形长丝,其规格有 80 dtex/36 F 和 120 dtex/36 F。

1-3-8 可水溶 PVA 纤维测试题

1-3-9 可再生 PET 纤维导学十问

1-3-10 可再生 PET 纤维 PPT 课件

美国伊斯曼公司早在许多年前就开始用聚酯废料和废聚酯瓶片生产各种纤维,成为美国领先的环保型工厂;美国 Dyersburg 织物公司用废聚酯瓶料生产的纤维制造绒面布;美国 Wellman 等公司利用再生聚酯纤维和其他纤维混纺,开发户外用面料及运动服。意大利 ORV 公司每年用废聚酯瓶碎片生产的短纤维达 35 千吨,纤维细度为 3.3～17 dtex,纤维强度为 30～35 cN/tex,伸长率为 45%～90%,纤维截面有圆形和异形,纤维用途是服装或家具织物的充填料以及用作土工布、屋顶毡基布和绝缘材料的非织造布。

中国大陆再生聚酯纤维行业的发展,主要经历了三个阶段:1983—1989 年,使用中国台湾地区和韩国转移过来的及自产的小生产线,使用泡泡料,生产 2～6 D(2.22～6.67 dtex)纤维,终端市场为低档针刺无纺布和手套纱等;1996—1999 年,随着聚酯瓶生产和消费的兴起,出现了以瓶片为主要原料、泡泡料为辅助原料的化纤生产线,产品质量大幅提高,出现了 1.5 D(1.67 dtex)棉型和二维中空等部分替代原生纤维的产品;2000 年至目前,是再生 PET 纤维产能扩充的高速发展期,技术进步较为明显,用高洁净度废聚酯瓶片生产出三维卷曲中空纤维(3～15 D,即 3.33～16.67 dtex)、ES 纤维等产品。再生 PET 在填充用涤纶短纤应用领域,对原生涤纶产品的替代作用越来越大。

2 再生 PET 纤维的生产

1-3-11 可再生 PET 纤维产业链——生产加工视频

再生 PET 纤维的原料有两类,一类是回收的 PET 瓶,另一类是回收的 PET 服装等制品。目前大多以回收 PET 瓶为原料,经分类、洗涤、筛选、粉碎形成瓶片,作为化学纤维厂的生产原料。以 PET 服装等制品为原料生产再生 PET 的工艺更复杂,回收的 PET 服装制品首先粉碎成服装碎片,经造粒、脱色及化学反应制成 DMT(即对苯二甲酸二甲酯),再经聚合形成 PET 高聚物,作为再生 PET 瓶和纤维生产的原料。再生 PET 纤维的生产流程如图 1-3-19 所示。

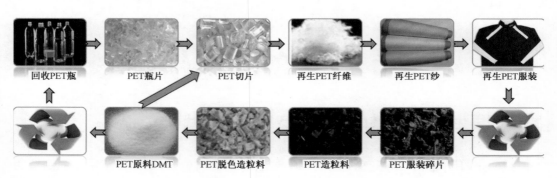

图 1-3-19 再生 PET 纤维的生产流程

废聚酯瓶回收方法分化学回收和物理回收。化学回收是将废聚酯在一定的反应条件下解聚,获得聚酯的基本单体或低聚物,重新合成制得可用于生产纤维、涂料和制瓶的原料。物理回收分两种方法:第一种方法是将废聚酯瓶破碎成片,并将其中的聚乙烯、铝、纸和黏合剂去除,然后将碎片洗涤、干燥、造粒;第二种方法是将聚酯瓶上的非聚酯的瓶盖、瓶座底、标签等通过机械方法进行分离,然后将聚酯瓶洗涤、破碎、造粒。这两种方法在工艺上各有特点:第一种回收方法较易形成大规模生产,但技术较复杂,设备较多,投资大;第二种工艺使用的设备较少,投资省,但只适用于无破损的完整的废聚酯瓶的回收。目前,我国所收集的废聚酯瓶均已被压扁,这主要是从运输方便和合理性考虑的。所以在实际生产中,大多数采用第一种回收方法。

1-3-12　可再生 PET 纤维产业链——纤维

3　再生 PET 纤维的应用

1-3-13　可再生 PET 纤维产业链——纱线

（1）再生 PET 无纺布。目前的工业化的产品有纺黏 PET 无纺布（PET Spunbond Non-woven）和 PET 熔喷无纺布（PET Melting Blow Non-woven）,可用于过滤及营地设施等。PET 无纺布的一个崭新的用途是替代传统的热固性聚氨酯橡胶泡沫用于车座。据美国 DuPont 公司的报道,这种聚酯车座可减轻质量 20%～30%,且易于回收。再生 PET 无纺布产品如图 1-3-20 所示。

1-3-14　可再生 PET 纤维产业链——织物

图 1-3-20　再生 PET 无纺布产品

（2）服装用机织物。再生 PET 主要生产 6 D（6.67 dtex）以上的纤维,用于粗纺,织制厚实的毛织物和结实耐用的工作服面料,如图 1-3-21 所示。

图 1-3-21　再生 PET 服装用机织物

（3）玩具饰品用织物。以再生 PET 织物为原料制作小动物玩具和观赏类小皮夹、布饰花等饰品,如图 1-3-22 所示。这类产品对纤维品质的要求不高,但对安全和生态性的要求较高,符合再生 PET 纤维的品质特点和环保理念。

（4）箱包、床品和填充材料。粗的再生 PET 长丝适宜制作对强度和韧性要求较高的箱包产品;而各类床品用纤维采用的是智能型再生 PET;再生 PET 纤维作为填

图 1-3-22　再生 PET 纤维制作的玩具及饰品

充材料,是常规再生 PET 的主要用途之一。例如,我国生产的再生 PET,其中 35％为 1.5 D(1.67 dtex)×38 mm 的棉型短纤维,40％为 6～20 D(6.67～22.2 dtex)的实芯短纤维,15％为 6～18 D(6.67～20 dtex)的二维中空短纤维,10％为 3～15 D(3.33～16.67 dtex)的三维中空短纤维,主要用作填充棉及无纺布。再生 PET 纤维箱包、床品及填充材料的典型产品如图 1-3-23 所示。

图 1-3-23　再生 PET 纤维制作的背包及床品

4　再生 PET 纤维的种类、结构和特性

4.1　再生 PET 纤维的种类

(1) 按长度分。有短纤维和长丝两大类。短纤维又有常规短纤和差别化短纤,常规短纤维主要是 1.5 D(1.67 dtex)×38 mm 的棉型和 6～20 D(6.67～22.2 dtex)的各种长度的短纤维;差别化短纤维有 ES(芯为再生 PET,皮为 PP 或低熔点 PET)、中空和异形纤维。长丝有圆形和 Y 形等异形长丝,用于织制服装用及工业用途的织物。

(2) 按色彩分。有原色纤维、脱色纤维和着色纤维三种,如图 1-3-24 所示。原色纤维是利用瓶片制成切片,经纺丝形成与瓶片相同色彩的纤维;脱色纤维是将瓶片经脱色处理后制成切片,经纺丝形成的白色纤维;瓶片经脱色处理后再经着色,则形成各种色彩的着色(色纺)纤维。

(3) 按功能分。再生 PET 纤维与常规 PET 纤维一样,可形成阻燃和智能等功能型纤维。

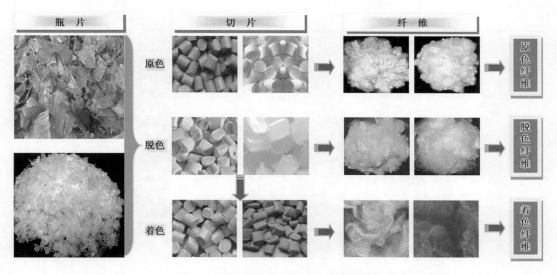

图 1-3-24　原色、脱色和着色(色纺)再生 PET 纤维

4.2　再生 PET 纤维产品的结构和特性

再生 PET 纤维及其制品的著名商标有 Eco-PET®、Eco-Spun®、Eco-Fi™ 和 Eco-Max™，分别由日本帝人纤维株式会社（Teijin Fibre Co. Ltd）、美国韦尔曼国际公司（the U.S. Company Wellman Inc.）、美国 FOSS 公司（FOSS Manufacturing Company, LLC）和中国台湾富胜纺织公司（Ecomax Textile Co. Ltd）生产，商标 Logo 如图 1-3-25 所示。主要品种的再生 PET 纤维的结构特性如表 1-3-11 所示。

图 1-3-25　再生 PET 纤维的国际著名商标

表 1-3-11　主要品种的再生 PET 纤维的结构特性

序号	纤维品名及结构特性	生产企业	产品用途
1	Circus™:独特的小气候控制和湿汽管理,高度蓬松和弹性,无与伦比的豪华与舒适	韦尔曼国际公司（爱尔兰）	
2	Dreamfil™:具有二维和三维卷曲,绝热保暖性能显著提高 35%,质轻、柔软,悬垂性优良	韦尔曼国际公司（爱尔兰）	

（续　表）

序号	纤维品名及结构特性	生产企业	产品用途
3	Eco-Circle®：对废弃聚酯产品等进行化学处理而得到，具有与石油生产的产品同样稳定的品质	日本帝人纤维株式会社	
4	Eco-PET®：以回收聚酯瓶产品为原料加工而得到，可加工服装、工程用非织造织物和填充材料	日本帝人纤维株式会社	
5	Eco-Max™：再生 PET 原色纤维	Ecomax Textile Co.Ltd（中国台湾）	
6	Eco-Max™：再生 PET 着色长丝	Ecomax Textile Co.Ltd（中国台湾）	

5 再生 PET 纤维的鉴定

再生 PET 与原生 PET 纤维的物理化学性能及结构特征无本质上的区别。因此，这两种纤维的制品原料的区别，在现有技术条件下是困难的。目前是通过第三方认证来鉴定再生 PET 纤维，如天祥已开展再生 PET 产品的认证业务，其认证标志如图 1-3-26 所示。

图 1-3-26　再生 PET 纤维认证标志

1-3-15　可再生 PET 纤维测试题

【可再生 PET 纤维产业链网站】

1. http：//en.wikipedia.org/wiki/Polyester
2. http：//www.ecospun.org.uk
3. http：//www.eco-fi.com
4. http：//www.ecomaxtex.com
5. http：//www.fossmfg.com
6. http：//www.teijinfiber.com.cn
7. http：//www.wellman-intl.com/index.asp
8. http：//www.supertextile.com
9. http：//globepolychem.com
10. http：//www.teijinfiber.com.cn
11. http：//www.wellman-intl.com
12. http：//www.koulong.com

第二篇

差别化纤维

第一章　差别化纤维总论

差别化纤维指对常规化纤品种有所创新或具有某一特性的化学纤维。差别化纤维以改进织物服用性能为主,主要用于服装和装饰织物。采用这种纤维可以提高生产效率,缩短生产工序,且可节约能源,减少污染,增加纺织新产品。

差别化纤维主要通过对化学纤维进行化学改性或物理变形而制成,其加工方法包括在聚合及纺丝工序中进行改性,以及在纺丝、拉伸及变形工序中进行变形。

从形态结构上划分,差别化纤维主要有异形纤维、中空纤维、复合纤维和超细纤维等,如图 2-1-1 所示。从物理化学性能上划分,差别化纤维有抗静电纤维、高收缩纤维、阻燃纤维和抗起毛起球纤维等,如图 2-1-2 所示。

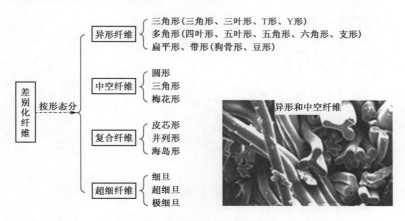

图 2-1-1　差别化纤维按形态的分类

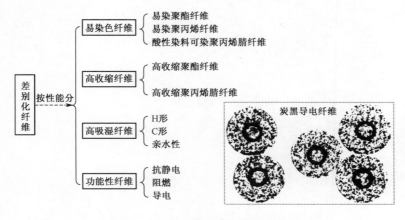

图 2-1-2　差别化纤维按性能的分类

123

2-1-2 差别
化纤维总论
PPT课件

2-1-3 差别
化纤维总论测
试题

差别化纤维一词来源于日本。最早的差别化纤维是仿造天然纤维的形态和部分性质来改善化学纤维，如仿造蚕丝的三角形截面和碱减量处理，以改变纤维光泽；进一步是模仿天然纤维较高层次的结构，例如羊毛皮质的双边分布及棉、麻纤维的异形和中空结构，制造出复合纤维、中空纤维和异形纤维；现在人们已经超出模仿思路，能够开发出天然纤维所不具备的特性，如超细、高弹、高强等高性能、功能化和智能化纤维，这一类型的纤维已经不是差别化纤维所能涵盖的了。差别化纤维的发展大致可分为三个阶段，如表 2-1-1 所示。

表 2-1-1　差别化纤维的发展历程

时期/年	1960—1990	1990—2000	2000—2010
差别化对象	形态（截面、减量处理、细化）	性能（抗起球、抗静电、高收缩、阳离子可染）	形态＋性能（高吸湿、导电、阻燃抗菌、防紫外）
差别化维度	一异（异形态）	二异（异形态、异收缩）	三四异（异形态、异收缩、异材质、异纤度）
差别化效果	初仿真（外观）	高仿真（外观、手感）	超仿真（外观、手感、性能）

第二章 异形纤维

异形纤维是指经一定几何形状（非圆形）喷丝孔纺制的具有特殊截面形状的化学纤维。根据所使用的喷丝孔不同，可得到方形、三角形、多角形、三叶形、多叶形、十字形、扁平形、Y形、H形、哑铃形等，如图 2-2-1 所示。异形纤维的主要品种、特性和用途见表 2-2-1。

2-2-1 异形纤维导学十问

2-2-2 异形纤维 PPT 课件

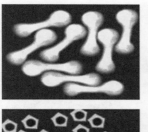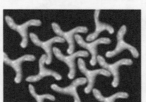

图 2-2-1 异形纤维

表 2-2-1 异形纤维的主要品种、特性和用途

截面形状	性能	用途
三角形	光泽好，有闪光效果	长统丝袜，闪光毛线，机（针）织物，丝绸织物
扁平形	手感似麻、毛，能改善织物的起毛起球	仿毛、仿麻织物
Y形和H形	比表面积大，散热性、透汽性、吸湿性好	透汽型运动面料
五角形	手感优良，保暖性和毛型感强	仿毛织物，起绉织物（仿乔其纱）

异形纤维最初由美国杜邦公司于 20 世纪 50 年代初推出三角形截面；继而，德国研制出五角形截面；60 年代初，美国又研制出保暖性好的中空纤维；日本从 60 年代开始研制异形纤维，随之英国和意大利等国相继开发异形纤维。由于异形纤维的制造及纺织加工技术较简单，且投资少、见效快，发展很快。我国异形纤维的研制开始于 70 年代中期。异形纤维的品种相当丰富，按其截面形态大体可以分为三角（三叶、T）形、多角（五星、五叶、六角、支）形、扁平带状、中空纤维等类型，此外还有八叶形、藕形、蚊香状盘旋形等，都有各自的特点。

1 异形纤维生产

异形纤维生产最简单和常用的方法是使用非圆形截面的喷丝孔,这些异形纤维的截面形状取决于纺丝时喷丝板上喷丝孔的形状,如图 2-2-2 和图 2-2-3 所示。除此之外,制备异形纤维还可以采用以下三种方法:

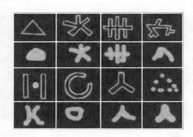

图 2-2-2 异形喷丝孔及对应纤维

(1)黏着法。采用具有异形喷丝孔的喷丝板或一组距离较近的喷丝板进行纺丝而制成。纺丝时,熔体以一定的速度从喷丝孔喷出,在喷丝孔处形成负压,熔体被空气自然吸引,熔体经喷丝孔后膨化而相互黏结,在适宜的纺速和冷却条件下形成空心或豆形截面的纤维。

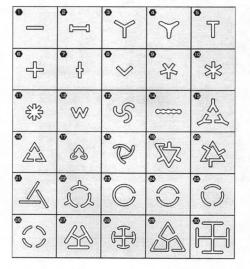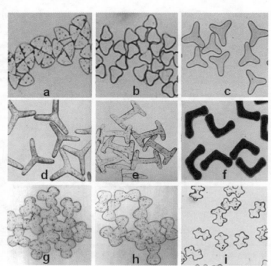

图 2-2-3 常用的异形纤维喷丝孔(左)和异形纤维截面(右)

(2)挤压法。初生的圆形截面纤维在后处理时经挤压而变形。

(3)复合法。先制成复合纤维,再将复合纤维中的一个组分溶解除去,从而制成异形截面纤维。

2 异形纤维的性质

同普通纤维相比,异形纤维的化学组成和结构并未发生改变。因此,异形纤维总体上具有与普通化学纤维最相似的一些物理力学性质。但是,由于截面形态的变化,异形纤维与一般化学纤维相比,在某些方面又具有自己的特点。

(1)几何特征。异形纤维的横截面具有特殊的形状,同时对纤维纵向形态产生重要的影响。为了表征异形纤维截面的不规则程度,通常采用异形度和中空度等指标。异形

度 B 是指异形纤维截面外接圆半径和内切圆半径的差值与外接圆半径的百分比,如下式所示:

$$B(\%)=\frac{R-r}{R}\times 100$$

式中:B——纤维异形度;

　　　R——异形截面外接圆半径;

　　　r——异形截面内切圆半径。

此外,异形纤维截面的异形化程度可以用圆系数、周长系数、表面积系数和充实度等表示。

(2)光泽。异形截面纤维的最大特征是其独特的光学效果,其仿真丝效果比圆形纤维更好,这也是制造这类纤维的主要目的之一。圆形纤维表面对光的反射强度与入射光的方向无关,异形纤维表面对光的反射强度却随着入射光的方向而变化。异形纤维的这种光学特点增强了纤维的光泽感,使人眼在不同方向、不同位置接收到不同的光学信息而产生良好的感官感受。利用异形纤维的这种性质可以制成具有真丝般光泽的合纤织物。另外,不同截面的异形纤维的光学特性也有所不同。从光反射性质上看,三角形、三叶形、四叶形截面纤维的反射光强度较强,通常具有钻石般的光泽;而多叶形(如五叶形、六叶形)截面纤维的光泽相对比较柔和,闪光小。

(3)抗弯刚度和手感。在截面积相同的情况下,异形截面纤维比同种圆形纤维难弯曲,这和异形纤维截面的几何特征有关。对几种不同截面的异形纤维和圆形纤维的抗弯刚度进行测定,结果如表 2-2-2 所示。结果表明,三角形等异形截面纤维的抗弯刚度都比圆形纤维高。异形纤维之间,抗弯刚度有如下规律:三叶形>三角形、豆形>菱形>圆形。这表明纤维异形化不仅改善了纤维的光泽效果,而且在很大程度上引起了力学性质的变化,从而引起风格手感的改变,使异形纤维织物比同规格圆形纤维织物更硬挺。众所周知,天然纤维的截面形状是不规则的,纤维粗细也很不均匀,再加上天然纤维表面一般都有许多很细的皱纹,因此,天然纤维具有良好的手感,它们或者硬挺、丰满,或者柔软、舒适。纤维异形化后,合成纤维有了类似于天然纤维的非圆形截面,因而手感有所提高,消除了圆形纤维原有的蜡状感,织物也更丰满、挺括、活络。

表 2-2-2　不同截面纤维的直径与刚度比较

截面形态	圆形		圆中空		三叶形		三角形	
线密度/dtex	3.3	1.7	3.3	1.7	3.3	1.7	3.3	1.7
纤维直径/μm	17.0	12.5	18.3	13.5	20.9	16.1	19.0	14.4
刚度/kPa	11.76	3.92	21.56	6.27	33.32	11.76	21.56	7.15

注:数据来源于《广西化纤通讯》2002 年第 1 期《异形纤维在纺织产品中的应用》。

(4)蓬松性与透气性。一般情况下,异形纤维的覆盖性、蓬松性比普通合成纤维好,制成的织物手感也更厚实、蓬松、丰满,而且质轻,透气性也好,如图 2-2-4 所示。异形纤维截面越复杂,或者纤维异形度越高,纤维及织物的蓬松性和透气性就越好。例如,三角形和五星形聚酯纤维织物的蓬松度比圆形纤维织物高 5%～8%。

图 2-2-4　异形纤维织物蓬松的外观

(5)抗起球性和耐磨性。普通合成纤维易起毛起球,由于纤维强力高,摩擦产生的球粒不易脱落,球粒会越积越多,严重影响织物外观和手感。纤维异形化后,由于纤维表面积增加,丝条内纤维间的抱合力增大,起毛起球现象大大减少。试验表明,锯齿形、枝翼形截面纤维游离起球的倾向最小。五角形、H 形、扁平截面纤维和羊毛等纤维混纺,起球比纯纺时少得多。

(6)染色性和防污性。异形纤维由于表面积增大,上色速度加快,上染率明显增加。但由于异形化后纤维的反射光强度增大,使色泽的显色性降低,颜色深度变浅。因此,对异形纤维染色时,要想从外观上获得同样的深度,必须比圆形纤维增加 10%～20%的染料,这样就使得染色成本增加。实际生产中,可以通过适当地确定纤维的线密度和单丝根数,在一定程度上降低染料的消耗,又保证足够的颜色深度。

由于异形截面纤维的反射光增强,纤维及其织物的透光度减小(表 2-2-3),因而织物上的污垢显露度降低,从而提高了织物的耐污性。

表 2-2-3　不同截面涤纶纤维的覆盖性能和被沾污性能

截面形态		圆形 1	圆形 2	平均	三角形 1	三角形 2	平均
覆盖性能	透射率/%	7.37	7.53	7.45	6.07	4.50	5.28
	反射率/%	59.6	57.2	58.4	70.9	73.0	72.0
污染性能	反射率/%	61.4	62.4	61.9	69.6	69.9	69.8

注:数据来源于《广西化纤通讯》2002 年第 1 期《异形纤维在纺织产品中的应用》。

3 异形纤维的定量分析

3.1 分析原理

将纤维的纵、横向片段经透射式光学显微镜放大后,由视频摄像头采集纤维显微图像。然后通过图像分析技术,在显示器上根据异形纤维截面形态分辨各类纤维,测量其截面面积并记录其根数,再按下式计算不同截面纤维的质量百分比:

$$P_A(\%)=\frac{G_A}{G_A+G_B}\times100$$

$$G_I=\overline{A}_IN_I\overline{L}_IY_I$$

式中:P_A——A 纤维的质量百分数;

　G_A——A 纤维的质量,mg;

G_B——B 纤维的质量，mg；

G_I——I(A 或 B)纤维的质量，mg；

$\overline{A}_I$——I(A 或 B)纤维的面积，mm^2；

N_I——I(A 或 B)纤维的数量，根；

$\overline{L}_I$——I(A 或 B)纤维的平均长度，mm；

Y_I——I(A 或 B)纤维的数量，根。

3.2　试样制备

(1) 实验室样品。取样方法及取样数量参照 FZ/T 62005—2003《被、被套》附录 C 的规定，采用 8 点取样共 10 g，三次两两混合，保留一半组成实验室样品。

(2) 试验样品。参照 GB/T 16988—1997《特种动物纤维与绵羊毛混合物含量的测定》中的"10.1"和 FZ/T 52004—1998《充填用三维卷曲中空涤纶短纤维》——"正反面各不少于 20 点"，从实验室样品中取 1 g 试验样品，并分成 3 份，每份 300 mg 左右。

(3) 试样。

① 纤维横截面试样制备。制作切片方法按照哈氏切片器的使用方法，制备的切片既要薄也要均匀完整，才能使采集的图像清晰。

② 纤维纵向试样制备。利用哈氏切片器中剩余的纤维或从试验样品中沿纵向取适量纤维，切取 0.5～1.0 mm 长的纤维束，制作纤维纵向切片。纤维纵向切取长度参数参照 AATCC 20A—2000《纤维定量分析》。

③ 纤维长度试样制备。从备样中沿纵向抽取约 100 根纤维，供长度测量用。

3.3　分析步骤

(1) 纤维截面面积测量。将哈氏切片器制备的纤维截面切片放在显微镜的载物台上，将放大倍数调到 800 倍左右，调节显微镜焦距，使显示器上的图形清晰，然后利用计算机纤维截面图像分析软件测量截面面积，每种纤维测量 30 根。测量面积时，要在整个切片的视野中随机选取面积大小不同的截面图形进行测量，不要集中一处测量，选取测量的截面大小比例要符合实际状况。

(2) 纤维长度测量。一是采用仪器测量，执行 FZ/T 50009.2—1998《三维卷曲涤纶短纤维平均长度试验方法单纤维长度测量法》；二是手工测量。每测 1 根，即用显微镜或显微投影仪进行分类。每种纤维可先测 10 根，计算不同种类的纤维长度差异是否大于 10 mm。如果差异≥10 mm，再补测，每种纤维测量 25 根，以 25 个长度测量值的算术平均值为长度平均值；如果差异＜10 mm，可不计入长度。

2-2-3　异形纤维测试题

(3) 纤维根数测量。测量纤维含量时，选用纤维根数至少 1 000。

第三章 中空纤维

2-3-1 中空
纤维导学十问

2-3-2 中空
纤维PPT课
件

中空纤维是贯通纤维轴向且有管状空腔的化学纤维。中空纤维的最大特点是密度小、保暖性强，适合制作羽绒型制品，如高档絮棉、仿羽绒服、睡袋等。

中空纤维最早出现于1965年美国杜邦的防污尼龙中，利用纤维空腔纳污，利用反射和折射原理藏污；1968年日本东洋纺公司采用异形喷丝板生产中空涤纶短纤，杜邦和Eastman也相继生产出中空涤纶纤维；70年代初，日本为提高化纤产品的附加值，不断开发差别化纤维，研制了三维卷曲偏心中空涤纶纤维。

我国的中空纤维工业起步较晚，直到20世纪90年代才开始研究和生产，但发展很快。

目前，中空纤维的品种众多，原料从涤纶扩展到锦纶、丙纶、维纶、黏胶、聚砜和碳纤维等，孔数从单孔到四孔、七孔、九孔等，截面形状从圆形到三角形、四边形、梅花形，性能从保暖到抗菌、远红外、阻燃、芳香、阳离子改性等，如图2-3-1所示。品种的不断增加拓展了中空纤维的应用领域，从最初作为保暖的絮填料发展到玩具、地毯、人造毛皮、高档仿毛面料和工业、医药领域分离膜。

三角形单孔　　　　三角形三孔远红外　　　　梅花形七孔　　　　圆形九孔

图 2-3-1 中空纤维截面形态

国内外中空纤维部分生产厂家和品种如表2-3-1所示。

表 2-3-1 国内外中空纤维部分生产厂家和品种

生产厂家		品种
国外	韩国汇维仕(Korea Huvis)	(2.22～7.78)dtex×(22～102)mm 有硅或无硅中空纤维 1.65 dtex×(38～41)mm 细旦高中空
	日本东丽(Japan Toray)	三角单孔中空，Cebonner Sumlon®，Cebonner Sumlon Supper®
	日本旭化成(Japan Asahi-Kasei)	表面有微孔中空，三角三孔
	日本东洋纺(Japan Toyobo)	三角单孔，Isumabura®
	日本可乐丽(Japan Kuraray)	三角单孔，Victoron® Ⅲ，Trifill®，Uckfill®
	美国杜邦(DuPont)	Dacron Hollowfill®：46.05 dtex×51mm 圆形四孔 Dacron Hollowfill®：77.77 dtex×51mm 圆形七孔，方形四孔

生产厂家		品种
国内	仪征化纤	(3.33/6.67)dtex×(28/38/64/72)mm 无硅或含硅中空立体卷曲 8.33 dtex×64 mm 四孔立体卷曲 1.367 dtex×38 mm 异形或圆形中空 10.00 dtex×60 mm 七孔
	黑龙江龙涤	(3.33/6.67)dtex×(34/64/96)mm，(6.78/14.44)dtex×64 mm 涤纶立体卷曲中空纤维
	南通罗莱	(6.66/13.32/16.65)dtex×(64/32/38/51)mm，3.33 dtex×(51/64)mm 无硅或含硅中空纤维； 11 dtex×64 mm 含硅中空纤维
	广东俊富	(6.66~9.99)dtex×(32/64)mm 无硅立体卷曲中空纤维 (6.66~16.65)dtex×(32~64)mm 无硅高弹三维卷曲四孔纤维 11dtex×64mm 含硅中空纤维

1 中空纤维的生产

中空纤维的生产方法主要有熔融纺丝、复合纺丝和湿法纺丝。

1.1 直接熔融纺丝

利用中空喷丝孔进行熔融纺丝而形成中空纤维，生产工艺较为成熟，经济合理，被国内大多数异形纤维生产厂家所采用。如果喷丝板中装入微孔导管，在纤维空腔中充入氮气或空气，可获得高中空气的充气中空纤维，应避免生产使用过程中压扁纤维，并使纤维导热性小于空气，大大提高纤维的保暖性；如果改变喷丝孔截面形态，则可制得三角形、梅花形等多种形状的异形中空纤维；如果采用特殊喷丝板，还可获得 3～7 孔的中空纤维，但其中空率在 30％ 以内。

1.2 复合纤维纺丝

采用不同溶解性能的聚合物同时进行熔体纺丝，成型后溶解其中的一个组分，使纤维具有轴向空腔。根据溶剂不同，有碱易溶和水易溶两种。复合纤维纺丝法形成的中空纤维，可避免直接熔融纺丝法中因机械作用压扁纤维而导致中空度降低的缺点，并能控制不同组分在纤维截面内的分布，可获得中空度大于 40％ 的大中空纤维。如果采用双组分并列式复合纺丝，且两个组分的熔体黏度有差异，可获得三维卷曲中空纤维；如果以压缩空气取代易溶组分，可获得高中空纤维；如果混入微孔成型剂，并在后处理中溶解掉成型剂和易溶组分，可获得许多由纤维表面贯穿至中空部分的细孔的微孔中空纤维。

1.3 湿法纺丝

湿法纺丝法制得的中空纤维通常用作过滤膜，常用的有纤维素中空纤维膜和聚丙烯腈（PAN）中空纤维膜两种。中空度的大小通过喷丝孔大小及通入气体或液体种类和速度进行控制。PAN中空纤维膜的研究始于20世纪70年代,美国于1977年首次发布了关于PAN生产专利;80年代,PNA中空膜的研究在发达国家展开。

2 中空纤维的性能

中空纤维的截面特征可以用中空度表示,是指中空纤维内径(或空腔截面积)与纤维直径(或纤维截面积)的百分比,计算式如下:

$$H(\%) = \frac{d}{D} \times 100 = \frac{a}{A} \times 100$$

式中：H——中空度;

d——中腔直径,mm;

D——纤维直径,mm;

a——中腔截面积,mm²;

A——纤维截面积(含空腔截面积),mm²。

纤维壁愈薄,中空度愈大,纤维易压扁而成为扁平带状的纤维。因此,中空纤维的中空度要适当,不能过大,否则会影响其性能的发挥。

中空纤维的硬挺度、手感等受到纤维中空度的影响。在一定范围内,中空纤维的硬挺度随中空度增加而加大。但中空度过大时,纤维壁会变薄,纤维也变得容易被挤瘪或压扁,使硬挺度反而降低。

中空纤维具有更好的蓬松性和保暖性。对同规格纤维而言,中空度增加,中空部分面积增大,纤维蓬松度增大,纤维集合体的蓬松性也增加,有时蓬松度甚至可增加50%以上。

中空纤维(包括中空异形纤维)的耐磨次数和耐弯曲次数较实心纤维有明显提高,甚至提高2～3倍。可以想象中空纤维的这种性质与其中空化后纤维内部的应力减小有关。有人曾专门对中空和实心锦纶的耐磨性进行比较,发现无论实心异形纤维还是中空纤维,制成织物后其耐磨性都比圆形纤维有所提高。

中空纤维膜具有分离和过滤功能。

3 中空纤维的应用

中空纤维主要应用在两个方面:一是三维卷曲中空纤维保暖材料,用于被褥和服装;二是中空纤维膜,应用于工业过滤。

(1)保暖面料和絮填料。中空结构减轻了纤维的质量并使纤维内部富含静止空气,增加了纤维的保暖性。三维卷曲中空纤维,因其优异的弹性和蓬松性,始终保持纤维间更多的静止空气,其保暖性更佳。

(2)地毯。锦纶异形中空纤维具有良好的保暖性、隐污性、蓬松性和压缩弹性,用于地毯。如东洋纺开发的三角单孔纤维,因单纤维呈空间立体卷曲及三角形截面稳定的异形支撑结构,使纤维在重负荷下能保持原来的形状;可乐丽生产的三角三孔中空涤纶以及东丽和钟纺开发的方形四孔纤维都可作为地毯原料。

（3）人造毛皮。中空纤维能代替腈纶制造人造毛皮和毛绒玩具、毛绒装饰品,高线密度中空涤纶纤维则可作为人造毛皮的刚毛。

除了以上应用,微孔中空纤维由于具有芯吸效应,水分在中空部分很容易通过微孔向外散发,具有较好的吸湿性,应用于舒适性面料的生产;此外,中空纤维也应用于服装衬里和汽车内饰等。

2-3-3　中空
纤维测试题

（4）分离过滤材料。微孔中空纤维制成的膜具有选择透过性,可使气体、液体混合体中的某些组分从内腔向外或从外向内腔透过中空纤维壁,却将另一组分截留,其分离原理如图 2-3-2 所示。中空纤维膜现已广泛应用于气体分离、海水淡化、血液透析、人工肾脏和废水处理等领域。微孔中空纤维膜截面如图 2-3-3 所示。

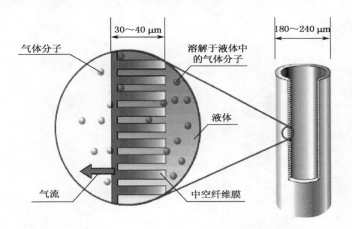

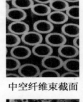

中空纤维束截面

中空纤维膜截面

图 2-3-2　中空纤维膜分离原理图

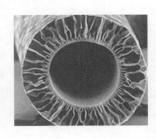

（a）单孔纤维膜

截面

（b）七孔纤维膜

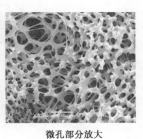

微孔部分放大

图 2-3-3　中空纤维膜的微孔截面

第四章 复合纤维

2-4-1 复合纤维导学十问

2-4-2 复合纤维 PPT 课件

　　复合纤维(Composite Fiber)是由两种及两种以上的聚合物或具有不同性质的同一聚合物,经复合纺丝法纺制成的化学纤维。复合纤维如为两种聚合物制成,即为双组分纤维(Bi-component Fiber)或共轭纤维(Conjugated Fiber)。复合纤维根据组分在纤维截面中的分布,大致可分为并列型、皮芯型、海岛型和裂片型等,如图 2-4-1 所示。

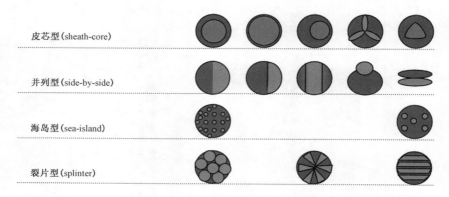

图 2-4-1　复合纤维类型及截面示意图

　　复合纤维技术的萌芽最早可追溯到 20 世纪 40 年代,由 Avisco 公司的 Sisson 等提出的黏胶纤维复合纺丝专利技术(US 2386173 等),但当时并未引起重视。1959 年,美国杜邦公司商业化生产了聚丙烯腈并列复合纤维"Orlon Sayelle"。1963 年,美国杜邦公司又成功研制了袜用并列复合纤维"Cantretece"。

　　1965 年,日本钟纺研制出并列型自卷曲复合纤维"尼龙 22"等;60 年代中期,日本化纤制造商在双组分复合纤维的基础上,开发了多层次复合纤维,在织物的后整理中发现纤维分裂和剥离,此时织物的柔软性、质感性、悬垂性、透气吸水性等发生明显的改善。

　　1970 年日本东丽公司推出海岛复合超细旦丝制造仿麂皮织物;1972 年钟纺公司开发了仿真丝织物,可乐丽公司和钟纺公司分别推出了第二代人造皮革和超高密度织物。

　　我国对复合纤维的研究始于 20 世纪 70 年代,并成功研制了 PAN 并列型复合纤维;80 年代成功研制 PET/PA 皮芯型复合纤维、PA 类并列型复合纤维等;1991 年成功研制 0.20～0.33 dtex 的超细纤维,可以用于仿桃皮织物、仿高级丝绸、人造麂皮织物等。

1　并列型复合纤维

并列型复合纤维是由两种聚合物在纤维截面沿径向并列分布而成。利用两个组分结构的不对称分布,纺得的纤维经拉伸和热处理后产生收缩差异,从而使纤维产生螺旋状卷曲。这一结构特征的开发最初是受天然羊毛卷曲的启发。羊毛纤维的截面结构与其他天然纤维不同,是由两个近似半圆形、彼此紧密黏合在一起的正皮质和偏(仲)皮质构成的。正、偏皮质在干燥状态下的收缩率不同,正皮质结构部分的收缩略大于偏皮质部分,由此形成羊毛纤维永久性的天然卷曲。

利用两种不同黏度或收缩率的高聚物复合纺丝,由于两种高聚物的收缩性能不同,经拉伸定形松弛后,就会出现高度蓬松性和卷曲。这类纤维的卷曲与羊毛纤维的卷曲一样,是三维、永久、自发的,如图 2-4-2 所示。这与化纤后加工中利用刀口、假捻、填塞箱等变形加工形成的卷曲不同。

（a）普通涤纶纤维二维卷曲　　　　（b）羊毛纤维螺旋卷曲　　　　（c）涤纶纤维螺旋(三维)卷曲

图 2-4-2　纤维的卷曲表态

PET/COPET 和 PET/PTT 并列型或偏皮芯型复合纤维是目前最常见的自发卷曲型纤维。PET/COPET 的 A 组分是对苯二甲酸乙二酯(PET)均聚物,B 组分为对苯二甲酸乙二酯和间苯二甲酸乙二酯的共聚物(COPET),A 与 B 以 40∶60～60∶40 的比例进行复合纺丝。共聚物与均聚物之间的界面力非常强,不会分裂。由于两种聚合物在收缩上的差异,当纤维经受拉伸和松弛热定形后就产生卷曲,从而使聚酯复合纤维具有高度的潜在卷曲性和可纺性。另外,还可以用常规聚酯与带支链的聚酯、常规聚酯与聚醚酯进行复合纺丝,制造自发卷曲型纤维。

2-4-3　复合纤维产品及结构视频

PET/PTT 并列型复合纤维的 A 组分是对苯二甲酸乙二酯(PET)的均聚物,B 组分为对苯二甲酸丙二酯高聚物(PTT),A 与 B 以 40∶60～60∶40 的比例进行复合纺丝。

自发卷曲型纤维具有异线密度、异截面形状、异弯曲刚度、异模量、异收缩率等多异特性,其形态结构如图 2-4-3 所示。自发卷曲型纤维的多异性改善了织物的蓬松性、柔软度、悬垂性、滑爽性、抗皱性、弹性、光泽、抗起毛起球性、吸汗透湿性、手感等,被广泛地应用于开发各类仿真面料。

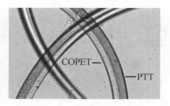

（a）椭圆形截面　　　　　　（b）圆形截面　　　　（c）PPT/COPET 纵面

图 2-4-3　并列型复合纤维的形态结构

2 皮芯型复合纤维

皮芯型复合纤维的皮层和芯层各为一种聚合物，也称芯鞘型复合纤维，它兼有两种聚合物的优点。如以聚酰胺为皮、聚酯为芯的复合纤维，兼具锦纶的染色性好、耐磨性强及涤纶的模量高、弹性好的优点。利用皮芯结构，还可以制造特殊用途的纤维，如以不燃的聚合物为芯、聚酯为皮制造的阻燃纤维，以微胶囊相变材料为芯、聚酯为皮制成的OUTLAST 纤维（空调纤维），以导电粒子为芯、非导电聚合物为皮的导电纤维，以聚丙烯为芯、高密度聚乙烯（热熔黏结组分）为皮的 ES 纤维等，如图 2-4-4 所示。皮芯纤维还可以用来制造香料纤维、抗静电纤维和光导纤维等。

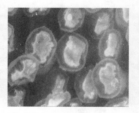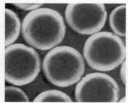

（a）涤/锦复合纤维　　（b）OUTLAST 纤维　　（c）导电纤维　　　（d）ES 纤维

图 2-4-4　皮芯型复合纤维的截面形态

3 海岛型复合纤维

海岛型复合纤维，又称微纤-分散型复合纤维，是将两种聚合物分别或混合熔融，使岛相的黏弹性液滴分散于海相的基体中，在纺丝过程中，经高倍拉伸和剪切形变，岛相成为细丝形状。所得复合纤维通过合理的拉伸和热处理，也可成为物理性能良好的高收缩纤维。将海岛纤维的海相溶解掉，剩下细度为 0.01～0.02 dtex 的一束超细纤维，如图2-4-5 所示。若把岛相抽掉，可制成空心纤维，又称藕形纤维。

海岛型复合纤维是 20 世纪 70 年代初由日本研究和开发的，经过几十年的发展，日趋成熟，并成为生产超细纤维的基本工艺。海岛纤维的岛组分一般采用聚酯（PET）或聚酰胺（PA），与其复合的海组分可以用聚乙烯（PE）、聚酰胺（PA6 或 PA66）、聚丙烯（PP）、聚

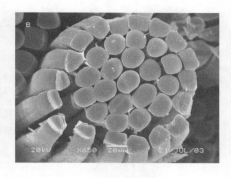

(a) 海相溶解前　　　　　　　　　　　　　　　(b) 海相溶解后

图 2-4-5　海岛型复合纤维的截面结构

乙烯醇(PVA)、聚苯乙烯(PS)，以及聚丙烯酸酯共聚物或改性聚酯等。岛的数目从 16、36、64 到 200 甚至 900 及以上。海与岛的比例从原来的 60∶40 变为 20∶80 甚至 10∶90。

海岛型复合纤维可用来制作人造麂皮、过滤材料、非织材料和各种针织品及机织品。

4　裂片型复合纤维

裂片型复合纤维是将相容性较差的两种聚合物分隔纺丝，所得纤维的两种组分可自动剥离，或用化学试剂、机械方法处理，使其分离成多瓣的细丝，单丝线密度为 0.03～1.11 dtex，丝质柔软，光泽柔和，可织制高级仿丝织物。常见的有橘瓣型、米字型、多层并列型和齿轮型等。图 2-4-6 所示为米字形复合纤维开纤前后的形态。

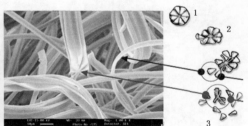

(a) 剥离前截面　　　　　(b) 剥离后截面　　　　　(c) 剥离后纵面

图 2-4-6　米字形复合纤维开纤前后的形态

2-4-4　复合
纤维测试题

第五章 超细纤维

2-5-1 超细纤维导学十问

2-5-2 超细纤维PPT课件

超细纤维(Microfiber)的概念源于日本。纤维的细旦化则始于对蚕丝的模仿。20世纪70年代,日本合纤工业进入了模仿天然纤维的改性时期,一方面着眼于合成纤维的天然化,同时致力于发现各种化纤所具有的特种功能,并开发出具有高性能和高附加值的超细纤维。

目前国际上并没有公认的超细纤维定义。美国PET委员会将单纤维线密度为0.3~1.0 dtex的纤维定义为超细纤维,日本将单纤维线密度为0.55 dtex以下的纤维定义为超细纤维,一般认定单纤维线密度为0.1~1.0 dtex的纤维属于超细纤维,而单纤维线密度小于0.1 dtex的纤维为超极细纤维。涤纶等超细纤维的直径通常为10 μm及以下,细度不到蚕丝的一半,是人类毛发的几十至几百分之一。而天然矿物纤维中的石棉纤维的截面宽度只有1 μm,是天然的超细纤维,如图2-5-1所示。

(a) 石棉超细纤维

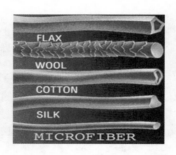
(b) 天然纤维与超细纤维粗细

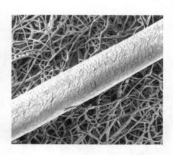
(c) 毛发与超细纤维粗细

图 2-5-1 超细纤维的细度比较

1 超细纤维的类型及生产

超细纤维从纤维细度出发,对纤维的称谓有粗旦纤维、细旦纤维、微细旦纤维、超细纤维和超极细纤维。通常采用的生产方法有复合纺丝剥离法、溶解法、常规熔融法、超拉伸法、闪蒸法和熔喷法。生产方法与纤维线密度紧密相关,如表2-5-1所示。

表 2-5-1 超细纤维生产方法及线密度

纤维品种	粗旦纤维	细旦纤维	微细纤维	微细纤维	超细纤维	超极细纤维	超极细纤维
生产方法	常规纺丝法	常规纺丝法	常规纤维碱减量处理	直接纺丝法	复合纺丝机械剥离法	海岛复合纤维纺丝法	海岛共混纺丝法
线密度/dtex	3~5	1~2	1.0	0.3	0.15	0.05	0.000 5

（1）常规纤维碱减量法。常规纤维碱减量是基于聚酯类纤维在碱性条件下发生水解而溶除，即聚酯纤维用稀碱液处理，纤维表面被刻蚀而细化，如图2-5-2所示。纤维表面形成许多沟槽，光线照射后产生漫反射，提高纤维染色后的显色性和仿真丝效果。

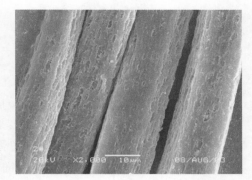

图 2-5-2　碱减量处理后的涤纶纤维

（2）直接纺丝法。直接纺丝法是相对于复合纺丝法和共混纺丝法而言的，即在纺丝过程中使用单一原料，直接利用熔体纺丝或溶液纺丝制造超细纤维的生产技术。它无需复合纤维或共混纤维所必须的剥离过程。

采用直接纺丝法生产超细纤维，需要降低单孔的熔体吐出量和增加喷丝板孔数。例如，纺制单纤维线密度为 0.11 dtex、总线密度为 55 dtex 的复丝，喷丝板的孔数需增加到500 孔，对熔体纺丝过程中的冷却技术提出了更高的要求。同时，单孔的熔体吐出量也受到限制，若低于一定值，熔体则无法形成连续丝条。

直接纺丝法主要用于 PET、PP、PA6 和 PA66 超细纤维的生产。

（3）复合纺丝法。复合纺丝法将不同组分的高聚物从同一喷丝孔喷出形成并列型、皮芯型、海岛型等复合纤维，经机械、化学或溶解剥离法形成超细纤维。采用复合纺丝技术生产超细纤维的发展演变过程如图2-5-3所示。

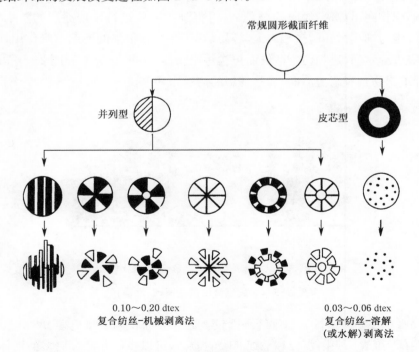

图 2-5-3　复合纺丝法生产超细纤维的发展过程

2　超细纤维的性能

超细纤维因单纤维直径小、比表面积大、质轻柔软、强度和吸湿性好,纤维及其产品都显示出许多独特的性能。

(1) 手感柔韧而细腻。纤维的细度是一个重要的品质指标,它和纤维的强度、粗细均匀度、外观、手感、风格等都有密切的关系。而纤维的弯曲刚度与纤维线密度的平方成正比,因而纤维的线密度越小,即纤维越细,手感越柔软。由理论分析可知,纤维的抗弯刚度与纤维直径的 4 次方成正比。当纤维的细度变细时,则纤维的抗弯刚度迅速减小。若将纤维的直径缩小到原来的 1/10,则变细后的纤维的抗弯刚度只有原来的十万分之一。与普通化纤相比,超细纤维的取向度和结晶度较高,纤维的相对强度大。同时,纤维的弯曲强度和重复弯曲强度得到提高,使超细纤维具有较高的柔韧性。对涤纶而言,当单丝线密度在 0.83 dtex 以下时,纤维的刚度和抗扭刚度将发生显著的变化。因此超细纤维织物经磨砂后,被磨断的纤维耸立在织物表面,具有细腻、柔软的茸毛感,可形成明显的桃皮绒效果。

(2) 光泽柔和而高雅。由于超细纤维很细,增大了纤维比表面积和毛细效应,对光线的反射比较分散,使纤维内部的反射光在表面的分布更细腻,因而光泽比较柔和,使之具有真丝般的高雅光泽。

(3) 织物高密度结构和高清洁能力。超细纤维易形成高密度结构的织物,其经纬密度可比普通织物高出数倍,经收缩整理后,可得到不需要进行任何涂层的防水织物。众多的超细纤维与细小污物的接触面大,容易贴紧,并且有很强的毛细芯吸作用,较易将附着的污物吸进纤维间,避免污物散失而再次污染物体,如图 2-5-4 和图 2-5-5 所示。因此,超细纤维织物具有高清洁能力,是理想的洁净布和擦拭布的首选。

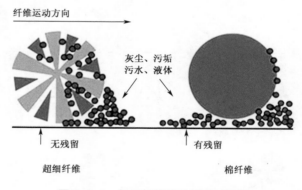

图 2-5-4　超细纤维清洁原理(截面)

(4) 高吸水性和防水性。超细纤维因较大的比表面积和数量更多、尺寸更小的毛细孔洞,提高了纤维表面吸附水分和毛细芯吸的能力,可以吸收和储存更多的液体(水或油污),而且吸附的大量水分只是保存在空隙中,使其能很快被干燥。超细纤维织物因可实现高密结构而具有防水性,原理如图 2-5-6 所示。

（a）超细纤维　　　　　　　　（b）圆形截面及棉等纤维

图 2-5-5　超细纤维清洁原理（纵面）

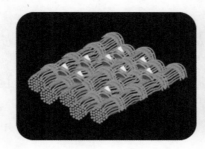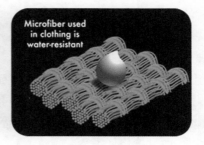

图 2-5-6　超细纤维的高吸水和防水原理

　　超细纤维在加工过程中，因单纤维强力降低，摩擦因数增大，容易出现毛丝、短丝；由于纤维抗弯刚度有所下降，形成的织物的硬挺度、卷曲性和蓬松性有所下降；超细纤维的比表面积增大后，加工时所需的上油量、上浆量和着色量相应增加，不仅使机物料消耗有所增加，而且造成退油、退浆困难，以及染色不易均匀的缺点。

3 超细纤维的应用

　　（1）仿真丝织物。超细纤维的仿真丝及仿其他天然纤维（毛、棉、麻）的水平越来越高，仿真效果越来越逼真，甚至达到以假乱真的程度。

　　（2）仿桃皮绒织物。这是一种品质优良、风格独特的服装面料。采用超细纤维织成的仿桃皮绒织物，表面有极短而手感很好的茸毛，犹如桃子表面的细短绒毛，手感柔软、细腻而温暖。用这种面料织造的高档时装、夹克、T 恤衫、内衣、裙裤等凉爽舒适，吸汗不贴身，富有青春美。

　　（3）高吸水性材料。主要用于高吸水毛巾、纸巾、笔芯、卫生巾、尿不湿等。据报道，日本小材制药公司研制的高吸水毛巾，其吸水速度比普通毛巾快 5 倍以上，而且吸水既快又多，如图 2-5-7 所示，使用时触感非常柔软、舒适。

　　（4）高密度防水透汽织物。由超细纤维织造的高密度织物（图 2-5-8），既有防水作用，又有透汽、透湿和轻便、易折叠携带的性能。用超细纤维制作的滑雪、滑冰、游泳等运动服可减少阻力，有利于运动员创造良好成绩。

2-5-3　超细纤维产品及结构视频

图 2-5-7　超细纤维织物的吸水性

图 2-5-8　超细纤维高密织物

（5）洁净布和无尘衣料。超细纤维可以吸附自身质量 7 倍的灰尘、颗粒、液体。用超细纤维制成的洁净布具有很强的清洁性能，除污既快又彻底，而且不掉毛，洗涤后可重复使用，在精密机械、光学仪器、微电子、无尘室及家庭等方面都得到了广泛的应用，也是无尘衣料的理想选择，如图 2-5-9。

（6）仿麂皮及人造皮革。采用超细纤维制成的针织布、机织布，经磨毛或拉毛加工后浸渍在聚氨酯溶液中，并经染色与整理，即可制得仿麂皮和人造革（图 2-5-10），具有强度高、质量轻、色泽鲜艳、防霉防蛀、柔韧性好等特点，以其轻、薄、软、牢、晴雨兼用等优点而著称于服装业，而且价格低廉。

图 2-5-9　超细纤维洁净布

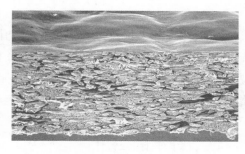

图 2-5-10　人造皮革中的超细纤维

（7）其他方面的应用。超细纤维在保温材料、过滤材料、离子交换、人造血管、人造皮肤等医用材料、生物工程等领域得到了广泛应用。在非织造布生产中，超细纤维除了已成功地应用于高级合成革基布和人造麂皮的织造外，还可用于熔喷法非织造布、水刺法非织造布、针刺法非织造布等产品。图 2-5-11 为开纤后的裂片型超细纤维在针刺非织造布中的截面形态。

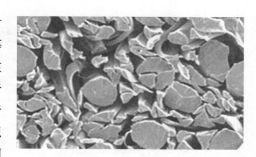

图 2-5-11　水刺非织造布中的超细纤维

【差别化纤维产业链网站】

1. http://www.iouter.com 中国户外运动网
2. http://www.ycfc.com 仪征化纤

2-5-4　超细纤维测试题

3. http：//www.hlcf.com 江苏恒力化学纤维有限公司

4. http：//www.huvis.com 韩国汇维仕

5. http：//www.asahi-kasei.cn 旭化成株式会社

6. http：//www.toyobo.cn 东洋纺

7. http：//www.microfiber.com 超细纤维网

8. http：//www.zsdfl.com 上海德福伦化纤有限公司

9. http：//www2.dupont.com

10. http：//www.luolaihx.com 南通罗莱化纤有限公司(中空纤维)

第三篇

高技术纤维

第一章   耐强腐蚀纤维

具备耐强腐蚀性的纤维以含氟类纤维为主,还有某些芳杂环类纤维及无机纤维。代表品种是聚四氟乙烯(PTFE)纤维,英文名为 Polytetrafluoroethylene Fiber。它的耐腐蚀性是化纤之王,在王水中也不溶解和腐蚀,只有少数含氟溶剂和碱金属才有侵蚀作用。

PTFE 纤维不仅具有耐强化学腐蚀性,也是耐高温及阻燃纤维。PTFE 纤维是阻燃纤维中发展最早的品种之一,它的极限氧指数约 95%。PTFE 纤维具有极优异的耐高低温性能,长时间工作的温度范围很宽,在 $-250 \sim 261$ ℃。PTFE 纤维的熔点为 $273 \sim 345$ ℃,分解温度为 415 ℃。

3-1-1 PTFE 纤维导学十问

3-1-2 PTFE 纤维 PPT 课件

第一节   PTFE 纤维的研发历程和生产方法

1 研发历程

PTFE 纤维的工业化生产由美国杜邦公司在 1954 年实现,商品名为特氟纶(Telfon®),我国称为氟纶。奥地利兰精公司于 20 世纪 70 年代成功开发出 PTFE 膜裂纤维,纤维强度与乳液纺 PTFE 纤维接近。目前,Core(戈尔)和 Lennzing(兰精)两家公司的产品最有代表性。

我国在 PTFE 纤维的制备和开发方面的工作起步较晚,但发展较快。2011 年,我国成功地通过膜裂纺丝法制备出高性能 PTFE 纤维,而且可以达到千吨级的量产。如今,我国生产的 PTFE 纤维的产量现已占全球总量的 50% 以上,且纤维的部分性能超过同类国际产品。

2 生产方法

制备 PTFE 纤维的方法主要有四种,最常用的是载体纺丝法。

2.1 载体纺丝法

将 PTFE 乳液与成纤性聚合物如黏胶或聚乙烯醇混合,湿法纺丝后进行热水浴拉伸,干燥后在紧张状态下在 PTFE 熔点(约 325 ℃)附近烧结,使 PTFE 微粒粘连成纤并将成纤聚合物烧成炭,因此得到的纤维呈褐色(图 3-1-1)。若想制得高纯的白色 PTFE 纤维,须经热硝酸等处理,将炭去除。

图 3-1-1　褐色 PTFE 纤维　　　　　图 3-1-2　膜裂法白色 PTFE 纤维

2.2　薄膜切割法

此法于 20 世纪 70 年代由北京合成纤维实验厂研制成功,将 PTFE 薄膜通过排得很密的刀片切割成束条状物,再经热拉伸得到白色纤维(图 3-1-2),伸长率较大,极适宜用作密封填料等,成本低,是目前我国的主流工艺。

PTFE 薄膜是由模压烧结成圆柱形坯料,经机床切削成膜,再经压延而形成的。根据处理方法的不同,可分为定向膜、半定向膜和不定向膜三种;按用途的不同,PTFE 薄膜产品有多孔膜、微滤膜、彩色膜等(图 3-1-3)。

图 3-1-3　PTFE 薄膜

奥地利兰精公司发明并投产的方法是以 PTFE 烧结圆柱体作为原料,其在旋转状态下,先由排得很密的刀片切入一定深度,接着由切削刀切成一定厚度的薄片,形成平行排列的方形截面丝束,再经高温热拉伸得到白色 PTFE 纤维,纤维强度可达到载体纺 PTFE 纤维的水平,生产效率高。

2.3　糊状纺丝法

此法将 PTFE 粉体与挥发性液体混合调成糊状,利用类似干法纺丝工艺成纤,挥发性液体在高温套筒中挥发后,再通过热拉伸形成强度较高的 PTFE 复丝。

2.4　熔体纺丝法

此法利用四氟乙烯与全氟丙基醚的共聚物形成纺丝熔体,再经柱塞挤压形成 PTFE 纤维。

第二节　PTFE 纤维的结构与性能

1　纤维结构

PTFE 为结构完全对称的非极性线性高分子物,无支链,其分子链结构模型和组成如图 3-1-4 所示,其主链上的碳原子被氟原子紧密包围,侧向全部为稳定的 C—F 键,键能很高,不易被破坏。PTFE 分子的偶极矩极小,表面自由能和吸引力很低。大分子链呈螺旋形结构,而 C、H 分子链呈锯齿形结构。

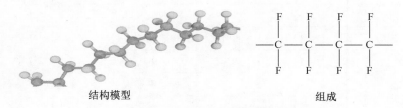

结构模型　　　　　　　　　　　　　组成

图 3-1-4　PTFE 分子链结构模型和组成

2　纤维性能

由于具有内在的稳定性及链结构的不活泼性等因素,PTFE 纤维对于高温和化学作用的综合影响具有极强的适应能力。

2.1　热学性能

−250～260 ℃下,短时间使用温度可达 300 ℃,且使用时允许温度波动或突变,低温时不变脆。同时,PTFE 纤维的抗老化能力极佳,对紫外线照射稳定,在室外暴露 15 年后,纤维的力学性能未发生显著变化。

2.2　摩擦性能

PTFE 大分子结构规整,无极性基团,因此分子间的作用力非常小,分子链易产生运动,使纤维摩擦因数较小,例如 PTFE 纤维与钢材之间的摩擦因数为 0.04,纤维之间的摩擦因数为 0.01,接近冰块。这一特性使 PTFE 纤维成为不黏材料。

2.3　化学性能

PTFE 纤维能抗强酸、强碱及强氧化性物质，化学性质十分稳定，仅芳烃和卤化胺会使其轻微溶胀，其他有机溶剂对其无作用。PTFE 纤维在 DMF 等有机溶剂及浓硫酸、王水等无机试剂中的溶解性能如表 3-1-1 所示，没有一种化学试剂可溶解 PTFE 纤维。另外，由于表面能较低，PTFE 纤维的疏水性也相当出色，与水的接触角约为 120°。

表 3-1-1　PTFE 纤维的溶解性能

试剂名称	条件				试剂名称	条件			
	室温		加热至沸腾			室温		加热至沸腾	
	作用时间/min					作用时间/min			
	30	60	3	15		30	60	3	15
95％～98％硫酸	I	I	I	I	二甲苯	I	I	I	I
36％～38％盐酸	I	I	I	I	DMF	I	I	I	I
1 mol/L 次氯酸钠	I	I	I	I	丙酮	I	I	I	I
30％氢氧化钠	I	I	I	I	四氢呋喃	I	I	—	=
65％～65％硝酸	I	I	I	I	苯酚四氯乙烷	I	I	I	I
88％甲酸	I	I	I	I	吡啶	I	I	I	I
99％冰乙酸	I	I	I	I	二甲亚砜	I	I	I	I
氢氰酸	I	I	—	=	二氯甲烷	I	I	I	I
65％硫氰酸钾	I	I	I	I	二氧六环	I	I	I	I
四氯化碳	I	I	I	I	乙酸乙酯	I	I	I	I
铜氨溶液	I	I	I	I	苯酚	I	I	I	I
萘钠溶液	●	●	—	=	环己酮	I	I	I	I
王水	I	I	I	I	1,4-丁内酯	I	I	I	I

注：I——不溶解；●——炭化变黑。

2.4　燃烧特性

PTFE 纤维接近火焰时表现出合成纤维的融缩特征，在火焰中收缩燃烧，离开火焰不燃烧，燃烧残留物呈白色胶状及少量黑色粉末，燃烧气味为石蜡味。

3　PTFE 纤维的品种与应用

PTFE 纤维品种有单丝、复丝、短纤维及膜裂纤维，生产的原色纤维有棕色和白色两种。棕色 PTFE 纤维是用 PTFE 分散乳液经载体纺丝法而成的，纤维截面为圆形，纵面光滑；白色 PTFE 纤维是以 PTFE 树脂通过膜裂法制得的，纤维截面为异形。

图 3-1-5 展示了 PTFE 纤维的一些应用。

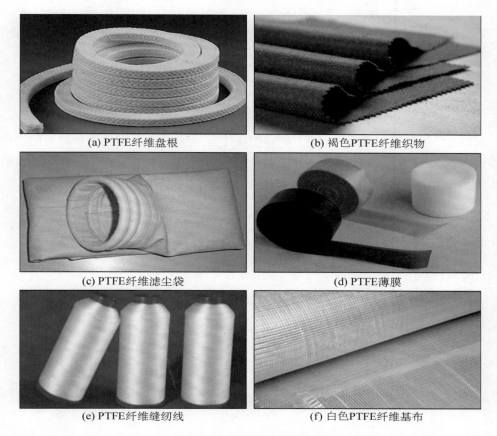

(a) PTFE纤维盘根　　　(b) 褐色PTFE纤维织物

(c) PTFE纤维滤尘袋　　　(d) PTFE薄膜

(e) PTFE纤维缝纫线　　　(f) 白色PTFE纤维基布

图 3-1-5　PTFE 纤维的应用

（1）过滤材料上的应用。PTFE 纤维主要用作垃圾焚烧炉和煤锅炉使用的空气净化滤材，这是目前 PTFE 纤维最大的应用领域。

（2）医疗卫生上的应用。PTFE 纤维是纯惰性的，本身没有任何毒性，而且具有非常强的生物适应性，不会引起机体的排斥反应，对人体无生理副作用。多微孔结构的膨体 PTFE 纤维材料，可用于软组织再生的人造血管和补片，以及血管、心脏、普通外科和整形外科的手术缝合线。PTFE 纤维具有不致敏、非排异及表面光滑等特性，宜用作牙线，牙根不易发炎

（3）航天航空上的应用。PTFE 纤维因韧性好、强度高、摩擦因数低等优点，是用作飞机等大型机械设备关节轴承润滑层的理想材料。

【聚四氟乙烯纤维产业链网站】

1. http://www.wxxj.com 祥健四氟

2. http://www.e-thread.cn 南京英斯瑞德高分子材料有限公司

3. http://www.sdsenrong.com 山东森荣新材料

4. http://www.eptfe.com.cn/ 上海金由氟材料

第二章　耐高温纤维

耐高温纤维是指在不低于 180 ℃ 的温度条件下,能维持常温条件下所具备的物理力学性能,例如在高温下尺寸稳定、强度损失小、手感不变化及热分解温度高且可长期使用的纤维。几种主要的耐高温纤维的耐热性能如图 3-2-1 所示。

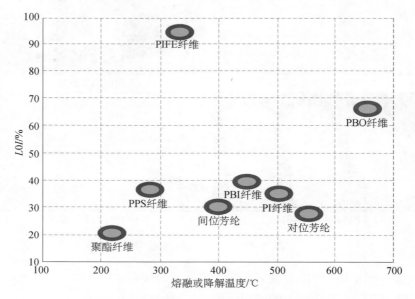

图 3-2-1　几种主要的耐高温纤维的耐热性能

耐高温纤维自 20 世纪 60 年代开始工业化生产,产品品种在不断研发,应用领域不断增加,其发展历程如图 3-2-2 所示。间位芳香族聚酰胺纤维(Nomex)的成功开发开创了耐高温纤维的新纪元;90 年代开始生产的聚对苯撑苯并双咪唑纤维(Zylon),是目前耐热性能最好的芳香族纤维。耐高温纤维按其化学组成分为无机和有机两大类,有近 20

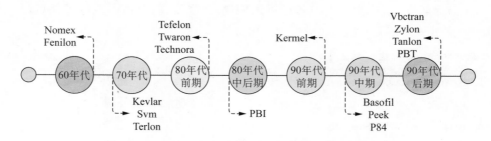

图 3-2-2　耐高温纤维的发展历程

个品种,如图 3-2-3 所示。

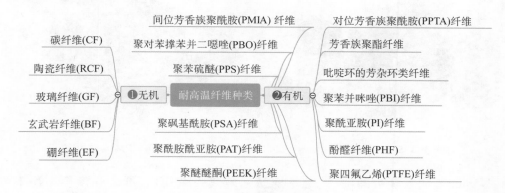

图 3-2-3 耐高温纤维种类

图 3-2-3 中所列的耐高温纤维中,绝大多数不仅耐高温,还具有阻燃及其他优异特性,例如 CF、PPTA 纤维也是阻燃和高强高模纤维,PTFE 纤维阻燃且具有耐强腐蚀性,PMIA、PSA、PI 和 PBI 等纤维均具有阻燃性。本章介绍几种典型的耐高温纤维,兼具其他特性的耐高温纤维在其他章节中介绍。

第一节 间位芳族聚酰胺(PMIA)纤维

PMIA 纤维在我国称为芳纶 1313 或间位芳纶(图 3-2-4),最早是杜邦公司生产的一种间位芳族聚酰胺纤维,其商品名为 Nomex。PMIA 纤维是以间苯二胺(MPD)和间苯二甲酸氯(ICI)为单体,以界面缩聚法或低温溶液缩聚,再经干法纺丝制得的。

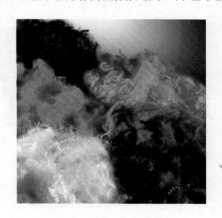

图 3-2-4 PMIA 纤维

Nomex 的玻璃化温度为 270 ℃左右,热分解温度高达 430 ℃。在 200 ℃条件下的工作时间长达 20 000 h,强度保持率为 90%。在 260 ℃热空气中连续工作 1 000 h,强度保持率在 70%左右。纤维燃烧时不熔融,LOI 大于 28%(图 3-2-5、图 3-2-6)。

图 3-2-5　PMIA 纱线

图 3-2-6　PMIA 防火布

Nomex 能耐大多数的酸,但是长期受强酸或强碱作用,纤维强度会有所下降。Nomex 在高温水蒸气下能缓慢脆化,且分解时会放出少量可燃性一氧化碳气体。

第二节　聚酰亚胺(PI)纤维

20 世纪 60 年代,美国杜邦公司在聚酰亚胺纤维研制方面取得了一定成果,但并未实现产业化;法国 Phone-Poulenc 公司成功开发了一种 m-芳香聚酰胺类型的聚酰亚胺纤维,后由法国 Kermel 公司实现产业化,商品名为 Kermel。20 世纪 70 年代左右,苏联实现了聚酰亚胺纤维的生产,但仅应用于本国军工和航空航天领域。20 世纪 80 年代中期,奥地利兰精公司成功开发出耐热型聚酰亚胺纤维,商品名为 P84,主要用于高温滤材领域。

我国在 20 世纪六七十年代,由当时的上海合成纤维研究所率先开展了聚酰亚胺纤维的研究工作,但该项工作并没有持续下去。20 世纪末,恢复了聚酰亚胺纤维的研究工作。2011 年,长春高琦聚酰亚胺纤维有限公司与中科院长春应化所合作,采用聚酰胺酸溶液作为纺丝液,成功建成湿法纺丝生产线。2013 年,东华大学与江苏奥神集团合作,在对干法成形聚酰亚胺纤维进行工程化研究的基础上,成功建成具有自主知识产权的干法纺丝生产线。

图 3-2-7　PI 纤维防寒服

1 耐热性

聚酰亚胺被认为是已经工业化的聚合物中耐热性最好的品种之一,自身具有较高的阻燃性能,且发烟率低,属于自熄性材料,可满足大部分领域的阻燃要求。由于结构多样,不同种类的聚酰亚胺纤维产品的阻燃特性有明显差别,如杜邦公司的 Kapton 薄膜的

LOI 为 37％，UBE 公司的 Upilex 的 *LOI* 为 66％，P84 纤维的 *LOI* 为 38％，一些特殊结构的聚酰亚胺纤维的 *LOI* 甚至高达 52％。这是由于聚酰亚胺主链上含有刚性链。聚酰亚胺纤维的玻璃化温度可达 400 ℃，分解温度约 500 ℃，具有较好的耐热性、耐氧化性及阻燃性，常用于制作高温防护服、手套、绝热地毯、耐高温材料等。表 3-2-1 列出了几种高温阻燃纤维的工作温度。

表 3-2-1　几种高温阻燃纤维的工作温度

纤维名称	PAN 纤维	PPS 纤维	PEEK 纤维	PSA 纤维	MF 纤维	P84 纤维	PTFE 纤维
工作温度/ ℃	140	190	200	250	260	260	260

2 化学性能

聚酰亚胺纤维具有优良的耐酸性能，不会被绝大部分脂肪族碳氢化合物侵蚀，但聚酰亚胺纤维不耐碱，在碱性条件下易水解。

3 应用

PI 纤维的主要应用如图 3-2-8 所示。一是高温过滤领域，用作水泥生产等领域尾气处理袋式除尘器的滤料；二是特种防护领域，制造高温、强辐射等恶劣条件下的防护用

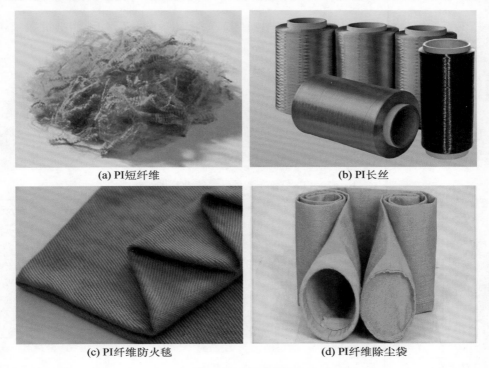

(a) PI短纤维　　　　　　　　　　(b) PI长丝

(c) PI纤维防火毯　　　　　　　　(d) PI纤维除尘袋

图 3-2-8　PI 纤维的主要应用

品，如防火阻燃服、隔热毡、飞行服、高压屏蔽服、耐高温特种编织缆绳等；三是纺织服装领域，制成户外防寒服、保暖絮片、抓绒衣等。

第三节　聚苯硫醚(PPS)纤维

聚苯硫醚(PPS)纤维在国外已有较长的发展历史。Phillips 公司于 1979 年研制出纤维级 PPS 树脂，1983 年实现 PPS 短纤维工业化生产，商品名为 Ryton。1998 年，日本东丽公司开始生产 PPS 纤维，商品名为 Toreo。奥地利 Inspec Fibers 公司和日本东洋纺公司于 2003 年分别开发出 P84 纤维及 PPS 纤维(Procon)。

PPS 纤维产品主要有短纤、长丝、中空纤维、复合纤维及非织布和毡制品。

1 耐热性能

PPS 纤维的熔点为 285 ℃，在高温下仍具有优良的强度、刚性及耐疲劳性能，可在 200～240 ℃下连续使用；在 204 ℃高温空气中，2 000 h 后的强度保持率为 90％；在 260 ℃高温空气中，1 000 h 后的强度保持率为 60％。

2 化学性能

PPS 纤维的耐化学腐蚀性与号称"塑料之王"的聚四氟乙烯相近，能抵抗酸、碱、氯烃、烃、酮、醇、酯等化学品的侵蚀，在 200 ℃下不溶于任何溶剂。

3 阻燃性能

PPS 纤维的 LOI 达 34％～35％，在火焰上能燃烧，但不会滴落，且离开火焰即自熄，发烟率低于卤化聚合物。PPS 纤维与其他纤维的 LOI 和耐热性列于表 3-2-2 中。

表 3-2-2　PPS 纤维与其他纤维的 LOI 和耐热性

纤维名称	LOI/％	常用最高温度/℃	热分解温度/℃	纤维名称	LOI/％	常用最高温度/℃	热分解温度/℃
PMIA 纤维	30	230	400	PBO 纤维	68	350	650
PPTA 纤维	28	250	550	Teflon 纤维	95	250	327
Kermel 纤维	32	200	380	棉纤维	18	95	150
PBI 纤维	41	232	450	毛纤维	24	90	150
PPS 纤维	34	190	450	涤纶	21	130	260
P84 纤维	40	260	550	锦纶	21	130	220～255
Basofil 纤维	32	200	—	腈纶	18	140	200～250

图 3-2-9　PPS 纤维

图 3-2-10　PPS 高温滤袋

PPS 滤料可以作为工业上烧煤锅炉袋滤室的过滤织物。由 PPS 纤维制得的织物能长期暴露于酸性环境中,并且是可在高温环境中使用和耐磨损的少数几种纺织材料之一。PPS 纤维较高的熔点及其在苛刻环境中的稳定性为其提供了其他方面的潜在应用,如造纸毛毡、化工过滤等。PPS 纤维可制成电绝缘材料,用作 F 级、H 级电缆和电器绝缘材料。PPS 纤维还可作为阻燃材料,用作消防服、交通运输工具的内装饰材料等。

第四节　聚对苯撑苯并双二噁唑(PBO)纤维

PBO 纤维最初是由美国空军材料实验室于 20 世纪 70 年代作为一种耐高温材料进行开发的。但是,由于受到合成工艺的限制,不能合成大相对分子质量的 PBO 聚合物,其优越的性能也难以体现出来。直到 20 世纪 80 年代中期,DOW 化学公司开发出一种单体合成、聚合及纺丝技术,1991 年又与 Toyobo 公司联合研究开发 PBO 纤维。1995 年,Toyobo 公司在 DOW 化学公司的专利许可下开始 PBO 纤维的试生产,1998 年开始商业化生产,同年两家公司联合推出 PBO 纤维,注册商标为 Zylon®。Zylon® 目前有两种类型,一种为普通(AS)丝,其经 600 ℃ 以上的高温热处理,得到第二种即高模(HM)型纤维。两者在模量、吸湿等方面是不相同的。PBO 纤维有高强型和高模型两大类。图 3-2-11 所示为高强型 PBO 纤维,呈浅黄色。图 3-2-12 所示为高模型 PBO 纤维,呈深黄色。

图 3-2-11　高强型 PBO 长丝纱

图 3-2-12　高模型 PBO 短纤维和长丝纱

Toyobo 公司是全球最大的商业化生产 PBO 纤维的企业。近年来,我国不断加大 PBO 纤维的产业化研究,成为全球第二个能大批量生产 PBO 纤维的国家。

PBO 纤维具有超高强度、超高模量及耐高温和高环境稳定性的特点,是当前公认的综合性能最佳的高分子纤维,被称为"纤维之王"。

1 物理性能

PBO 纤维的强度可达 5.8 GPa,模量达 180 GPa,是现有化学纤维中最高的,在 Kevlar 纤维的 1.8 倍以上。PBO 纤维的密度为 1.54～1.56 g/cm³,比碳纤维轻。

2 化学性能

PBO 纤维的化学性能优良,只溶于浓硫酸、多聚磷酸等少数酸性溶液。

3 耐热性能

PBO 纤维的热分解温度高达 650 ℃,耐热性比对位芳纶高 100 ℃,LOI 达 68%,在火焰中不燃烧、不收缩。

4 应用

4.1 航天航空

航天器舱体保护、飞机引擎保护罩及舱门保护层(图 3-2-13)。

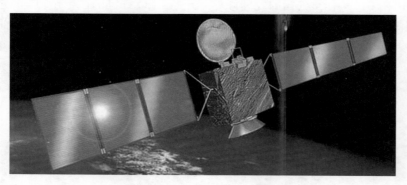

图 3-2-13　PBO 纤维在航天器中的应用

4.2 军事

雷达隐身材料、防弹服、防弹头盔等。

4.3 民用

隧道及桥梁混凝土增强、消防及高温炼炉用防护服、高温过滤设备、竞技体育器具、高强绳索等(图3-2-14)。

(a) 防火服 (b) 安全手套 (c) 防热护服

(d) 水泥加固材料 (e) 游艇缆绳 (f) 音响材料

图3-2-14 PBO纤维在民用方面的应用

第五节 芳砜纶(PSA)纤维

芳砜纶纤维是我国具有自主知识产权并已实现产业化生产的耐高温纤维。1973年,上海纺织科学研究院创造性地将砜基结构引入间位聚芳酰胺大分子链中,并于80年代在当时的上海第八化纤厂试制。2006年,上海特安纶有限公司全面启动芳砜纶产业化项目,可生产如图3-2-15所示的多彩PSA纤维。

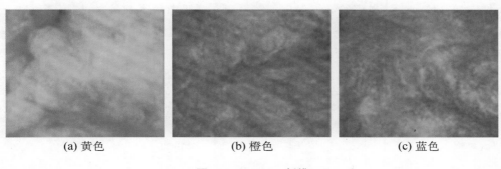

(a) 黄色 (b) 橙色 (c) 蓝色

图3-2-15 PSA纤维

1　耐高温性

芳砜纶纤维在 250 ℃和 300 ℃时的强度保持率分别为 70％、50％,在 250 ℃和 300 ℃热空气中处理 100 h 后,强度保持率分别为 90％和 80％,可在 250 ℃的温度下长期使用。

2　阻燃特性

芳砜纶纤维属难燃纤维,LOI 高达 33％,阻燃性极佳。在火焰中会燃烧,但不熔融、不收缩或很少收缩,无熔滴现象,离开火焰立即自熄,极少有阴燃或余燃现象,起始炭化温度为 420 ℃,炭化时产生的有毒气体较少。

3　化学性能

芳砜纶纤维具有较强的抗酸性和较好的稳定性。纤维在 80 ℃、30％的硫酸、盐酸、硝酸中处理后,除硝酸使纤维强力稍有下降外,其余均无明显影响。在 80 ℃、20％的 NaOH 溶液中处理后,其纤维强力损失 60％以上。在抗有机溶剂方面,除了 DMAc、DMF、DMSO、六磷胺、N-甲基砒咯烷酮等几种强极性溶剂以外,在常温下对各种化学物品均能保持良好的稳定性。

4　物理力学性能

芳砜纶纤维的密度为 1.42 g/cm³,由其制成的热防护服轻便舒适。芳砜纶纤维具有良好的防水透湿性,其回潮率为 6.3％,具有一定的热湿传递能力,便于人体热量散失和汗液蒸发。

芳砜纶纤维的物理力学性能与间位芳纶纤维相近,热尺寸稳定性优于间位芳纶纤维,如表 3-2-3 所示。芳砜纶纤维大分子链上存在强吸电子砜基基团,较聚芳酰胺纤维具有更好的耐热性、热稳定性和抗热氧化性能。芳砜纶纤维面料尺寸稳定,不会强烈收缩或破裂,具有耐磨损、抗撕裂的特性。

表 3-2-3　PSA 与 PMIA 纤维的物理力学性能

纤维名称	密度/(g·cm⁻³)	回潮率/%	拉伸强度/(cN·dtex⁻¹)	断裂伸长率/%	沸水收缩率/%	热空气收缩率/%
PSA 纤维	1.42	6.3	3.1~4.4	20~25	0.5~1.0	2.0
PMIA 纤维	1.38	6.5	8.5~9.3	25~28	3.0	5.6~6.0

芳砜纶新型防护制品不仅可作为特种军服,而且是先进防护制品、高温烟气过滤制

品、高档机电产品、军工产品的重要基础原料,可广泛应用于防护制品、电绝缘材料、蜂窝结构材料、摩擦密封材料、转移印花毛毯等方面。

第六节　聚苯并咪唑(PBI)纤维

PBI 的商业名称来自聚苯并咪唑的英文名称 Polybenzimidazole。PBI 纤维如图 3-2-16 所示。PBI 纤维是 1968 年由美国 Celanese(塞拉尼斯)公司利用 Marvel 教授发明的专利技术,实现中试和产业化的,最初用于美国 NASA 开发的降落伞制动装置和阻燃宇航防护服。

图 3-2-16　PBI 纤维

1 物理力学性能

PBI 纤维的物理力学性能如表 3-2-4 所示。这些性能使得其织物经久耐用、尺寸稳定。PBI 纤维的回潮率高达 15%,因此含 PBI 纤维的服装具有优异的穿着舒适性。

表 3-2-4　PBI 纤维的物理力学性能

线密度/dtex	强度/(cN·dtex⁻¹)	断裂伸长率/%	初始模量/(cN·dtex⁻¹)	密度/(g·cm⁻³)	热空气收缩率/%	
					400 ℃热空气	400~500 ℃(热机械分析法)
1.67	2.7	30	40	1.43	<1	4

2 热稳定性

PBI 纤维的 LOI 可达 41%。在 20 ℃/min 的升温速率下,热重分析表明当温度达到 450 ℃时,PBI 纤维保持其原重的 80% 以上;在 350 ℃下放置 6 h,PBI 纤维能保持其原重的 90% 以上。在 600 ℃下,PBI 纤维耐高温时间可长达 5 s。

3 化学稳定性

PBI 纤维在有水环境中展示出优异的耐水解性。在 67 psi(0.46 MPa)、147 ℃的蒸汽中放置72 h,PBI 纤维能保留原强力的 96%,在 140 psi(0.97 MPa)、182 ℃的蒸汽中放置 16 h,强力几乎无损失。在许多有机溶液中,PBI 纤维强力也保持不变。

4 应用

PBI 纤维具有突出的耐高温性和化学稳定性及高吸湿率和优异的抗射线能力,极适宜制作空军飞行服和坦克兵服装,这是其他高性能纤维无法替代的。PBI 纤维的主要用途是制作消防防护服,如图 3-2-17 所示。此外,PBI 纤维可用于极端条件下的过滤材料等。

近年来,开发了多种形态和各种用途的 PBI 纤维,如 DOW 化学公司利用其中空纤维制成反渗透(RO)膜,用静电纺丝法制备纳米纤维非织造布,作为燃料电池隔膜和过滤材料等。PBI 树脂可作为高强高模纤维的树脂基体,用于对耐高温和抗射线等具有极高要求的航空航天领域。

图 3-2-17　PBI 纤维防护服

【耐高温纤维产业链网站】

1. http://www.tanlon.com.cn 芳砜纶纤维
2. https://pbiproducts.com PBI 产品
3. https://www.p84.com/product/p84 赢创 P84 新产品
4. http://www.toyobo.co.jp 日本东洋纺公司
5. http://www.hipolyking.com 长春高琦聚酰亚胺材料有限公司
6. http://www.asxc.com.cn 江苏奥神新材料有限公司

第三章 阻燃纤维

第一节 阻燃纤维的生产方法

1 阻燃纤维的定义

阻燃纤维从广义上讲是指在火焰中仅阴燃,本身不发生火焰,离开火焰又自行熄灭的纤维。按极限氧指数（LOI）划分,$LOI > 30$ 为不燃纤维（阻燃一级）,LOI 在 27%～30% 为难燃纤维（阻燃二级）,LOI 在 24%～27% 为阻燃纤维（阻燃三级）,LOI 在 21%～24% 为可燃纤维（阻燃四级）,$LOI < 21$% 为易燃纤维（阻燃五级）。

不同种类的阻燃纤维,其极限氧指数的界定不同,例如 FZ/T 52022—2012《阻燃涤纶短纤维》中,阻燃涤纶短纤维定义为 $LOI \geq 29$% 的涤纶纤维。

3-3-1 阻燃纤维导学十问

3-3-2 阻燃纤维 PPT 课件

阻燃纤维按纤维材料属性不同,分为本征阻燃纤维和改性阻燃纤维两大类,如图 3-3-1 所示。本征阻燃纤维是纤维分子链本身具有阻燃性基团而具有阻燃性的纤维,例如碳纤维、玻璃纤维和玄武岩纤维等无机纤维及芳纶、聚酰亚胺纤维、聚四氟乙烯纤维和芳砜纶等有机纤维;改性阻燃纤维是通过共聚、共混、复合纺丝、阻燃剂接枝等方法而具有一定阻燃性的纤维,例如阻燃涤纶、阻燃腈纶和阻燃黏胶纤维等。

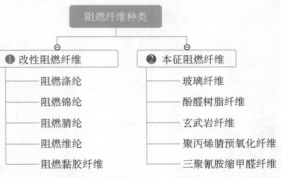

图 3-3-1 阻燃纤维的分类

2 阻燃纤维的研发历程

人类最早的尝试是试图降低天然纤维素材料（如棉花及木材）的可燃性,随后产生了阻燃纤维。阻燃纤维的研发历程如图 3-3-2 所示。常规阻燃纤维的研发始于 18 世纪,1735 年,Wyld 的 551 号英国专利是第一个阻燃纤维专利,他提出采用矾液、硼砂及硫酸亚铁处理纺织品或木材。1821 年,Guy-Lussac 发现采用磷酸铵、氯化铵和硼砂的混合物对亚麻和黄麻的阻燃整理十分有效,并对剧院幕布进行了阻燃整理。1913 年,化学家 Perkin 用锡酸盐—硫酸铵溶液处理棉布,获得了较好的阻燃效果,并对木材、棉花、纸和塑料的阻燃机理进行研究,提出了纺织品阻燃整理的基本要求,开创了近代阻燃方法。到了 20 世纪 50—70 年代,逐渐形成了棉织物阻燃整理的比较成熟的工艺。

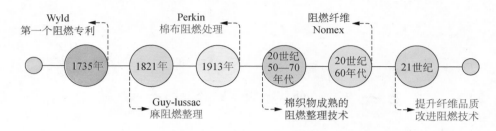

图 3-3-2　阻燃纤维的研发历程

阻燃纤维问世已经有几十年的历史,最著名的当数美国杜邦公司于 20 世纪 60 年代生产的 Nomex,它是一种永久性本征阻燃纤维,同时具有优良的热稳定性。

世界各国的阻燃纤维技术水平存在很大差距,高技术主要集中在欧、美、日等发达国家和地区。欧洲对高技术纤维品种的研发和应用十分重视,如德国 BASF 公司生产的 Basofil 纤维是一种三聚氰胺纤维,具有隔热和阻燃性能,遇到火焰时不会发生收缩和熔滴现象或很少收缩,离焰自熄;法国 Kermel 公司开发的 Kermel 纤维属于聚酰亚胺纤维,它在燃烧过程中不熔融、不续燃、无余辉;奥地利 Lenzing 公司将不含卤素的阻燃剂加到纺丝液中制成阻燃黏胶纤维,它除了具有与普通黏胶纤维相似的物理力学性能外,还具有很好的阻燃性能。

我国纺织品阻燃性能的研究始于 20 世纪 50 年代,是对棉织物的暂时性阻燃整理。对阻燃纤维研究起步于 20 世纪 70 年代,80 年代进入新的发展期,开发的阻燃纤维大多是在常规切片中添加高浓度的阻燃剂而形成的化学改性阻燃纤维。

3　阻燃纤维的阻燃机理

纤维燃烧是纤维在遇到高温热源达到燃烧温度时,纤维快速热降解和剧烈化学反应的结果。纤维的燃烧过程如图 3-3-3 所示,其过程是纤维受热裂解,产生可燃气体并与

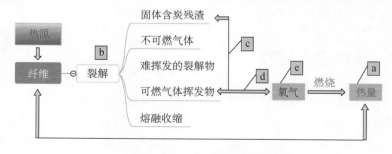

图 3-3-3　纤维的燃烧过程

氧气反应而燃烧,所产生的热量反馈作用于纤维,导致纤维进一步裂解、燃烧、炭化,直至全部烧尽或炭化。从燃烧过程分析纺织品的阻燃方法,主要通过以下一种或多种方式实现:(a)除去热源;(b)提高织物发生热裂解的温度;(c)促进成炭,减少挥发性气体的产生;(d)提高可燃性气体燃烧所需的温度;(e)隔绝氧气或者稀释氧气浓度。

纤维阻燃就是设法阻碍纤维的热分解,抑制可燃性气体生成和稀释可燃性气体,改变热分解反应机理(化学机理),阻断热反馈回路,隔离空气和热环境,以期消除或减轻燃烧三要素(可燃物质、温度、氧气)的影响,从而达到阻燃目的。因此,纤维材料的阻燃机理从三个要素出发,有多种作用,如图 3-3-4 所示。

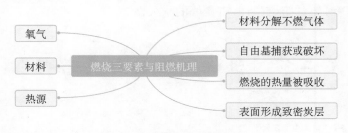

图 3-3-4　阻燃机理

(1)材料分解产生不燃气体,稀释热裂解过程中产生的可燃气体及周围的氧气,抑制燃烧发生。

(2)材料在燃烧过程中产生的自由基被阻燃剂分解产物捕获或结合,从而中断燃烧。

(3)高热熔物质吸收燃烧过程产生的部分热量,使材料表面温度降至燃烧临界温度以下,从而中断燃烧。

(4)材料在高温下发生物理或化学变化,在材料表面生成致密的炭层,燃烧的热量和可燃物质传递发生障碍,从而中断燃烧。

4 阻燃纤维的改性方法

4.1　共聚法

此法是指将含磷、卤素、硫等元素的可共聚单体与成纤高聚物的单体共聚,制得阻燃纤维的方法。加聚型的聚丙烯腈纤维和缩聚型的聚酯纤维、聚酰胺纤维的生产主要使用这种方法。所得阻燃纤维具有耐久的阻燃性能,但生产流程长,成本高于共混法。

4.2　共混法

此法是指将阻燃剂加入纺丝熔体或溶液中,纺制阻燃纤维的方法,常用于聚丙烯纤维、聚丙烯腈纤维和聚酯纤维的阻燃整理。由此法生产的纤维中,阻燃剂与成纤大分子缺乏化学连接,故耐久性不如共聚法,但加工成本低,应用广泛。

4.3 皮芯复合纺丝法

以共混或共聚阻燃高聚物为芯、普通高聚物为皮,通过复合纺丝制备阻燃纤维的方法。皮芯复合纺丝法制得的阻燃纤维,可避免变色和耐光性差的问题,稳定性和染色性能提高,但对加工设备的要求高。

4.4 接枝共聚法

此法包括辐射接枝法和化学接枝法,接枝单体多为含磷卤的反应型化合物,多用于聚酯、聚乙烯醇等纤维的阻燃整理,有良好的耐久性。

第二节 阻燃纤维的种类与特性

1 化学改性阻燃纤维

1.1 阻燃涤纶

阻燃涤纶指采用共混或共聚改性法获得的阻燃聚酯纤维。共混改性法是聚酯纤维最初使用的阻燃整理方法,因添加型阻燃剂与聚酯基体的相容性不好,存在可纺性及阻燃持久性较差等问题,逐渐被反应型阻燃剂取代。

德国生产的阻燃聚酯纤维 Trevira CS 所使用的共聚组分为次磷酸与羧酸形成的环内酸酐。日本生产的 Heim 阻燃聚酯纤维也采用反应型磷系阻燃剂。青岛大学阻燃纤维研究所于 1998 年成功研制了具有双反应性功能团的反应型磷系阻燃剂羧酸烷基磷酸(SF-FR 11)。该阻燃剂是我国首次成功研制开发并生产的聚酯纤维用反应型磷系阻燃剂。

1.2 阻燃锦纶

阻燃锦纶可采用共聚法和共混法进行阻燃改性。通常添加阻燃剂与聚酰胺共混纺丝,纤维极限氧指数大于 27%。锦纶的分解温度为 310~380 ℃,自燃温度为 424 ℃,点燃温度为 53 ℃。由于锦纶大分子中的酰胺键比较活泼,在其熔融温度(215~220 ℃)下易与一些阻燃剂发生化学反应。阻燃剂的添加量随品种不同而变化,一般为 5%~15%。阻燃锦纶广泛用于地毯、室内装饰材料、军服、帐篷等。

阻燃锦纶的研究开发与应用始于 20 世纪 70 年代。日本帝人公司在 80 年代初期开发阻燃锦纶。国内山西省化学纤维研究所自 1986 年起承担阻燃锦纶研究项目,历时五年研发成功。

2016 年,上海安凸阻燃纤维有限公司研发了永久无卤阻燃锦纶长短纤维

CESALON®系列产品,如图 3-3-5 所示,*LOI* 超过 30％,无需采用助剂进行阻燃整理,环保无污染,混纺性好,锦纶固有的可染性、耐磨性等也不下降。

(a) 短纤维　　　　　　(b) 单丝　　　　　　(c) BCF航空纱

图 3-3-5　CESALON® 系列产品

1.3　阻燃腈纶

　　腈纶的阻燃改性方法主要有共聚、共混、表面改性及本体氧化等。目前,工业化生产的阻燃腈纶多采用共聚法。阻燃腈纶的一个典型产品是腈氯纶,它采用丙烯腈、偏二氯乙烯和丙烯酰胺甲基丙烷磺酸钠的共聚物纺制。国外典型的腈氯纶有意大利斯尼亚(Snia)公司的韦利克纶(Velicren)、日本钟渊公司 1957 年开发的卡耐卡纶(Kanecaron)和钟纺公司 1977 年工业化生产的勒夫纶(Lufne)、英国 Courtaulds 公司 1962 年投产的蒂克纶(Teklan)。20 世纪 90 年代,抚顺瑞华纤维有限公司从意大利 Snia 公司引进腈氯纶纤维生产线,采用丙烯腈、偏二氯乙烯和丙烯酰胺甲基丙烷磺酸钠的共聚物纺制腈氯纶,极限氧指数高达 35％。2016 年,我国内地分别从钟渊公司和台湾台丽朗公司进口了 1万 t 卡耐卡纶和 5 000 t 腈氯纶,用于生产人造毛皮和割圈绒产品。

　　单独使用腈氯纶可加工成具有阻燃效果的航空毯,或者用腈氯纶与其他纤维混纺加工成航空毯。目前,航空毯生产每年约消耗腈氯纶 5 000 t。此外,腈氯纶还可用于生产假发、装饰织物和防护服饰。

　　已工业化的腈氯纶生产工艺路线见表 3-3-1。

表 3-3-1　腈氯纶生产工艺路线

纤维名称	阻燃单体	聚合方法	纺丝方法	溶剂
卡耐卡纶	氯乙烯	沉淀	湿纺	丙酮
勒夫纶	偏氯乙烯	溶液	湿纺	DMF
恩夫拉	偏氯乙烯	溶液	湿纺	DMSO
韦利克纶	偏氯乙烯	溶液	湿法	DMF
代纳尔	氯乙烯	沉淀	湿纺	丙酮
德拉纶	偏氯乙烯	沉淀	干纺	DMF
奥纶	偏氯乙烯	沉淀	干纺	DMA
蒂克纶	偏氯乙烯	沉淀	湿纺	丙酮

注:DMF——二甲基甲酰胺;DMSO——二甲基亚砜;DMA——二甲基乙酰胺。

2012 年,吉林吉盟腈纶有限公司开发生产商品名为 LOTAN® 的聚丙烯酸酯高性能阻燃腈纶,具有很好的化学惰性和隔热性能,极限氧指数达 39%～42%。其阻燃机理和其他纤维不同,炭化温度低于燃烧温度,在燃烧之前就炭化,在纤维表面形成一层稳定的焦炭保护层,同时纤维中的金属离子在燃烧过程中形成金属氧化物,吸收纤维表面温度,阻止燃烧反应继续。

1.4　阻燃维纶

日本早在 1968 年就开始生产阻燃维纶,年产量达 1 万 t。我国在 20 世纪末,四川维尼纶厂和上海石化维纶厂掌握了阻燃维纶的生产技术并有小批量生产。2010 年,我国实现了高强阻燃维纶的工业化生产。高强阻燃维纶是除芳纶 1414、PBO、M5 等高性能纤维外,强度最高、无熔滴的有机阻燃纤维。

日本的阻燃维纶大致应用在三个领域:一是窗帘、墙布、床上用品、服装、工作服、工业用布、滤布;二是地毯;三是非织造布和造纸。国产的高强阻燃维纶可以纯纺或混纺,其织物主要用于蓬盖布、消防服、工装、作训服等对面料强度要求较高的领域。

阻燃维纶是后起之秀,特别是高强度阻燃维纶,兼具高强、低成本、阻燃、无熔滴等众多优势。

1.5　阻燃黏胶纤维

目前,研究较多、已经工业化生产的阻燃黏胶纤维主要采用添加阻燃剂的方法。

国外从 20 世纪 70 年代初开始阻燃黏胶纤维的研究。

瑞士 Sandoz 公司研发了 Sandoflame50 阻燃剂,与黏胶纺丝液共混,形成阻燃黏胶纤维。

奥地利 Lenzing 公司的阻燃黏胶纤维 Viscosa FR 是在纺前原液中加入含磷、氮元素的磷酸类阻燃剂制成的。

德国 Hoechest 公司开发的阻燃黏胶纤维的商品名为 Danufi L,它以不含卤素的有机磷作为阻燃剂。

日本旭化成公司以一种或一种以上的环状和直链状化合物作为阻燃剂,按纤维质量的 10%～40% 添加到黏胶纺丝液中,制得具有持久耐洗性的阻燃黏胶纤维。另一种是阻燃波里诺西克黏胶纤维,商品名为 Tufban,它的吸湿性和染色性好,适于与其他纤维混纺制成阻燃纺织品。日本东洋纺的 Polynosic 黏胶纤维,其阻燃剂为有机磷或卤素有机化合物;日本大和纺的 DFG 纤维,其阻燃剂为氯化磷酸酯;日本 Kanebo 公司的 Bell Flame 纤维、美国的 PER Rayon 永久性阻燃黏胶纤维和法国的罗纳普郎克 TF-80 纤维,其阻燃剂是有机酯类。

芬兰 Kmira 公司生产的 Visil 系列复合阻燃黏胶纤维,一种是含聚硅酸的 Visil 纤维,主要用于产业用纺织品;另一种是含聚硅酸的 Visil AP 纤维,主要提高了耐碱洗性能,可用于服用纺织品。

国内在 1990 年前后曾经出现过阻燃黏胶纤维研究开发的一个高潮,探索了共混法、浸涂法等在黏胶纤维阻燃改性方面的应用,研究的重点是共混法。

对阻燃黏胶纤维的生产在不断探索中,例如采用复合体系配合使用 TBEP 和硅酸钠阻燃剂,并与黏胶原液有效结合,制备出环保型阻燃黏胶纤维;在黏胶纤维的纺丝液中添加 DOPO 的不同羟基化合物,以制备阻燃黏胶纤维;利用纳米技术及共混法,再加上溶胶-凝胶技术,制备了高阻燃、无毒害的无机硅系阻燃黏胶纤维。

阻燃黏胶纤维能够在阻燃性能的基础上保留纤维本身的优点,包括吸收性、透气性、抗静电性等,广泛应用于服装行业,如睡衣、内衣、外套、防护服等。阻燃黏胶纤维由于自身无毒无害、不刺激皮肤、阻燃性能较强等特点,开始在婴幼儿服装中广泛应用。阻燃黏胶纤维还在交通、加工、医疗等产业有广泛应用,如汽车的内饰、汽车的帘子线。此外,阻燃黏胶纤维经过改性后与棉混纺,可以用于国防军工防护服、特种防火工作服、运输带、活动房屋、炮衣、客机座椅及靠垫;将其与少量导电金属纤维混合,可作为高温过滤材料。

2 本征阻燃纤维

常见的本征阻燃纤维有玻璃纤维、酚醛树脂纤维、玄武岩纤维、聚丙烯腈预氧化纤维和三聚氰胺缩甲醛纤维。

2.1 玻璃纤维

玻璃纤维产生于 20 世纪 40 年代。我国玻璃纤维生产始于 20 世纪 60 年代。玻璃纤维产品有玻璃纤维增强制品和玻璃纤维纺织制品两大类。玻璃纤维增强制品较玻璃纤维纺织制品的占比大,但玻璃纤维纺织制品的花色品种多,发展很迅速。玻璃纤维纱线除传统工业用纱外,还有膨体纱、浸渍纱、混纺纱、膜材用纱、铝液过滤纱、耐热缝纫纱、高强度纱、高硅氧纱及高弹性模量纱等;玻璃纤维织物除普通机织物外,还有针织物、经编网格织物、缝编织物及多轴向织物等,如图 3-3-6 所示。

(a) 玻璃纤维织物   (b) 玻璃纤维/特氟龙复合布

(c) 玻璃纤维经编网格织物

图 3-3-6 玻璃纤维产品

玻璃纤维具有阻燃、抗腐、绝缘、隔声和高强等优点，但性脆，耐磨性差。玻璃纤维主要用于复合材料的增强材料、电绝缘材料、隔声保温材料和思路基板。

2.2　酚醛树脂纤维

酚醛树脂纤维是合成纤维的后起之秀，1968 年由美国联合碳化物公司研制成功，被命名为诺澳洛伊德(Novoloid)纤维，商品名为基诺尔(Kynol)。

酚醛树脂纤维是一种具有三维交联结构的纤维，它打破了热固性树脂不能成纤的传统概念，是以相对分子质量为 300～2 000 的热塑性纯线型聚酚醛(Novolac 型)为原料，经熔融纺丝后在酸和甲醛存在的条件下进行交联而制得。

由于酚醛树脂纤维高度交联，化学性质稳定，LOI 达 30%～34%。酚醛树脂纤维在高温下不溶融，也不燃烧，即使炭化成玻璃状结构，也不收缩，炭化过程中产生的烟气十分少，燃烧时逸出的气体毒性小。

酚醛树脂纤维在实际应用中也存在较多缺陷，如纤维发脆且耐磨强度低，强度仅为0.9～1.3 cN/dtex，纤维染色性差，在阳光下易变色。

2.3　玄武岩纤维

连续玄武岩纤维(CBF)是以天然的火山喷出岩石(图 3-3-7)作为原料，将其破碎后加入熔窑并在 1 450～1 500 ℃下熔融后，通过铂铑合金拉丝漏板制成的，其工艺流程和纤维实物分别如图 3-3-8、图 3-3-9 所示。

图 3-3-7　火山喷山岩石

图 3-3-8　拉丝制成玄武岩纤维

图 3-3-9　玄武岩短切纤维

以 CBF 为增强体可制成各种性能优异的复合材料,可广泛应用于消防、环保、航空航天、军工、车船制造、工程塑料、建筑等军工和民用领域。

玄武岩纤维于 1953—1954 年由苏联莫斯科玻璃和塑料研究院开发成功。苏联早在 20 世纪 60—70 年代就致力于连续玄武岩纤维的研究工作,1985 年在乌克兰率先实现工业化生产,产品全部用于苏联国防军工和航空航天领域。

我国自 20 世纪 70 年代起开展对 CBF 的研究,但未获得成功。2002 年,我国正式将连续玄武岩纤维列入国家 863 计划。我国玄武岩纤维产品的发展重点分为两类,包括纯天然玄武岩纤维和掺杂改性的耐高温、耐碱玄武岩纤维,最终实现纯天然、高性能、低成本的玄武岩纤维的规模生产。

玄武岩纤维及其制品具有优越性能,它与玻璃纤维的物理性能对比如表 3-3-2 所示。

表 3-3-2　CBF 与玻璃纤维的物理性能对比

纤维名称	密度/($g \cdot cm^{-3}$)	使用温度/℃	热传导系数/($W \cdot m^{-1} \cdot K^{-1}$)	体积比电阻/($\Omega \cdot m$)	吸音系数	抗拉强度/10^3 MPa
CBF	2.6~2.8	−260~880	0.031~0.038	1×10^{12}	0.9~0.99	4~5
E 玻纤	2.5~2.6	−60~350	0.034~0.040	1×10^{11}	0.8~0.93	3~4

(1)显著的耐高温性能和热震稳定性。CBF 的使用温度范围为−260~880 ℃,这远远高于芳纶、无碱 E 玻纤、石棉、岩棉、不锈钢,接近硅纤维、硅酸铝纤维和陶瓷纤维;CBF 的热震稳定性好,在 500 ℃下保持不变,在 900 ℃时原始质量仅损失 3%。

(2)较低的热传导系数。CBF 的热传导系数低于芳纶、硅酸铝纤维、无碱玻纤、碳纤维和不锈钢。

(3)抗拉强度高。CBF 的抗拉强度为 4 000~5 000 MPa,高于大丝束碳纤维、芳纶、PBI 纤维、钢纤维、硼纤维、氧化铝纤维,与 S 玻璃纤维相当。

(4)化学稳定性好。CBF 的耐酸性和耐碱性均比铝硼硅酸盐纤维好,耐久、耐气候、耐紫外线照射、耐水、抗氧化等性能均可与天然玄武岩石相媲美。

(5)吸音系数较高。CBF 具有优良的透波性和一定的吸波性,因此具有优异的吸音、隔音性能及良好的隐身特性。CBF 的吸音系数为 0.9~0.99,高于无碱玻纤和硅纤维。

(6)电绝缘性和介电性能良好。CBF 的体积比电阻较高,比电绝缘的 E 玻璃纤维高一个数量级。

玄武岩纤维具有不燃性、耐温性(−269~700 ℃)、无有毒气体排出、绝热性好、无熔融或滴落、强度高、无热收缩现象等优点。

玄武岩纤维用于增强水泥混凝土制品和复合材料,生产纺织制品,如图 3-3-10 所示的玄武岩纤维纱线。

图 3-3-10　玄武岩纤维纱线

2.4　聚丙烯腈预氧化纤维

聚丙烯腈预氧化纤维(POF)是在一定温度下,由聚丙烯腈经空气氧化形成的部分环化、碳含量达到90%的黑色纤维,其 *LOI* 可达45%。POF是以聚丙烯为原料生产碳纤维的中间产品,近年来,它作为一个独立的阻燃纤维品种得到了广泛的应用。

POF不仅耐热性能好,且具有优良的热稳定性,在燃烧过程中,纤维不熔融,不软化收缩,无熔滴,属于不燃产品。POF的隔热效果好,耐酸碱腐蚀、耐化学环境、耐辐射的性能也好,而且质轻、柔软,吸水性好,具有适宜的纺织加工性能,可纯纺或混纺。

POF主要应用于灭火毡、耐热手套等安全防护用具及防火灾备用品,消防、军事、冶金、航天、航空等领域的特种个体防护服装,公共汽车、船舶、医院、剧场、旅馆等场地的窗帘、椅套、床褥、地毯及儿童玩具等装饰材料,以及高温密封填料、防火防燃材料、高温过滤材料、耐热织物及防腐蚀填料等工业用材。

2.5　三聚氰胺纤维

三聚氰胺纤维(MF)俗称密胺纤维,具有三向交联结构。它是由三聚氰胺缩甲醛树脂制成的纤维,所以又称为三聚氰胺缩甲醛纤维。在国外,三聚氰胺纤维最早由德国BASF公司于20世纪90年代开发成功。采用三聚氰胺、三聚氰胺烷基化合物和甲醛作为单体,通过聚合制成纺丝水溶液体系,然后采用离心纺丝或干法纺丝及热空气干燥固化的工艺制成三聚氰胺长丝纤维,并于20世纪90年代中期在德国西部建成世界上第一家示范工厂,商品名为Basofil纤维,简称BFM,纤维截面如图3-3-11所示。

我国三聚氰胺纤维的研究工作起步较晚。2000年,厦门怡安无纺布有限公司首先开始Basofil纤维的应用研究。

Basofil纤维具有较高的 *LOI* 及良好的绝缘性和低导热性,连续使用温度达180~200 ℃,短时间内使用温度高达260~370 ℃,纤维热重分析如图3-3-12所示。

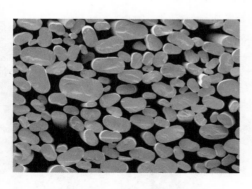

图3-3-11　Basofil 纤维横截面

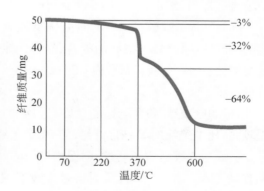

图3-3-12　Basofil 纤维热重分析

Basofil 纤维的基本特性如表3-3-3所示。

表 3-3-3　Basofil 纤维的基本特性

密度/ (g·cm⁻³)	使用温度/ ℃	强度/ (cN·dtex⁻¹)	模量/ (cN·dtex⁻¹)	伸长率/ %	回潮率/ %	热收缩率/ %	LOI/ %
1.4	200	1.8	48	11	5	≤1	32

注:热收缩率的测试条件是 200 ℃、2 h。

　　Basofil 纤维织物遇火时,不收缩,不熔滴,至 400 ℃仍基本保持原有形状,在更高的温度下炭化,基本无毒气产生,发烟量也很小(图 3-3-13)。Basofil 纤维的白度高,色泽稳定,染色性良好,耐酸碱和绝大多数化学试剂。

图 3-3-13　Basofil 纤维织物的燃烧特征

　　三聚氰胺纤维常用作石油钻井平台作业服、高温炉前工作服、焊工围裙和手套、消防服、飞机座椅套、热空气滤材和离合器衬层等各种高温防护服和防火阻燃制品,在日用纺织品中主要用于床垫及高档服装等。

【阻燃纤维产业链网站】

　　1. http://www.basaltfiber.com.cn 四川航天拓鑫玄武岩实业有限公司(玄武岩纤维)

　　2. http://www.cnpps.com 德阳科吉高新材料(PPSF 玄武岩纤维)

　　3. https://www.rongbiz.com 江苏宝德新材料有限公司(耐高温阻燃纤维 PODRUN)

　　4. http://antufiber.com 上海安凸阻燃纤维有限公司(阻燃锦纶)

　　5. http://www.eftfibers.com EFT fiber Engineered Fibers Technology,LLC(三聚氰胺等)

第四章 功能纤维

功能纤维是指在纤维现有的性能之外,再附加上某些特殊功能的纤维,如导电纤维、光导纤维、离子交换纤维等。功能纤维按其属性可分为物理功能纤维、化学功能纤维、物质分离功能纤维和生物适应功能纤维四大类,如图3-4-1所示。

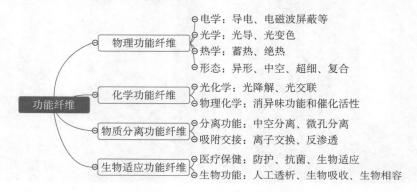

图 3-4-1　功能性纤维的分类

3-4-1 功能纤维总论导学十问

3-4-2 功能纤维总论PPT课件

3-4-3 中空纤维分离膜导学十问

3-4-4 中空纤维分离膜PPT课件

（1）物理功能纤维。电学功能有抗静电、导电、电磁波屏蔽等功能。

光学功能有光导、光折射、光干涉、耐光耐气候、偏光及光吸收等功能。热学功能有耐高温、绝热、阻燃、热敏、蓄热及耐低温等功能。形态功能有异形截面、中空、超细和表面微细加工性等功能。

（2）化学功能纤维。如光降解、光交联、消异味和催化活性等功能。

（3）物质分离功能。分离功能有中空分离、微孔分离和反渗透等功能。吸附交换功能有离子交换、选择吸附等功能。

（4）生物适应功能。医疗保健功能有病毒防护、抗菌、生物适应等功能。生物功能有人工透析、生物吸收和生物相容等功能。

1 中空纤维膜

中空纤维膜是具有自支撑作用的纤维膜。可采用纺丝法制得多微孔均质膜,再涂覆超薄有机硅分离膜。也可在纤维的中空部位通入凝固液形成非对称膜结构,其致密层可位于纤维的外表面(如反渗透膜),也可位于纤维的内表面(如微滤膜和超滤膜)。可用于海水淡化、废水处理、家庭净水器、人工尿液、血浆分离,以及混合气体分离、提纯等方面。

1.1 中空纤维膜的种类

中空纤维膜组件最早是由美国陶氏化学公司以醋酸纤维素膜为原料研制而成的。1967 年,杜邦公司研制出以锦纶 66 为膜材料的中空纤维式反渗透膜组件。20 世纪 70 年代初,Amicon 和 Romicon 公司开发了中空纤维超滤和微滤组件。

根据中空纤维膜的分离原理和推动力的不同,可将其分为微滤(MF)膜、超滤(UF)膜、纳滤(NF)膜、反渗透(RO)膜等类别。各类中空纤维膜的过滤颗粒和图谱分别如图 3-4-1 和图 3-4-2 所示。

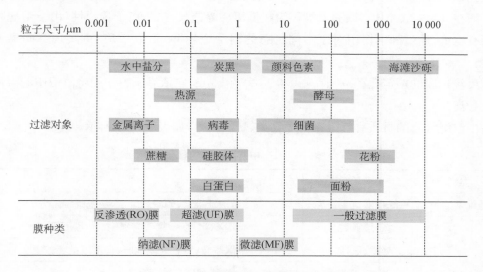

图 3-4-2　各类中空纤维膜的过滤颗粒

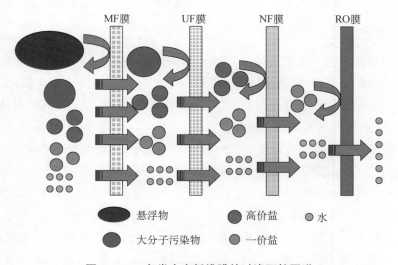

图 3-4-3　各类中空纤维膜的过滤颗粒图谱

微滤膜(Microfiltration Membrane)一般指过滤孔径在 $0.02 \sim 10\ \mu m$ 的过滤膜。在压差作用下,溶剂通过微孔流到膜的低压侧,而大于膜孔径的微粒被截留,从而实现原料液中微粒与溶剂的分离。微滤过程对微粒的截留机理是筛分作用,决定膜的分离效果的主要因素是膜的物理结构、孔的形状和大小。

超滤膜(Ultrafiltration Membrane)是一种具有超级筛分分离功能的多孔膜,它的孔径为 0.001~0.02 μm,即几纳米到几十纳米,相当于一根头发丝直径的 1‰。在膜的一侧施加适当压力,能筛分出大于膜孔径的溶质分子。

纳滤膜(Nanofiltration Membrane)是 20 世纪 80 年代末期问世的,其截留分子量介于反渗透膜和超滤膜之间,约为 200~2 000,由此推测纳滤膜可能具有孔径为 1 nm 左右的微孔结构,故得此名。纳滤膜具有两个特点:一是可低压操作,分离需要的膜间渗透压差一般在 0.5~2.0 MPa,因而又被称为超低压反渗透膜;二是离子选择性,由于纳滤膜上常带有电荷,通过静电作用对于不同价态的离子产生 Donnan 效应,可实现不同离子的分离。

反渗透膜的额定孔径范围在 0.000 1~0.001 μm,它依靠压力作用将溶液中的溶剂与溶质分离。

中空纤维膜的材质有纤维素衍生物类、聚砜类等,如表 3-4-1 所示。

表 3-4-1　中空纤维膜的材质

类别	膜材料	品种
纤维素酯类	纤维素衍生物类	醋酸纤维素、硝酸纤维素、乙基纤维素等
非纤维素酯类	聚砜类	聚砜、聚醚砜、聚芳醚砜酮、磺化聚砜等
	聚酰(亚)胺类	聚砜酰胺、芳香族聚酰胺、含氟聚酰亚胺等
	聚酯、烯烃类	涤纶、聚碳酸酯、聚乙烯、聚丙烯腈等
	含氟(硅)类	聚四氟乙烯、聚偏氟乙烯、聚二甲基硅氧烷等
	其他	壳聚糖、聚电解质等

常用的膜材质包括聚偏氟乙烯(PVDF)、聚丙烯腈(PAN)、聚醚砜(PES)、聚砜(PS)、醋酸纤维素(CA)、聚乙烯(PE)、聚丙烯(PP)、聚氯乙烯(PVC)等。聚偏氟乙烯和聚醚砜是最广泛使用的超滤膜及微滤膜材料,尤其是聚偏氟乙烯,它以优良的抗氧化性、耐酸碱性和柔韧性,越来越受到人们的青睐。

(1) 聚砜类。聚砜膜具有强度高、分离性好、抗溶胀、耐细菌侵蚀等优点,已广泛应用于浓缩、分离、提纯、精制、回收等领域。但由于聚砜中空纤维膜具有表面亲水性能低、易污染及较小孔径膜难以制备等缺点,其使用范围受到限制。经混合改性可改变膜的表面性质,提高膜的亲水性和耐污性能。

(2) 聚醚砜类。聚醚砜又称聚苯醚砜,是一种综合性能优良的聚合物膜材料。由于聚醚砜的生物相容性十分优异,不易产生凝血、溶血等不良反应,是优良的第三代透析膜材料,因此常作为超滤膜的材料。

(3) 芳香杂环类。聚酰亚胺(PI)是一类具有良好化学稳定性和热稳定性的高分子材料,它由芳香二元酸酐和二元胺缩聚而成,因分子主链上含有刚性的芳环结构,具有很好的耐热性及较高的机械强度和耐溶剂性能。

（4）含氟类。聚偏氟乙烯中空纤维膜是一种新兴膜材料，可以在140 ℃下高温灭菌和射线消毒等特点。PVDF最大的特点是其突出的抗氧化能力和耐酸碱性能，保证了采用氧化剂清洗时膜的性能稳定，从而延长膜的使用寿命。

（5）聚烯烃类。

① 聚丙烯类。聚丙烯中空纤维膜表面有很多微孔，是一种有皮层的异形截面多孔膜，具有不对称膜的特性与优点。由于聚丙烯分子的非极性特征，其表面自由能和表面张力较低，具有典型疏水性能，在血液相容性方面具有一定的优势。因此，聚丙烯中空纤维膜是制作膜式氧合器的常用材料。

② 聚丙烯腈。聚丙烯腈中空纤维膜具有优异的化学稳定性和耐热性能及耐霉菌性，其亲水化膜的透水量是同面积的聚丙烯腈和聚砜超滤膜的数倍，可广泛用于水的初级净化、血浆透析膜和血浆超滤膜及气体分离，也可以作为气体分离膜的支撑体材料。

（6）纤维素类。亲水性膜材料中常用的是醋酸纤维素（CA）。醋酸纤维素具有优良的亲水性能和较好的耐污染性能，能用于海水和苦咸水淡化、氢气分离和纯氮制备等。

（7）聚醚砜酮类。聚芳醚砜（PESK）是新开发的商品化新型膜材料。PESK膜具有较高的玻璃化温度（263～305 ℃）和较高的机械强度及耐酸碱性和抗氧化性，是目前耐热等级最高的可溶性聚芳醚树脂材料。聚醚砜酮一般用于制备气体分离膜、超滤膜和纳滤膜。

1.2 中空纤维膜的结构

中空纤维膜具有选择透过性，可使气体、液体混合物中的某个组分从内腔向外或从外向内腔透过中空纤维壁，而将另一组分截留，其分离原理如图3-4-4所示。中空纤维膜与普通中空纤维相比，前者的中空度和截面圆整度要求高，膜壁微孔及其分布也有一定要求，还可涂一层或两层超薄分离层，以提高分离效果和选择性。中空纤维膜截面如图3-4-5所示。中空纤维膜组件主要有膜丝和固定件组成，有帘式和柱式两种，如图3-4-6所示。

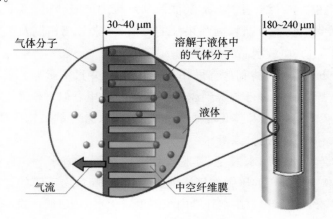
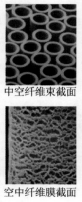

图 3-4-4　中空纤维膜的分离原理

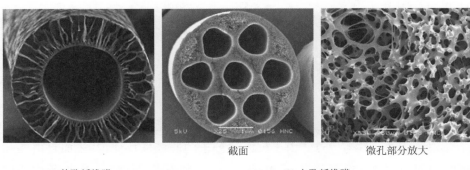

(a) 单孔纤维膜　　　　　　　　　　　　　　　(b) 七孔纤维膜

图 3-4-5　中空纤维膜的截面

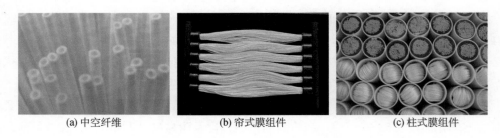

(a) 中空纤维　　　　　　(b) 帘式膜组件　　　　　　(c) 柱式膜组件

图 3-4-6　中空纤维膜及膜组件

1.3　中空纤维膜的应用

（1）MF 膜。MF 膜内表面呈网状的微孔结构，可用于药液的除菌、溶液中微粒的去除。MF 膜常用于全过滤状态，膜表面易被污染，因此常采用逆流装置，使膜性能恢复。聚烯烃系 MF 膜有良好的抗化学性能，力学强度高，性能重现性好，透水量高，截留细菌可靠，被广泛用于净水工程。

（2）UF 膜。UF 膜的生产和应用技术都较成熟。UF 膜的面积大，无支承体，对溶液的影响小，生产工艺也比较简单，质量易控制，易于反冲洗，膜强度高，是超滤领域的主要成员。

采用 UF 膜过滤时，原液在中空纤维内腔流动，超滤液从纤维的外腔获得。UF 膜广泛应用于电子工业超纯水、无菌水制备，饮料、酒和果汁的澄清，酵素分离精制及废水处理，还应用于人血蛋白及其他生物、血液制品的浓缩。

（3）NF 膜。NF 膜对低分子量有机物和盐有很好的分离效果，并且不影响分离物质的生物活性，在食品、发酵、制药和乳品等行业得到越来越广泛的运用。但 NF 膜也存在一些问题，如膜污染等。NF 膜的具体应用有低聚糖的分离和精制、果汁的高浓度浓缩、牛奶及乳清蛋白的浓缩、多肽和氨基酸的分离等。

（4）RO 膜。RO 膜用作苦咸水及海水淡化，其脱盐性能已达到对海水一次脱盐率 99% 以上。当咸水或海水以高于渗透压的压力作用于 RO 膜的外侧时，由于膜的选择透过性，溶剂水将从外侧透过中空纤维膜，而自中空纤维内腔流出淡化水。RO 膜的选择透过性与溶液组分在膜中的溶解性、吸附性和扩散性有关，其分离性能除与膜孔结构和大小有关外,还与膜及溶液体系的化学、物理性质有关,这是 RO 膜与超滤膜及微滤膜的重大差别。目前已商品化的 RO 膜的主要原料有芳香族聚酰胺(酰肼)类、纤维素的醋酸酯类。

2　光导纤维

光导纤维(Optical Fiber,缩写 OF)是指光以波导方式在其中传输的光学介质材料,简称光纤。

3-4-5　光导纤维导学十问

光导纤维于 20 世纪 20 年代研制出来,是用超纯石英玻璃在高温下拉制而成的,有很好的光导能力。但是由于传输过程中光波衰减太大,因此没有实用价值。20 世纪 60 年代后,光导纤维的衰减率不断下降,从 1970 年的 20 分贝/km 到 1979 年 0.2 分贝/km,再到 90 年代研制的氟化物玻璃纤维的 0.03 分贝/km。这种高纯度氟化物玻璃光导纤维的传输能力十分强,一次传送距离长达 4 800 km,可以在无中继站的情况下实现洲际光通信。2003 年完工的横跨大西洋、穿越地中海、经红海和印度洋进入太平洋的全球海底光缆,全程 32 万 km,连接 175 个国家和地区,能同时使用 240 万部电话机或同时传输几十万幅压缩图像,是通信领域中最伟大的工程。

3-4-6　光导纤维 PPT 课件

2.1　光纤的传导原理

(1) 光纤的传导本质。光的本质是电磁波,其中可见光的光波只占很小的部分,其波长范围在 380～770 nm,包含人眼可辨别的紫、靛、蓝、绿、黄、橙、红七种颜色。它的长波方向是波长范围在微米级至几十千米的红外线、微波及无线电波,它的短波方向是紫外线、X 射线、γ 射线,其中 γ 射线的波长已小到可与原子直径相比拟,如图 3-4-7 所示。

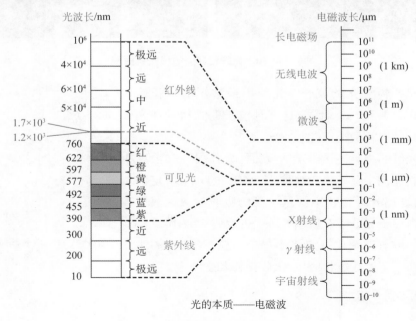

图 3-4-7　光纤传导本质

（2）光纤传导基本原理。光能够在光纤中传输的基本原理就是全反射，如图 3-4-8 所示。全反射条件：①$n_1>n_2$，光从折射率大的介质射向折射率小的介质；②$\theta_入>\theta_0$，入射角大于临界入射角（$\sin\theta_0=n_2/n_1$）。

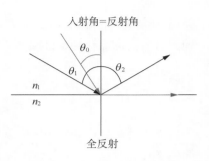

当光纤中的光从高密介质（折射率较高，n_1）入射到光疏介质（折射率较低，n_2）时，控制入射角，光就不再折射，全部反射到原介质中。

图 3-4-8　光纤传导基本原理

（3）光纤传导光的模式。满足光全反射条件每一个入射角对应传导情况，称为光导的一种模式。如图 3-4-9 所示为三种不同入射角形成的基模、低次模和高次模的示意图；图 3-4-10 为两种不同入射角形成光波二种不同模式的实拍图。基模是对着光纤的轴线正入射，并且沿着光轴传播的光波模式。

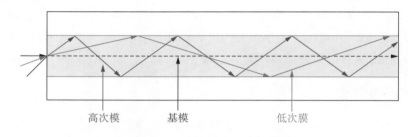

高次模　　　基模　　　低次膜

图 3-4-9　光纤传导光的模式示意图

图 3-4-10　光纤传导光的模式实拍图

（4）光纤传导光的波长。光纤中最常用的波长是 850、1 310 和 1 550 nm，因为这三种波长的光信号在光纤中传输时的损耗最小，如图 3-4-11 所示。

玻璃光纤的损耗主要来自两方面：吸收损耗和散射损耗。吸收损耗主要发生在被称为"水带"的几个特定波长，主要由玻璃光纤材料中微量水滴的吸收导致。散射损耗主要由原子和分子在玻璃光纤上的反弹导致。

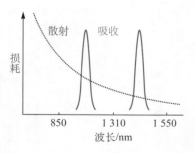

长波的散射损耗比短波要小得多，这就是波长的主要作用。在三个上述波长区域，吸收损耗几乎为零。

图 3-4-11　波长与损耗关系

2.2　光导纤维的种类

（1）按材质分类。光导纤维按所使用的材质分类，可分为石英玻璃光纤和塑料光纤

(POF)两大类。石英玻璃光纤主要用于较长距离的光通信领域,取代同轴电缆和微波通信,它又可分为石英光纤、氟化玻璃光纤和硫化玻璃光纤等。塑料光纤按所使用的聚合物种类(包括芯鞘材质)又可分为聚甲基丙烯酸甲酯(PMMA)光纤、聚苯乙烯(PS)光纤、含氟透明树脂和氘化 PMMA 光纤等。

(2) 按折射率分类。按光导纤维纤芯和包层的光的折射率变化情况,分为渐变型光纤(GIF)和阶跃(突变)型光纤(SIF)。

渐变性光纤的纤芯折射率不是常量,而是从中轴线开始沿径向大致以抛物线形状递减,中轴线的折射率最大。

突变型光纤的纤芯与包层的折射率是阶跃变化的,即纤芯折射率分布大体均匀,包层折射率分布也大体均匀,均可视为常量,但是纤芯和包层的折射率不同,在其界面处发生突变。

(3) 按传输模数分类。按光导纤维可传输的光的模式是一种或多种,分为单模光纤和多模光纤。

单模光纤的纤芯直径仅有几微米,接近光的波长,内芯尺寸很小,原则上只能传输一种模数,常用于光纤传感器。这类光纤的传输性能好,带宽很宽,具有较好的线性度,但因内芯尺寸小,难以制造和耦合。

多模光纤的纤芯直径约 50 μm,纤芯直径远大于光的波长,通常指跃变光纤中内芯尺寸较大、传输模数很多的光纤。这类光纤的性能较差,带宽较窄,但由于芯子的截面积大,容易制造,连接耦合也比较方便,得到了广泛应用。多模光纤又可分为芯材折射率一定的阶段指数(SI)型或表芯型,以及折射率由光纤芯部中心向表面对称递减分布的渐变指数(GI)型或聚焦型。

(4) 按传输的光的种类分类。光纤传输的光有可见光、红外线、紫外线、激光等,相应地可分为可见光光纤、红外线光纤、紫外线光纤、激光光纤等。

2.3　光导纤维的结构

(1) 光纤构造。光导纤维应用全反射原理传导光线,因此光导纤维由光密介质的纤芯和光疏介质的包层两个部分组成,具有双重构造,其结构如图 3-4-12 所示。

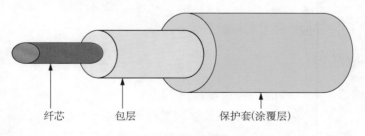

纤芯　　包层　　保护套(涂覆层)

图 3-4-12　光纤构造

(2) 光纤尺寸。位于光纤中心部位的纤芯直径,单模光纤为 4~10 μm,多模光纤大于等于 50 μm,通常是 50 μm 或 62.5 μm;位于纤芯周围的包层直径一般为 125 μm(图 3-4-13)。光纤最外层的涂覆层,包括一次涂覆层、缓冲层和二次涂覆层。

当光纤的几何尺寸(主要是纤芯直径)远大于光波波长(约 1 μm)时,光纤传输过程中会存在几十种乃至几百种传输模式,即多模传输。

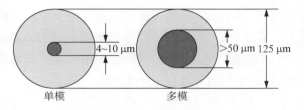

图 3-4-13 光纤尺寸

当光纤的几何尺寸(主要是纤芯直径)较小,与光波波长在同一数量级时,如 4~10 μm,光纤只允许传播一种模式(基模),即单模传输,其余的高次模全部截止。

因此,对于给定波长,单模光纤的纤芯直径比多模光纤小。例如,对于常用的通信波长(1 550 nm),单模光纤的纤芯直径为 8~12 μm,而多模光纤的纤芯直径大于 50 μm。

(3) 光纤截面折射率分布。光纤截面折射率分布有阶跃型和渐变型两类,如图 3-4-14 所示。

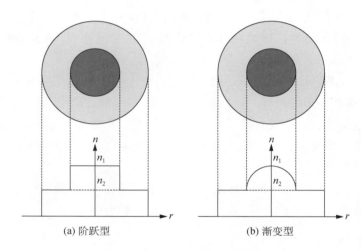

(a) 阶跃型　　　　　(b) 渐变型

图 3-4-14 光纤截面折射率分布

阶跃型:纤芯折射率呈均匀分布,纤芯和包层边界区域的折射率呈急剧改变。

渐变型:纤芯折射率呈非均匀分布,从轴心到包覆层,折射率逐渐减小,在轴心处最大,在纤芯与包层的界面上降至包层折射率 n_2。

2.4 光导纤维的应用

(1) 通信领域。光纤通信是现代通信网的主要传输手段,它的发展历史只有约 20 年,已经历三代:短波长多模光纤、长波长多模光纤和长波长单模光纤。

图 3-4-15 所示的光线电缆,与铜线电缆相比,具有通信频带宽、传输距离长、无中继段长可达几十至 100 km 以上、不受电磁场和电磁辐射的影响、质量轻、体积小、不带电、保密性强等优点。

(2) 军事领域。光纤维潜望镜,用于战机、潜艇和坦克等。

(3) 工业领域。工业传感器,用于测量压力、流量、温度、颜色、光泽、位移等,例如载

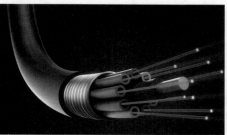

图 3-4-15 光纤及光纤电缆

荷引起的结构疲劳和地震灾害预测等军用及民用大型设施;探测降落伞飞行过程中的动态应力变化;探测心率的变化;判断战场上士兵受伤部位和受伤程度;对儿童和病人的日常健康进行监护;医疗器械中的探测器,例如内窥镜;显示器,例如汽车上的光显示和照明系统、各种大型显示屏幕。

3 导电纤维和抗静电纤维

3.1 导电纤维和抗静电纤维的定义

导电纤维是通过电子传导和电晕放电而消除静电的功能纤维,通常指在标准状态下体积比电阻在 $10^7 \Omega \cdot cm$ 以下的纤维。

抗静电纤维是指在标准状态下体积电阻率小于 $10^{10} \Omega \cdot cm$ 的纤维或静电荷逸散半衰期小于 60 s 的纤维。

常见纤维的静电性能如表 3-4-2。

3-4-7 导电纤维和抗静电纤维导学十问

3-4-8 导电纤维和抗静电纤维 PPT 课件

表 3-4-2 常见纤维的静电性能

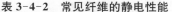

纤维类别		纤维体积比电阻/$(\Omega \cdot cm)$
导电纤维	金属纤维	10^{-3} 以下
	金属涂层、镀层纤维	$10^{-5} \sim 10$
	金属化合物系导电纤维	$10^{-5} \sim 10^5$
	炭黑系导电纤维	$10^{-5} \sim 10^6$
抗静电纤维	抗静电剂共混纤维	$10^7 \sim 10^{10}$
	抗静电剂表面改性纤维	$10^7 \sim 10^{12}$
普通合成纤维	涤纶	10^{14}
	锦纶	10^9
	腈纶	10^{13}

3.2 抗静电机理

(1)导电纤维。导电纤维由于其轴向连续排列着金属、炭黑或金属化合物,所以能通过传导使静电泄漏,而起主导作用的是通过晕放电使静电中和,如图3-4-16所示。当导电纤维接近带电体时,导电纤维周围会产生强电场,使局部形成离子活化域,在这个区域内产生正、负离子,与带电体极性相反的离子吸附带电体,带电体的电荷就被中和,而与带电体极性相同的离子则排斥带电体,在空气中散发并中和或者通过接地移去。

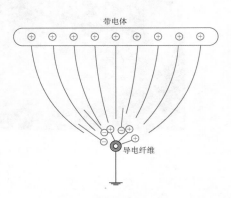

图3-4-16 导电纤维的抗静电机理

(2)抗静电纤维。抗静电纤维通过表面的亲水性基团吸收水分子,这些水分子进入纤维的分子间隙,水分子和杂质在外加电场作用下离解成离子并形成电流,导致大部分静电荷泄漏。由于抗静电纤维依靠吸收环境中的水分来增加静电泄漏量,所以对环境湿度的依赖性高。

3.3 纤维种类和形成方法

(1)导电纤维。导电纤维的种类很多,按其导电介质分为金属系、炭黑系、高分子型和金属化合物型四大类,如图3-4-17所示。不同种类的导电纤维的形成方法不同,各类导电纤维实物如图3-4-18所示。

金属纤维以不锈钢纤维为最多,加工方法主要有拉伸法、熔融纺丝法、切削法、涂布法、结晶析出法等。金属涂层纤维是利用胶黏剂在基质纤维上涂敷一层金属粉末而制成的。金属镀层纤维是利用合成纤维针织物经化学镀,再拆编而成的。

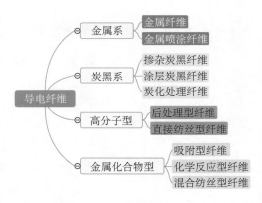

图3-4-17 导电纤维的分类

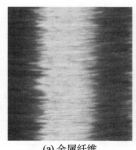

(a)金属纤维 　　(b)金属喷涂纤维 　　(c)炭黑系纤维 　　(d)高分子型纤维

图3-4-18 各种导电纤维实物

炭黑系纤维中的炭黑是由聚丙烯腈纤维、黏胶纤维、沥青纤维经高温炭化而制成的。炭黑混炼型纤维中,涂层加工方法类同于金属涂层法。复合纺丝型纤维中,其导电组分中加入了20%～45%的炭黑粉末,其沿纤维轴向连续分布。复合方式有炭黑外露型、并列型和皮芯型三种,如图3-4-19所示。

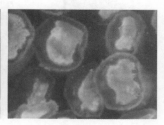

图 3-4-19 炭黑系导电纤维的复合方式

高分子材料通常被认为是绝缘体,而20世纪70年代聚乙炔导电材料的研制成功却打破了这种传统观念。之后,又相继诞生了聚苯胺、聚吡咯、聚噻吩等导电高分子物质。利用导电高聚物制备导电纤维,主要方法有两种:(1)导电高分子材料的直接纺丝法,如将聚苯胺配成浓溶液,在一定的凝固浴中拉伸纺丝;(2)后处理法,在普通纤维表面引发化学反应,将导电高分子物吸附在纤维表面,使普通纤维具有导电性能。

金属化合物型中的化学反应法是20世纪80年代的新技术,是在液体或气体中对基质纤维进行化学反应,使基质纤维的表面和内部生成导电性好的金属化合物。金属化合物型中的复合纺丝法是选择导电性好的金属化合物粉末,作为导电介质,方法类同于炭黑复合法。

(2)抗静电纤维。抗静电纤维的形成采用在纤维表面或内部引入亲水性基团的方法。

利用聚合引发剂和紫外线、放射线等离子高能射线,在纤维分子主链上形成游离基或离子,再与亲水性单体反应,在纤维表面引入亲水性基团。

通过接枝、共混和共聚方法,将亲水性基团引入纤维内部。

3.4 导电纤维和抗静电纤维的应用

抗静电纤维一般用于普通的抗静电服装。导电纤维因纤维内部含导电成分而具有极强的抗静电性能,主要用于制作对抗静电性能要求很高的防静电工作服或防静电织物和导电纤维传感器(图3-4-20)。

(1)防火防爆工作服。抗静电性能指标要求是电荷密度为1 C/件,主要用于石油、煤炭、化工和军工军事等领域。

(2)防尘防污染工作服。抗静电性能指标要求是电荷面密度在4 pC/m² 以下,主要用于微电子、精密仪器、生物制药、医疗、食品等行业。

(3)防电磁波干扰防护物。抗静电性能指标要求是电荷面密度在4 pC/m² 以下,主要用于电子设备、精密仪表、通信设施的屏蔽和保护。

(4)普通抗静电服装。抗静电性能指标要求是7 C/m 以下,主要产品是日常穿着的内衣和外衣。

图 3-4-20　抗静电和导电纤维的应用

（5）导电纤维传感器。检测温度、应力、电磁辐射、化学物质种类和浓度等。

用不锈钢纤维在织物上刺绣出电路，制成织物软键盘，用于新型服装，如闪烁发光的连衣裙、音乐夹克等。

用聚吡咯涂层纤维，制成织物传感器。

聚吡咯直接用于氨和酸的探测，与其他聚合物结合，可组成探测气体混合物的传感器。用导电纤维和绝缘纤维纱线交替编织，制成可测压力的织物。

由聚吡咯涂层莱卡纤维制成的织物，可感受外力拉伸而探测出手指运动情况。

【功能纤维产业链网站】

1. http：//www.hengtong-chem.com 青岛亨通伟业特种织物科技有限公司（镀银产品）

2. http：//www.yzhfiber.com 益展汇纤维科技

3. http：//www.hntaierxin.com 海宁泰尔欣新材料

4. http：//www.qdfiber.com 青岛新维纺织开发

第五章 智能纤维

智能纤维指能够感知环境的变化或刺激,如机械、热、化学、光、湿度、电和磁等,并做出反应的纤维,具有传感、执行、调节适应的功能。

3-5-1 智能
纤维导学十问

3-5-2 智能
纤维 PPT 课
件

1 纤维传感器

纤维传感器是指将被测对象的状态转换成光或电信号来进行检测的传感器,可检测温度、压力、化学物质浓度等,有光导纤维传感器和导电纤维传感器两类,其中光导纤维传感器是当前智能材料首选的信息传感和传输的理想载体。

关于光导纤维和导电纤维的结构特征及性能应用,已在功能纤维一章叙述,本节介绍几种主要的纤维传感器。

1.1 光纤布拉格光栅

光纤布拉格光栅(FBG:Fiber Bragg Grating),简称光纤光栅,是 20 世纪 90 年代以来国际上兴起的一种基础性光纤器件,在光纤通信、光纤传感等在光电子处理领域有着广泛应用前景。

FBG 是利用掺杂光纤的光致折射率变化特性,通过特殊工艺使光纤的纤芯折射率发生永久周期性变化而形成的,能对波长满足布拉格反射条件的入射光产生反射,其原理如图 3-5-1 所示。FBG 可用于光纤通信中的波分复用器、光纤色散补偿器,或用于构造

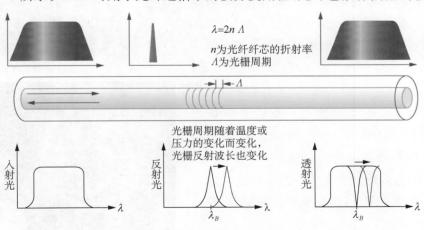

图 3-5-1 FBG 的原理

功能型光纤传感器、光纤激光器等,其原理图和实物图见图 3-5-2。由于 FBG 直接制作在光纤纤芯上,体积小,牢固耐用,所以适合当前光纤技术发展的需要。FBG 的制作和应用研究已成为世界各国光纤技术研究的热点和重点。

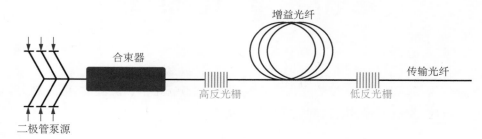

(a) 原理图

(b) 实物图

图 3-5-2　FBG 用于腔镜的光纤激光器

1.2　柔性电极

（1）柔性电极的发展。柔性电极是以导电纤维为电极材料、具有柔韧性的电极,是智能穿戴中的关键部件。柔性电极的发展大体经历了三个阶段。

第一阶段的柔性电极以传统导电金属纤维为原料,并将金属纤维设计成可拉伸结构,如图 3-5-3 所示。传统导电金属纤维最先触及可穿戴领域,但存在服用性能差、导电不稳定等问题。

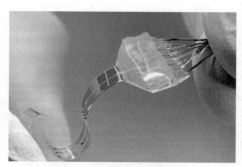

图 3-5-3　金属纤维柔性电极

第二阶段的柔性电极以高分子聚合物作为弹性电极材料。例如将聚吡咯涂在针织物表面,当织物受到拉伸时,其电阻会增加,可以用来监控人体的姿势与手势,如图 3-5-4 所示。尽管研发的大多数导电高分子传感材料的稳定性和导电性并不理想,但电极工艺简单,可设计性强,材料来源广,选择多样。

第三阶段的柔性电极是以特殊纺织纱线作

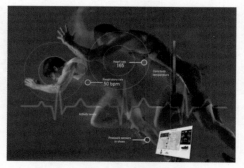

图 3-5-4　柔性电极用于监控人体

为基底,再通过一定方式,与导电纤维结合制备的弹性电极。

(2)柔性电极导电纤维种类。以纳米碳材料、纳米金属粒子、高分子聚合物、天然纤维为代表的导电纤维,在柔性电极中的应用是目前在探索和突破的对象。

随着纳米技术的发展,以石墨烯和碳纳米管(CNT)为代表的纳米碳材料,因同时具备导电性和优异的力学性能,引起了学者的关注。有学者将多根碳纳米管集结成束,然后加捻成股线,制成柔性电极,结构如图3-5-5所示。CNT纱的传感系数可达75,这一优良性能使碳纳米管成为新一代的应变传感材料。

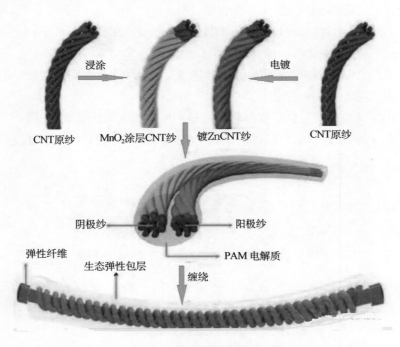

图 3-5-5 碳纳米管柔性电极结构

将纳米金属粒子嵌入或沉积在纤维中,如图3-5-6所示将银粒子嵌入针织物,可制备具备高导电性与弹性的复合材料。纳米金属粒子的粒径小,具有高电子密度、介电特性和催化作用。尽管纳米金属粒子的长径比极小,但在复合物材料得到了高导电性和高弹性。

图3-5-7所示为高分子复合柔性电极,它的柔弹性好,导电性能优异,常用的有聚苯胺、聚吡咯、聚氨酯、聚二甲基硅氧烷等。高分子聚合物

图 3-5-6 高聚物柔性电极

同样存在电性能与拉伸性能难以兼顾的缺陷,许多学者提出了将现有的良导电材料与弹性材料机械共混的方案,如将导电高分子物和高弹性的聚氨酯共混,所制备的导电聚合物的电导率较高。

将导电聚合物覆盖在天然纤维上,也是制备柔性导电纤维的方法之一。研究发现,炭化蚕丝或再生丝素蛋白具有良好的导电性能,可用于能量转换和存储方面。

图 3-5-7　高分子复合柔性电极

2 形状记忆纤维

形状记忆纤维是指热成型时(一次成型)能记忆外界赋予的形状(初始形状),冷却时可以任意形变,并在更低温度下将此形变固定下来(二次成型),当再次加热时能回复原始形状的纤维。

关于形状记忆的诱因,物理因素有热能、光能、电能和声能等,化学因素有酸碱度、螯合反应和相变反应等。

形状记忆纤维由各种形状记忆材料料通过不同的加工方法形成,如图 3-5-8 所示。按原料可分为形状记忆合金纤维、形状记忆聚合物纤维和形状记忆凝胶纤维三类。

图 3-5-8　形状记忆材料的形成方法和原料种类

研究和应用较普遍的是镍钛合金纤维,最典型的是将镍钛合金纤维铺设于绝缘基体中而制成的自诊断、自愈合智能材料。这类纤维的手感硬,回复力大,可用作纱芯与其他纤维纺制具有形状记忆效应的花式纱,并织造成功能织物。

形状记忆聚合物有聚氨酯、聚内酯、含氟高聚物和聚降冰片烯等多种,其中聚氨酯由于具有易激发、形变量大、质量轻、成本低等优良特性而得到了广泛开发和应用。形状记忆聚合物纤维具有众多优点,如手感较形状记忆合金纤维柔软,易成形,具有较好的形状稳定性,力学性能可调节范围和应变较大,因此在纺织品上具有较为广阔的应用前景。

形状记忆纤维在服装方面的应用,主要有外套、衬衣、紧身衣、免熨衬衣、头套、领带等。图 3-5-9 所示为形态记忆纤维裙装,图 3-5-10 所示为形态记忆纤维防烫服。

图 3-5-9　形态记忆纤维裙装

图 3-5-10　形态记忆纤维防烫服

形状记忆纤维在医学领域的应用,如手术缝合线,将其形状记忆温度设置在人体体温附近,以松散线团的形式植入伤口,当手术缝合线的温度达到体温时,材料"记忆"起事先设计好的形状和大小,便会收缩拉紧伤口,待伤口愈合,材料自行分解,然后无害地为人体所吸收。

3 智能调温纤维

智能调温纤维是将相变材料技术与纤维生产技术结合制成的,它具有双向温度调节功能。

传统纤维的保温作用主要通过阻止人体与外界环境之间的热交换来实现。为了提高纤维的保温功能,开发了超细纤维、中空纤维和复合纤维等,以提高纤维和织物内部的静止空气含量,这在一定程度上提高了织物的保暖性。随着高功能纤维材料的开发,积极产热式保暖纤维和智能调温纤维应运而生。积极产热式保暖纤维包括吸湿发热纤维、相变放热纤维、光能发热纤维、化学放热纤维等,具有单向温度调节功能,能使温度升高或降低,如日本东洋纺公司生产的发热纤维 Eks 和 Softwarm,以及具有降温功能的亚麻纤维、玉石纤维等。但由于只具有单向温度调节作用,这些纤维存在明显的缺点,当环境温度变化方向与其温度调节方向相反时,就不能很好地发挥作用。智能调温纤维具有双向温度调节功能,当外界温度变化时,穿着者体表温度在一定时间内可保持恒定,满足不同环境下人体舒适性的要求。

3.1 调温原理

智能调温纤维及织物中含有一定量的相变材料(PCM),相变材料在一定温度下发生相态变化,相变时吸收或放出的相变热(相变潜热)较物质温度变化时吸放的显热要大得多。最常见的水的相变与温度的关系如图 3-5-11 所示。当外界环境温度升高时,纤维中含有的相变材料发生固—固或液—固相变而吸收热量,产生短暂制冷效果;当外界环境温度降低时,纤维中含有的相变材料发生逆向相变而放出热量,产生短暂制热效果,如图 3-5-12 所示。这种吸热放热功能使纤维对温度的改变具有缓冲作用,而且智能调温纤维的吸热和放热过程是自动可逆和无限次的。

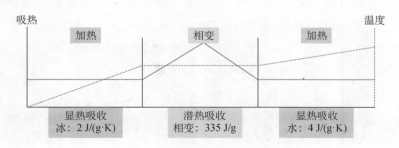

图 3-5-11　水的相变与温度的关系

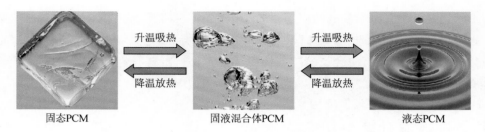

升温吸热 →
← 降温放热

升温吸热 →
← 降温放热

固态PCM   固液混合体PCM   液态PCM

图 3-5-12   相变过程原理

3.2   加工方法

（1）浸渍填充法。20 世纪 80 年代，人们把中空纤维浸渍于相变材料溶液中，使相变材料填充进入中空纤维。由于纤维和相变材料的浸润性不好，需要对中空纤维内壁进行改性处理，或者在相变材料的制备过程中加入表面活性剂，提高中空纤维内壁与相变材料的浸润性能，使相变材料更容易填充进入纤维内部。浸渍填充法生产的纤维直径较大，并且纤维表面会残留相变材料，在使用和洗涤过程中，相变材料易渗出，不适合作为服装用纤维。

（2）共混纺丝法。将相变材料直接混合到聚合物熔体或者纺丝原液中进行纺丝，得到含有相变物质的智能调温纤维。

共混纺丝法也存在一些不足，在聚合物熔体中加入一定量的相变材料后，可纺性变差，纺丝过程、纤维染整和后整理过程对相变材料的稳定性要求较高，相变材料固-液转变对纤维强度的影响较大，这些问题有待进一步解决。

（3）微胶囊复合纺丝法。将相变材料用高分子化合物或无机化合物以特定工艺包覆，制成含有相变材料的固体微粒，包覆物对相变材料的化学性能没有影响。将一定量的微胶囊添加到纺丝溶液或熔体中，纺制成智能调温纤维。图 3-5-13 中，(a)、(b) 和 (c) 分别是 Outlast 微胶囊在不同纤维中的嵌入情况，微胶囊内的相变材料稳定地存在于纤维中，解决了相变材料的泄漏问题。

（4）涂层法。涂层法是将相变材料以涂层的方式整理到纺织品表面，赋予其温度调节功能。此方法采用的相变材料有两种形式：一是采用微胶囊形式，将含有微胶囊的涂层剂直接涂层到纺织品的表面，图 3-5-13(d) 所示为 Outlast 微胶囊在涂层织物中的嵌入情况；二是直接将相变材料涂层到纺织品的表面，这种加工方法简单，但存在相变材料

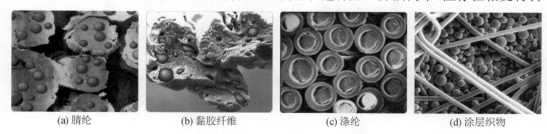

(a) 腈纶   (b) 黏胶纤维   (c) 涤纶   (d) 涂层织物

图 3-5-13   Outlast 微胶囊的嵌入情况

含量低、处理后纺织品手感和服用性能变差的缺点,织物的耐洗涤性能也较差,涂层易被破坏。

　　上述几种生产智能调温纤维的方法中:共混纺丝法需要加入大量增塑剂以改善可纺性,浸渍填充法中的相变材料易渗出,涂层法存在相变材料稳定性差等问题。关于智能调温纤维的工业化生产,微胶囊复合纺丝法是目前最适合的加工方法。智能空调纤维Outlast 和我国生产的丝维尔(黏胶基智能调温纤维),都采用微胶囊复合纺丝法。

3.3　应用领域

　　(1)民用服装。智能调温纺织品具有良好的舒适性和调温功能,可用作服装及服饰,如服装衬里、内衣、手套、帽子、运动服等。智能调温纺织品在服饰领域的应用较为广泛。

　　(2)职业服装。智能调温纤维可用于制作军用服装、宇航服、潜水服、消防服、炼钢服、特殊劳保服装、耐高低温手套及外科医疗手术服、病人被褥、恒温绷带和重症监护病房的温度调节产品。

　　(3)家纺产品。智能调温纺织品可用于制造窗帘、床垫、枕头、毛毯或保温絮,当环境温度变化时,智能调温纤维可以通过吸收或释放一定量的潜热维持环境温度平衡,使人们处于舒适的生活环境中,目前用作睡袋产品已经产业化。

　　(4)鞋衬。调温纺织品能吸收、存储、重新分配和释放热量,防止脚部温度剧烈变化,温度恒定使舒适感增加,比如滑雪靴、高尔夫鞋、登山鞋、赛车靴子。

　　(5)其他。可用于航空材料、汽车内饰、座椅靠垫、电池隔板、建筑材料。

3.4　性能评价

　　智能调温纤维的调温性能的常用表征方法有差示扫描量热法(DSC)和红外热像仪法。

　　(1)差示扫描量热法(DSC)。DSC 是一种热分析方法,可以测定智能调温纤维织物的热焓和相转变温度,可得到如图 3-5-14 所示的 DSC 分析图。

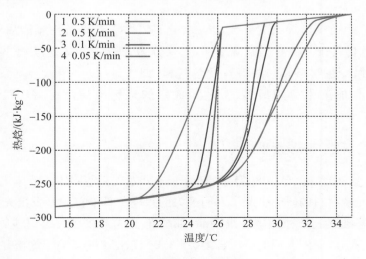

图 3-5-14　DSC 分析图

（2）红外热像仪法。利用红外探测器、光学成像物镜接收被测物体的红外辐射信号，运用光电技术检测物体热辐射的红外线特定波段信号，将该信号转换成人类视觉可分辨的图像和图形，可以进一步表达物体表面的温度分布状况，图 3-5-15 所示为其原理图和人体热像图。热像图上的不同颜色表示温度分布，红色、粉红表示较高的温度，蓝色和绿色表示较低的温度。图 3-5-16 所示为戴 Outlast 手套前后的热像图。

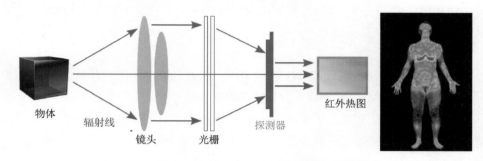

图 3-5-15　红外热像仪原理图及人体热像图

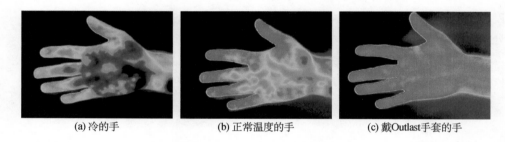

(a) 冷的手　　　　　　(b) 正常温度的手　　　　　(c) 戴Outlast手套的手

图 3-5-16　红外热像图

4　智能变色纤维

智能变色纤维是指纤维受到光、热、水分或辐射等外界条件刺激后颜色自动变化的纤维。变色材料按其外界刺激源不同，主要分为光敏变色材料、热敏变色材料、电致变色材料、湿敏变色材料和一些特殊变色材料，如压制变色材料、溶剂致变色材料等。目前，在纺织品加工中应用最多、工艺最成熟的是热敏变色材料，其次是光敏变色材料。

4.1　智能变色纤维的研发历程

（1）光敏变色纤维。自 1989 年 W.Marckwald 发现某些固体或液体化合物具有光敏性能起，各种光敏材料的研究引起了人们极大的兴趣。日本首先开发出光致变色复合纤维，并以此为基础制成各种光敏纤维制品，如绣花丝绒、针织纱、机织纱等，用于装饰皮革、运动鞋、毛衣等，受到人们的广泛喜爱（图 3-5-17、图 3-5-18）。如松井色素化学工业公司制成的光致变色纤维，在无阳光的条件下不变色，在阳光或紫外光照射下显深绿色。

日本 Kanebo 公司将螺吡喃类光敏物质包敷在微胶囊中,用于印花工艺,在吸收波长为 350～400 nm 的紫外线后,由无色变为浅蓝色或深蓝色。

(a) 变色前　　　　(b) 变色后1　　　　(c) 变色后2　　　　(d) 变色后3

图 3-5-17　纯色光敏变色纱

目前,国外有科学家根据变色服装的原理,研制出一种变色纤维。它并不是随着环境条件的变化马上改变颜色,而是有一定时间的稳定性和变色的滞后性。这种变色纤维受到一定光照,颜色改变后可保持 24 h。

图 3-5-18　彩色光敏变色纱

(2) 热敏变色纤维。1988 年,东丽公司开发了一种温度敏感织物 Sway@。它是由热敏染料密封在直径 3～4 m 的胶囊内,然后涂层在织物表面而制成的。微胶囊内包含三种主要成分:热敏变色性色素、与色素结合能显现另一种颜色的显色剂;以及在某个温度下能使互相结合的色素和显色剂分离,并能溶解色素或显色剂的醇类消色剂。调整三者的比例,可以得到颜色随温度变化的微胶囊,而且这种变化是可逆的。它的基色有四种,但可以组合成 64 种不同的颜色,在温差超过 5 ℃时发生颜色变化。

英国默克化学公司将热敏化合物掺到染料中,再印染到织物上。染料由黏合剂树脂的微小胶囊组成,每个胶囊都有液晶,液晶能随温度变化而呈现不同的折射率,使服装变幻出多种色彩。温度较低时,服装呈黑色,28 ℃时呈红色,33 ℃时呈蓝色,28～33 ℃则产生其他色彩。

4.2　变色材料的变色机理

(1) 光敏变色材料。光敏变色材料是一种能在紫外线或者可见光的照射下发生变色,光线消失后又可以回复原来颜色的材料。其变色机理可用图 3-5-19 表示:化合物 A 在外部光的刺激下,发生分子结构或电子能级的变化,形成吸收光谱不同的化合物 B;化合物 B 在其他波长的光或

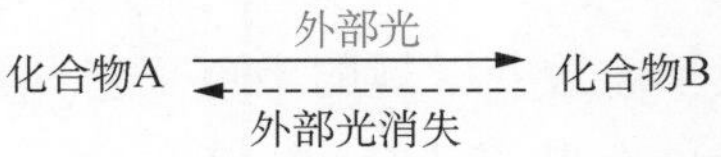

$$\text{化合物A} \underset{\text{外部光消失}}{\overset{\text{外部光}}{\rightleftarrows}} \text{化合物B}$$

图 3-5-19　光敏变色材料的变色机理

热的作用下,又返回化合物 A。由于两种物质的吸收光谱发生变化,当该变化处于可见光区域时,就会产生发色与消色的可逆变化现象,即光致变色现象。光敏变色化合物变化分为结构异构化、分子离子化、氧化还原反应等。

光敏变色材料已发展到四个基本色:紫色、黄色、蓝色、红色。四种光敏变色材料印在织物上本身没有色泽,当织物在紫外线照射下才会变色。

(2)热敏变色材料。热敏变色材料是指具有热致变色性能的材料。热敏变色材料之所以能够变色,是由于变色体能引起内部结构的变化,从而导致颜色的改变,当温度降低时,颜色又复原。

4.3 变色材料的制造技术

纺织用变色材料包括变色纤维和变色染料两大类,如图 3-5-20 所示。

(1)变色纤维的制造技术。主要包括溶液纺丝法、熔融纺丝法、后整理法及接枝聚合法。

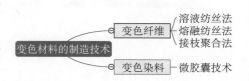

图 3-5-20 变色材料的制造技术

溶液纺丝法与常规溶液纺丝法相近,但要在纺丝液中加入具有可逆变色功能的染料和防止染料转移的试剂,即将变色化合物和防止其转移的试剂直接添加到纺丝液中进行纺丝。

熔融纺丝法又分为聚合法、共混纺丝法、皮芯复合纺丝法。聚合法是将变色基团引入聚合物,再将聚合物纺成纤维。如合成含硫衍生物的聚合体,然后纺成纤维,它能在可见光下发生氧化还原反应,在光照下和湿度变化时,颜色由青色变为无色。共混纺丝法是将变色聚合物与聚酯、聚丙烯、聚酰胺等聚合物熔融共混进行纺丝,或把变色化合物分散在能和高聚物混融的树脂载体中制成色母粒,再混入聚酯、聚丙烯、聚酰胺等聚合物中进行熔融纺丝。皮芯复合纺丝法是生产变色纤维的主要技术,它以含有光敏剂的组分为芯,以普通纤维为皮,经共熔纺丝得到光敏变色皮芯复合纤维。

接枝聚合法主要采用接枝聚合技术,使纤维具有变色性能。

(2)变色染料的制造技术。将光敏变色材料与织物结合,最早和最简便的方法是印花和染色。

光敏变色染料的品种多样,但只有具备一定色牢度的染料才能用于纺织品的染色。不同用途的纺织品对染料的色牢度要求不同,如服装对耐洗色牢度、耐汗渍色牢度、耐晒色牢度的要求都较高,窗帘对耐晒色牢度的要求较高,椅套、坐垫则要求耐摩擦色牢度高些。热敏材料在 PU 革中的应用如图 3-5-21、图 3-5-22 所示。光敏变色染料染色一般不需改变常规的染色工艺及染色设备,关键在于变色染料的选择,以得到满意的染色效果和变色效果。

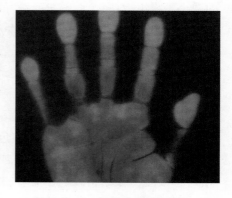

图 3-5-21 热敏染色变色 PU

4.4 变色纤维及织物的应用

（1）变色服。变色服是指由变色纤维或采用变色染料加工而成的服装。变色服早先是为军事研发的。20 世纪 60—70 年代，美国国防部为了应对苏联的侦察卫星对美国部队和军事装备的侦察，研制出一种变色龙式的隐形材料。这种隐形材料可以随着周围环境的变化而变换颜色：在雪地中呈白色，在沙漠中呈黄褐色，在丛林中呈绿色，在海洋中呈蓝色。

图 3-5-22　热敏印花变色 PU 革

在现代军服领域，由变色纤维制作的手套和服装作为防毒用品。比如将植有化学检测传感器的变色纤维织物制成服装让战士穿上，当有毒物质存在时，织物会像石蕊试纸那样变色。还有用变色纤维织物制成的手套，戴上这种手套，把手插入水中，就能从它的颜色变化中得知水是否安全可以饮用。

变色纤维在民用服装中的应用，商品化的是以 T 恤为主的服装，变化的标准温度一般设定在 27 ℃。由于 T 恤直接与人体肌肤接触，在外界温度、衣服内温度及体温三者的综合作用下，T 恤的表面会出现不同颜色（图 3-5-23）。变色材料也用于裙装，随着温度变化，颜色渐变，如图 3-5-24 所示。

图 3-5-23　热敏变色 T 恤

（2）名牌服饰标识防伪技术。商标、标识、洗唛和缝纫线等防伪材料，如利用变色纤维制造需要温变或在特定的光线下才能显示的标识，提高标识制作技术和成本，提升防伪效果。

（3）装饰材料。利用光致变色纤维和热致变色纤维的变色原理，可以使室内的墙布或涂料在早上、中午、晚上呈现不同的颜色和图案，还可以根据不的季节呈现不同的颜色和图案：夏季呈冷色调，冬季呈暖色调，春秋季呈中性色调。

温度

图 3-5-24　热敏染料染色服装

【智能纤维产业链网站】

1. http://www.auniontech.com 昊量光电

2. http://www.outlast.com Outlast Technologies LLC

第六章 高强高模和高弹性纤维

第一节 高强高模纤维
——碳纤维、芳纶 1414 和 UHMWPE 纤维

3-6-1 碳纤维导学十问

3-6-2 对位芳族聚酰胺纤维（芳纶 1414）导学十问

3-6-3 UHMWPE 纤维导学十问

高强高模（High Strength and High Moduls）纤维、耐高温阻燃纤维等通常称为超级纤维，我国称其为高性能纤维。关于高强高模纤维，目前尚无确切定义，一般把单位截面的抗张强度大于 2 GPa、模量大于 50 GPa 的纤维或者单位质量的抗张强度（比强度）大于17.7 cN/dtex（20 gf/D）、模量大于 445 cN/dtex（500 gf/D）的纤维称为高强高模纤维。

已经产业化的高强高模纤维主要有碳纤维、芳纶 1414 和 UHMWPE（超高相对分子质量聚乙烯）纤维，并称为三大高性能纤维，它们的强度和模量如表 3-6-1 所示。

表 3-6-1 三大高性能纤维的主要特性

纤维类型	学名	我国商品名	著名商标	强度/ (cN·dtex^{-1})	模量/ (cN·dtex^{-1})	熔点或分解点/ ℃
普通纤维	聚酰胺纤维	锦纶（尼龙）	—	3～6	7～26	223
	聚酯纤维	涤纶	—	5～8	61～79	265
高强高模纤维	碳纤维	碳纤维	T300（东丽）	20	1 320	—
	对位芳香族聚酰胺纤维	芳纶 1414（芳纶Ⅱ）	Kevlar®（东丽）	19～23.5	400～830	570
			Twaron®（帝人特瓦隆）	24.5	520	
			Technora®（帝人）			
	超高相对分子质量聚乙烯纤维	超高相对分子质量聚乙烯纤维	Dyneema® SK60（东洋纺/DSM）	26～35	883～1 236	145～155
			Dyneema® SK71（东洋纺/DSM）	35～40	1 060～1 413	145～155
			Spectra®900（霍尼韦尔）	22～27	633～812	250

三大高性能纤维中，美国杜邦公司的 Kevlar® 是最早发明的一种，是芳香族聚酰胺纤维，从分子结构来分析，是对苯二甲酸与对苯二胺缩聚而成的。帝人特瓦隆（Teijin Twaron）公司的 Twaron® 具有相同的结构，是刚性链结构大分子，犹如一根直线。这种刚性聚合物熔体呈液晶状态（溶致性液晶），利用该性质进行纺丝的方法称为液晶纺丝，得到的纤维中大分子链高度取向，纤维力学性能比常规纤维高出 2 倍以上，大大超过常规纤维，超级纤维的名称由此而得。

1970 年之后的 10 年间,用刚性高分子研制超级纤维不断取得进展。同时,以超高相对分子质量聚乙烯为原料制造 Dyneema® 和 Spectra® 等纤维,采用的是新发明的冻胶纺丝方法。虽然聚乙烯是极柔性的聚合物,通过纺丝方法上的创新,同样能得到强度超出刚性分子组成的超级纤维。

1 碳纤维

1.1 碳纤维的研究与产业发展现状

3-6-4 高强高模纤维 PPT 课件

碳纤维的起源可追溯至 1860 年,英国人亚瑟夫·斯旺将细长的绳状纸片炭化制取碳丝,制作电灯的灯丝;1880 年美国发明家爱迪生将竹子炭化成丝作为发光灯丝,开启了碳纤维(Carbon Fibre,简称 CF)的先河。将碳纤维作为结构材料的首创者,则以美国碳化合物联合公司(Union Carbide Co., U.C.C.)为代表,于 1959 年得到模量为 40 GPa、强度约为 0.7 GPa 的碳纤维;1965 年该公司又用相同原料在 3 000 ℃高温下延伸,开发出丝状高弹性石墨化纤维,模量为 500 GPa,强度约为 2.8 GPa。

1961 年,日本大阪工业技术试验所进藤召男博士,以聚丙烯腈(Polyacrylonitrile,简称 PAN)为原料,经过氧化与数千度高温的炭化工序后,得到模量为 160 GPa、强度为 0.7 GPa 的碳纤维。

1962 年,日本碳化公司(Nippon Carbon Co.)用 PAN 为原料,制得低弹性系数(L.M.)碳纤维。东丽公司亦以 PAN 纤维为原料,开发了高强度 CF,模量为 230 GPa,强度约为 2.8 GPa,并于 1966 年起达到每月产量为 1 t 的规模。与此同时,他们还开发了炭化温度在 2 000 ℃以上的高弹性 CF,模量为 400 GPa,强度约为 2.0 GPa。

碳纤维的商业化生产始于 20 世纪 70 年代日本的 Toray(东丽)、Toho Tenax(东邦特耐克斯)和 Mitsubishi(三菱)公司。这些公司目前仍跻身于世界上最大的碳纤维生产商行列。20 世纪 80 年代中期,美国和欧洲的公司,如 Zoltek(卓尔泰克)、Cytec(苏泰克)和 Hexcel(赫克塞尔),也开始生产碳纤维。

我国 PAN 基碳纤维的研究与开发始于 20 世纪 60 年代初,"九五"规划以来,我国碳纤维的发展经历了规模不大的技术引进及碳纤维民用制品领域的拓展,在生产规模及产品应用方面取得了一定的进步。一些高等院校,如北京化工大学、安徽大学、中山大学等,也相继开展了 CF 研究。

1.2 碳纤维的种类

3-6-5 碳纤维产业链视频

碳纤维按生产原料有聚丙烯腈(PAN)基碳纤维、沥青基碳纤维、黏胶基碳纤维等,分别由聚丙烯腈、沥青、黏胶丝经炭化制得;按状态分为长丝、短纤维和短切纤维;按力学性能分为通用型和高性能型。通用型碳纤维的强度为 1 000 MPa、模量为 100 GPa 左右。高性能型碳纤维又分为高强型(强度 2 000 MPa、模量 250 GPa)和高模型(模量 300 GPa以上);强度大于 4 000 MPa 的又称为超高强型,模量大于 450 GPa 的称为超高模型。随着航天和航空工业的发展,还出现了高强高伸型碳纤维,其延伸率大于 2%。

目前世界上生产和销售的碳纤维绝大部分是 PAN 基碳纤维,2009 年 PAN 基碳纤维产能占全球碳纤维总产能的 96%。全球 13 家大型碳纤维生产公司中,以 PAN 为原料生产碳纤维的公司有 9 家,包括日本的东丽(Toray Industries)、东邦特耐克斯(Toho Tenax)和三菱人造丝(Mitsubishi Rayon),美国的卓尔泰克(Zoltek)、赫克塞尔(Hexcel)、苏泰克(Cytec)和阿尔迪拉(Aldila),德国的西格里(SGL)以及中国台湾的台塑(Formosa Plastics)。

PAN 基碳纤维依据丝束大小分为小丝束和大丝束两种。小丝束是指纤维丝束介于 1~24 K(1 K 代表 1 000 根)的碳纤维,如图 3-6-1 所示。小丝束碳纤维性能优异,一般多用于航空航天等高端技术领域。日本的东丽、东邦特耐克斯和三菱人造丝是生产小丝束碳纤维最主要的公司,2009 年 3 家公司的小丝束碳纤维产量占全球小丝束产量的 70%,其中以东丽公司为最大,占据全球碳纤维产能的 34%。大丝束碳纤维是指丝束数为 48 K 及以上的碳纤维(图 3-6-2),其性能较低,作为通用级别纤维,主要用于民用领域和一般工业中。由于大丝束的制备原料为民用 PAN 原丝,因此相对于小丝束碳纤维而言,属于一种低成本生产技术。目前国际上大丝束碳纤维主要生产公司有卓尔泰克、阿尔迪拉、三菱人造丝、东邦特耐克斯和西格里,其中美国卓尔泰克生产的大丝束占总产能的 50%。

图 3-6-1　小丝束碳纤维

图 3-6-2　大丝束碳纤维

1.3　碳纤维及复合材料的生产

1.3.1　碳纤维的生产

以 PAN 原丝为原料的碳纤维的制造包括热稳定化(预氧化)、炭化、石墨化和表面处理四个过程,其工艺流程如图 3-6-3 所示。

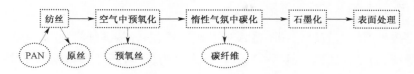

图 3-6-3　PAN 基碳纤维生产工艺流程

(1) 预氧化。PAN 原丝的预氧化,又称热稳定化,一般在 180~300 ℃ 的空气气氛

图 3-6-4　预氧化中分子的环化

中进行。因为在温度低于 180 ℃时,反应速度很慢,耗时太长,生产效率过低;而当温度高于 300 ℃时,将发生剧烈的集中放热反应,导致纤维熔融断丝。在预氧化过程中要对纤维施加适当牵伸,以抑制收缩,维持大分子链对纤维轴向的取向。预氧化的目的是使热塑性 PAN 线形大分子链转化为非热塑性的耐热梯形结构,如图 3-6-4 所示,从而使纤维在炭化高温下不熔不燃,继续保持纤维形态。

预氧化方法包括恒温预氧化、连续升温预氧化和梯度升温预氧化。其中,前两种预氧化方法的效率较低,目前主要用于实验室研究;梯度升温预氧化则是当前工业化生产所普遍采用的。预氧化温度及其分布梯度、预氧化时间、张力牵伸等是影响预氧化过程的主要工艺参数。预氧化时间一般为 60～120 min,炭化时间为几分钟到十几分钟,石墨化时间则以秒计算。可见,预氧化过程是决定碳纤维生产效率的主要环节。

(2) 炭化。炭化过程一般包括低温炭化和高温炭化两个阶段,低温炭化的温度一般为 300～1 000 ℃,高温炭化的温度为 1 100～1 600 ℃。炭化时需要采用高纯度氮气作为保护气体。在炭化过程中,较小的梯形结构单元进一步进行缩聚,且伴随热解,向乱层石墨结构转化的同时释放出许多小分子副产物,非碳元素即 O、N 和 H 逐步脱除,C 元素逐步富集,最终生成含碳量在 90% 以上的碳纤维。

(3) 石墨化。炭化后的纤维在 2 500～3 000 ℃ 的密封装置中,施以一定的压力,使纤维中的结晶碳向石墨晶体取向。

(4) 表面处理。对于制作复合材料的碳纤维,为了提高碳纤维与复合材料中碳纤维与基体的结合强度,对碳纤维表面进行处理,处理方法有表面清洁法、气相氧化法、液相氧化法和表面涂层法。

1.3.2　碳纤维复合材料的生产

纤维增强复合材料分为连续纤维复合材料和非连续纤维复合材料,前者作为分散相的长纤维,两个端点都位于复合材料的边界处;后者则是短纤维,晶须无规则地分散在基体材料中。复合材料的结构如图 3-6-5 所示。碳纤维增强复合材料主要包括以下几类:

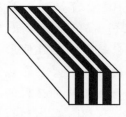   

(a) 叠层复合　　　(b) 连续纤维复合　　　(c) 细粒复合　　　(d) 短切纤维复合

图 3-6-5　碳纤维复合材料结构

(1) 碳纤维增强树脂基复合材料(CFRP)。

(2) 碳纤维增强碳基复合材料(CFC,C/C)。

(3) 碳纤维增强金属基复合材料(CFRM)。

（4）碳纤维增强陶瓷基复合材料（CFRC）。

（5）碳纤维增强橡胶基复合材料（CFRR）及碳纤维增强木材复合材料等。

其中，CFRP 和 C/C 复合材料的技术较成熟，得到了广泛的应用；CFRM 应用于部分构件中，其整体工艺仍然处于研制开发阶段；CFRC 和 CFRR 尚处于应用开发阶段。

1.3.2.1　C/C 复合材料生产

C/C 复合材料由碳纤维或织物等增强碳基复合材料构成，具有轻质、高强高模、尺寸稳定、耐高温、抗热应力等许多优异性能，使它成为应用于航天航空及军事领域的首选高温材料。

C/C 复合材料中，碳纤维及其预成型物作为增强的骨架，预成型物可以是碳布的叠层针刺物（Z 向）、整体碳毡（针刺毡）或各种编织物。C/C 复合材料成型主要工序包括坯体的预成型、浸渍、炭化、致密化、石墨化和抗氧化涂层。C/C 复合材料的主要制备工艺流程如图 3-6-6 所示。

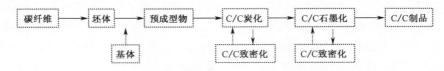

图 3-6-6　C/C 复合材料生产工艺流程

坯体的制造方法很多，有预浸料缠绕、叠层和编织，以编织为主。致密化处理工序主要有树脂浸渍、化学气相沉积（CVD）、化学气相浸渗（CVI）、炭化、石墨化等；致密化工序的目的在于使增强纤维连接成整体，保持一定形状，从而能够承受外力。炭化可分为低温炭化（1 000 ℃左右）和高温炭化（1 200～1 800 ℃），石墨化大概在 2 500～3 000 ℃。

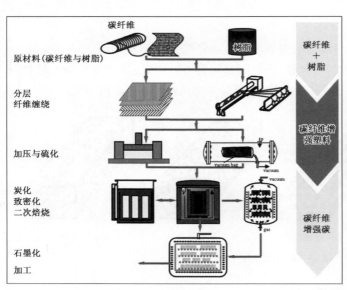

图 3-6-7　CFRP 成型基本工艺流程

多次致密化循环中进行的石墨化，可以弥补基体中非碳原丝逸走而造成的空洞和收缩。

1.3.2.2　CFRP 复合材料生产

CFRP 复合材料的半成品和最终产品的制造方法，取决于复合材料的的几何形状和使用要求。主要工序包括碳纤维与树脂两种材料的成型、加压与硫化、炭化和石墨化，如图 3-6-7 所示。其中成型方法有真空袋囊法、挤拉成型、缠绕成型、树脂注射成型和手糊法等。

1.4　碳纤维的结构及性能

1.4.1　碳纤维的结构

　　高强（T）系列和高强高模（MJ）系列的碳纤维形态结构如图 3-6-8 所示。从纤维纵向形态可看出，T300、T800、M40J、M55J 和 M60J 表面有明显沟槽，是湿法纺丝的表面特征。T300 纤维表面沟槽宽而深且较为错乱，而 T800 和 MJ 系列的沟槽细浅且沿轴向规则平行排列。T1000 纤维表面比较光滑，是干喷湿纺的表面特征。沟槽的存在一方面可以增大碳纤维的表面能，有利于树脂与碳纤维的浸润，也利于形成较强的机械啮合作用，但另一方面会增加表面微裂纹存在的概率，使碳纤维的拉伸强度下降。所以，表面处理通常是以强度下降为代价的，沟槽越粗大、越紊乱，对纤维强度的损伤就越大。

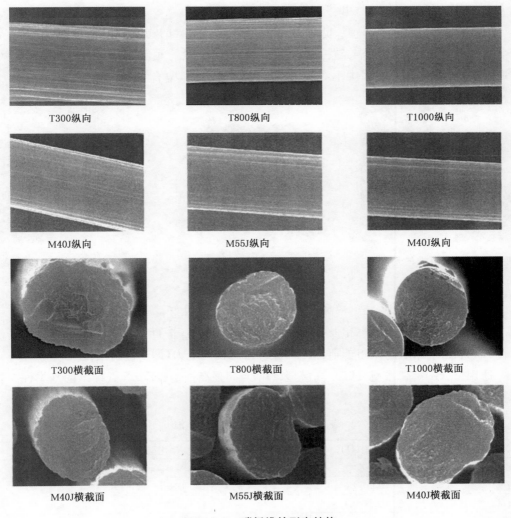

图 3-6-8　碳纤维的形态结构

从纤维的断面形态可看出，MJ 系列碳纤维的断面比较平整，这说明碳纤维在断裂时受力比较均匀且十分致密，没有明显的应力集中点，外力均匀地分布在整个纤维截面上，有利于提高碳纤维的强度。

1.4.2　碳纤维的物理力学性能

（1）低密度和高强度。碳纤维的密度为 1.6～2.0 g/cm³，是钢材的 1/5～1/4；而比强度和比模量优于钢材和其他无机纤维。这两大优点使碳纤维复合材料在航空航天工程（如空中客车 A350 机翼）、汽车行业、运动器材及高强度和高刚性工业中的应用不断扩大。

（2）纤维细小而柔软。碳纤维的直径为几微米，是人发的 1/10，如图 3-6-9 所示。碳纤维具有一般纤维材料的可挠性、可编性、可弯曲性和柔软性，使其复合材料的力学性能不同于钢材和玻璃钢（玻璃纤维复合材料），碳基体能吸收外部力量而迅速瓦解受到的冲击或振动，例如碳纤维复合材料中可植入铁钉而不产生裂纹等（图 3-6-10）。碳纤维复合材料利用其纤维的可挠性和可编性进行成型。

（3）耐磨、耐疲劳、耐高温、低电阻、低磨损。这些优异的物理力学性能使碳纤维适合于需接触腐蚀性介质及高温条件下作业而又需精密配置的元件，如图 3-6-11 所示的碳素传动轴套管，在熔融金属中不沾润，并具有润滑性，使其复合材料的磨损率降低。

图 3-6-9　碳纤维与人发的粗细　　图 3-6-10　碳纤维复合材料植入铁钉　　图 3-6-11　碳素传动轴套管

（4）热膨胀系数小，导热率高。高温下的尺寸稳定性好，不出现蓄能和过热。

（5）各向异性。导热率和强度等性能具有各向异性，平行于纤维轴向的热导率高于径向，而其径向强度不如轴向强度，因而碳纤维忌径向受力（即不能打结）。

通用型（GP）、高强型（HT）、高模型（HM）、高强高模型（HP）等碳纤维的基本性能指标见表 3-6-2。

表 3-6-2　碳纤维的规格与性能

纤维规格	高强型（HT）	高模型（HM）	通用型（GP）	高强高模型（HP）
直径/μm	7	5～8	—	9～18
强度/（×10³ MPa）	2.5～4.5	2.0～2.8	0.78～1.0	3.0～3.5
模量/（×10³ GPa）	2.0～2.4	3.5～7.0	3.8～4.0	4.0～8.0
伸长率/%	1.3～1.8	0.4～0.8	2.1～2.5	0.4～0.5
密度/（g·cm⁻³）	1.78～1.96	1.40～2.00	1.76～1.82	1.9～2.1

1.4.3　碳纤维的化学性能

碳纤维的化学性能与碳十分相似,在空气中当温度高于 400 ℃时即发生明显的氧化,氧化产物 CO_2 和 CO 在纤维表面散失,所以其在空气中的使用温度不能太高,一般在 360 ℃以下。但在隔绝氧的情况下,使用温度可提高到 1 500～2 000 ℃,而且温度越高,纤维强度越大。

1.5　碳纤维的产品及应用

碳纤维的直接产品有短切纤维、碳纤维预浸料坯和碳纤维织物三大类。其中碳纤维织物是碳纤维重要的应用形式,可分为碳纤维机织物、碳纤维针织物、碳纤维毡和碳纤维异形织造织物。国内以碳纤维机织物的应用为主,国际市场逐渐转向碳纤维轴向经编织物。

碳纤维三大类产品主要用于生产各类增强复合材料,其产业链如图 3-6-12 所示。

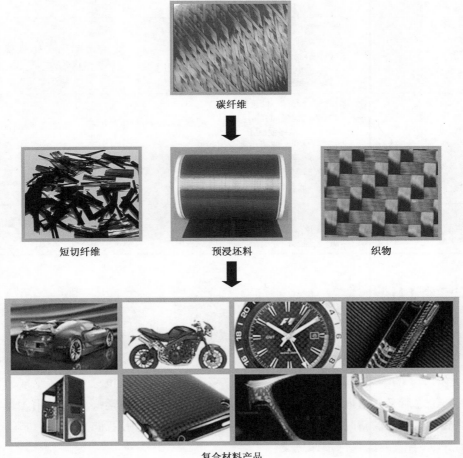

图 3-6-12　碳纤维产业链

碳纤维主要应用于航天航空、汽车制造、体育运动、土木建筑和能源开发五大领域,具体应用如表 3-6-3 所示。

表 3-6-3　碳纤维的应用领域

类别		应用领域	利用的碳纤维特性
航天航空	飞机	一次结构材料:主翼,尾翼,机体 二次结构材料:辅翼,方向舵,升降舵 内装饰材料:舱底板,行李架,刹车片	轻量化,耐疲劳,耐热性
	宇宙飞行器	抛物面卫星天线,太阳能电池梁,壳体结构材料	耐磨损,导热性
	导弹火箭	喷管,发动机罩,防热材料,仪器舱,导弹发射筒	轻量化,耐烧蚀,耐热
	其他	宇宙空间站,卫星发电站,太空望远镜	轻量化,尺寸稳定性,耐热
文体器材	钓具 网拍类 高尔夫球 其他	钓竿,滑轮 球拍,球杆 滑雪板,自行车,赛车,赛艇 冰球鞋	轻量化,刚性,敏感性,吸能减震性
医用器材		X衍射仪的床板,CT板 假肢,人造骨,关节,假牙,韧带 医疗电极,医疗热袋	高比强,高比模,X射线透过性和生物相容性好
新能源		核反应堆第一壁材 风力发动叶片 太阳能发电板,抛物面激光器,太阳能热水器 电池电极材料 海上油田勘探和开采器材	高比强,高比模,线膨胀系数小,耐腐蚀,导电减震
土木建筑		高层建筑的幕墙,圆顶建筑的横梁 绝热板,自动门地板,防静电地板,采暖地板 增强混凝土 超长桥的桥墩,隧道加固及超强件 碳纤维绳索	高比强,高比模,耐腐蚀,导电,加工性好
汽车与火车		车轮,底盘,保险杆,制动器	高比强,高比模,减震吸能,耐疲劳,耐腐蚀,耐磨损
电子电气及仪器		电视天线,光学仪器,摄象机,半导体支架 计算机和传真机等的电磁屏蔽材料 扬声器喇叭,车器构件静电消除刷,柔性刷,电刷	高比强,高比模,线膨胀系数小,电池屏蔽性好,减震

2 芳纶 1414

2.1 芳纶 1414 的研究与产业发展现状

3-6-6 对位芳族聚酰胺纤维(芳纶 1414)产业链视频

　　芳纶 1414 的学名为聚对苯二甲酰对苯二胺(PPTA)纤维,也称对位芳纶或芳纶Ⅱ。它是继锦纶之后又一里程碑式的发明,它的问世大大拓展了化学纤维的应用领域,开创了高性能合成纤维的新时代。更重要的在于它是世界上首例用高分子液晶纺丝新技术制得的纤维,有重要的理论指导意义。

　　美国杜邦公司是对位芳纶的发明者和最主要的生产商。1966 年 S.L.Kwolek 发明了对位芳纶液晶纺丝新技术,1972 年对位芳纶实现产业化,商品名为"Kevlar®"。

　　日本帝人公司的对位芳纶有"Technora®"和"Twaron®"两种牌号。Technora® 是帝人公司利用独自技术开发的共聚型对位芳纶,1987 年产业化;Twaron® 原是荷兰 Akzo

Nobel 公司的产品，其化学结构与 Kevlar® 相同，1972 年开始研究，1987 年产业化。2000年帝人收购 Twaron® 后，共进行了三次大规模扩产。

韩国、俄罗斯和德国等也在开发或生产对位芳纶，但产量较少。韩国可隆（Kolon）1979 年开始开发，2005 年实现产业化，商品名为"Teracron®"。韩国晓星公司于 2009 年实现对位芳纶的产业化，商品名为"Alkex®"。

我国对位芳纶的研究始于 1972 年，主要研究单位有中科院化学所、上海市合成纤维研究所、中蓝晨光化工研究院、东华大学和清华大学等。在 1972—1991 年期间，先后经历了实验室研究、小试和中试几个阶段，并被列为"六五""七五"和"八五"国家重大科技攻关项目和国家"863"计划，取得了一批科研成果。21 世纪初，我国的对位芳纶迎来了一个新的开发热潮，并在工程化研究方面取得了重大突破。目前，国内主要有 7 家企业（包括烟台氨纶、河南平煤神马、仪征化纤、中蓝晨光、河北硅谷化工、广东彩艳等）正在进行对位芳纶的研发和工厂兴建。

世界对位芳纶的发展历程如图 3-6-13 所示。对位芳纶自 1972 年问世以来，在经历了较长时期的技术和市场开发后，生产国家和厂商日渐增多，产能不断扩大。特别是进入 21 世纪以来，随着应用领域的拓展，世界需求量以每年 10%～15% 的速度递增。

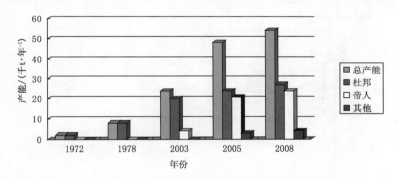

图 3-6-13　对位芳纶的发展历程

目前全球有美国杜邦、日本帝人、韩国可隆、韩国晓星、俄罗斯卡明斯克和我国烟台氨纶集团等 5 个国家的 6 家公司，实现了对位芳纶的产业化。主要生产国的产能如图 3-6-14 所示。

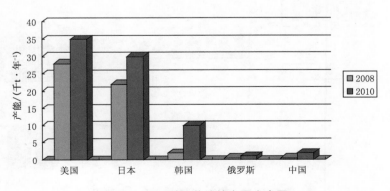

图 3-6-14　对位芳纶的主要生产国

2.2　芳纶 1414 的生产

对位芳纶的基本原料是对苯二胺
(PPD)和对苯二甲酰氯(TCl),经缩聚形成
聚对苯二甲酰对苯二胺(PPTA)。PPTA
的化学分子结构如图 3-6-15 所示,呈棒
状,形成折叠链的倾向小,在一定的条件下
容易形成各向异性的液晶溶液,可通过液
晶纺丝和伸张热处理达到理想结构,获得
高强高模纤维。因此,芳纶 1414 生产采用
的技术路线一般为低温溶液缩聚-干湿法
纺丝,其工艺流程如图 3-6-16 所示。

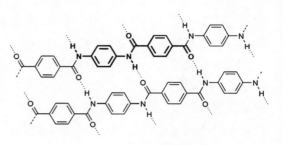

图 3-6-15　PPTA 的分子结构

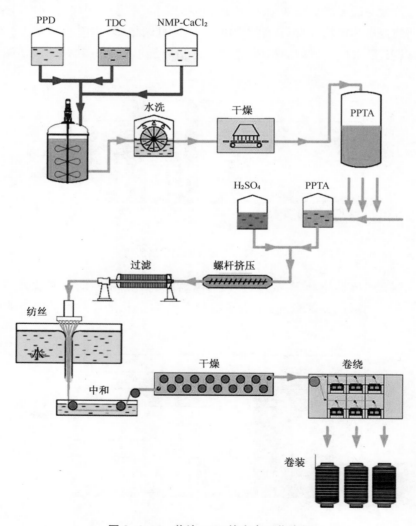

图 3-6-16　芳纶 1414 的生产工艺流程

2.2.1　PPTA 树脂的合成

首先把 PPD 溶解于 N–甲基吡咯烷酮（NMP）的盐溶液中，形成 PPD-NMP 溶液，并冷却至−10 ℃以下；然后将等摩尔的 PPD-NMP 溶液和 TCl 送入双螺杆反应器，进行低温溶液缩聚，反应生成物经沉析、水洗、干燥后形成 PPTA 树脂。

2.2.2　液晶纺丝液的制备

（1）溶剂选择。刚性链的 PPTA 在大多数有机溶剂中不溶解，也不熔融，只溶解在浓硫酸、氯磺酸等强酸中。硫酸的酸性强，溶解性能适中，挥发性低，回收工艺成熟，和其他强酸相比，优点较多。研究表明浓度为 99%～100% 的硫酸，对 PPTA 的溶解性能最好，因此工业化生产选择浓硫酸为 PPTA 的溶剂。

（2）溶液黏度。一般而言，高分子聚合物溶液的黏度随高分子聚合物浓度的增加单调地增大，而液晶高分子的黏度在低切变应力下呈现曲线变化。图 3-6-17 所示为 90 ℃时 PTTA-H_2SO_4 溶液的浓度与体系黏度的关系。开始时纺丝液的黏度随浓度而增加，当达到某一临界浓度时，黏度会出现极大值，随后浓度增加，黏度反而迅速下降，出现一极小值，最后又随浓度的增加而迅速增加。

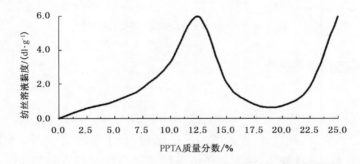

图 3-6-17　PPTA-H_2SO_4 溶液的浓度与体系黏度的关系

对于溶液纺丝，一般希望聚合物的相对分子质量尽可能大些，纺丝原液浓度高些，而黏度尽可能低些，以有利于成型加工。从图 3-6-17 可以看出，温度为 90 ℃时（PTTA-H_2SO_4 体系可形成溶致性液晶，低于 80 ℃时体系呈固态），聚合物质量分数在 18%～22% 的范围内，处于可纺性良好的低黏度区。

2.2.3　液晶纺丝

液晶纺丝是将具有各向异性的液晶溶液（或熔体）经熔体纺丝、干法纺丝、湿法纺丝或干湿法纺丝纺制纤维的方法。这是 20 世纪 70 年代发展起来的一种新型纺丝工艺，可以获得断裂强度和模量极高的纤维。液晶纺丝的特点是纺丝的溶液或熔体是液晶，这时刚性链聚合物大分子呈伸直棒状，有利于获得高取向度的纤维，也有利于大分子在纤维中获得最紧密的堆砌，减少纤维中的缺陷，从而大大提高纤维的力学性能。液晶是普通结晶固体和各向同性液体之间的一种中间状态。处于这种状态的物质，既有液体一样的流动性和连续性，又有晶体一样的有序性。

PPTA 高相对分子质量的硫酸溶液具有典型的向列型液晶结构，即棒状分子之间只是互相平行排列，按轴向取向，但分子重心的排列是无规的，只保存固体的一维有序性。

PPTA 液晶纺丝液从纺丝板的喷丝孔挤出，通过中间空气层后，进入 0～5 ℃的低温凝固浴，冷冻凝固成型，即干喷湿纺，如图 3-6-18 所示。纺丝原液通过喷丝孔时，在剪切力和伸长流动的作用下，原液细流本身已具有一定的取向度。在中间空气层的间隙中，部分大分子解取向，通过空气层中进行的适宜拉伸增加取向度，然后在低温冷水凝固浴中迅速固定形成液晶结构。

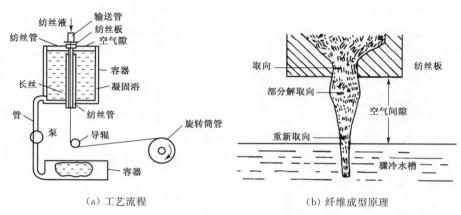

（a）工艺流程　　　　　　　　　　（b）纤维成型原理

图 3-6-18　PPTA-H_2SO_4 干喷湿纺工艺

2.3　芳纶 1414 的结构与性能

2.3.1　结构

　　芳纶 1414 纤维是由近似于刚性伸直链的 PPTA 分子，以网状交联的结晶结构形成的高聚物。大分子构型为沿轴向伸展的刚性链结构，分子和链段排列规整以及高分子的液晶状态和纺丝时的流动取向，使大分子沿着纤维轴向的取向度和结晶度相当高。在与纤维轴垂直的径向，则存在酰胺基团的氢键和范德华力，但径向的作用力较小，纤维容易因磨蚀沿纤维纵向开裂而产生原纤化，如图 3-6-19 所示。芳纶纤维的微观结构主要表现两方面的特征：(1)纤维中存在伸直链聚集而成的原纤结构；(2)纤维的横截面上有皮芯结构。图 3-6-20 的纤维织构图反映了上述两方面的特征。

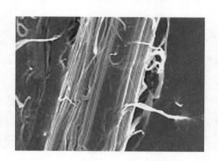

图 3-6-19　芳纶 1414 的原纤化　　　　　图 3-6-20　芳纶 1414 的织构图

2.3.2　性能

　　对位芳纶最突出的性能是其高强度、高模量和出色的耐热性，同时具有良好的绝缘性、抗腐蚀性和适当的韧性,可供纺织加工。

（1）物理性能。芳纶具有天然的黄色和金黄色,光泽亮丽,纤维密度为 $1.43\sim1.44$ g/cm^3。

（2）力学性能。具有高强高模的拉伸性能。对位芳纶的比强度和比模量仅次于碳纤维,而大于钢丝和玻璃纤维。对位芳纶的应力—应变曲线如图 3-6-21 所示。由于高度结晶和取向,纤维的各向异性极为明显,纤维的径向和轴向压缩强度、压缩模量及剪切应力较小。纤维耐磨性较差,纤维与纤维间或纤维与金属间摩擦易原纤化。

（3）耐热性。芳纶能承受 500 ℃的高温而不分解不熔化;纤维不燃、不熔、不滴,超高温后直接炭化,所以在强热场合纤维强度能保持 90％以上,如图 3-6-22 所示;在 190 ℃的热空气中,收缩率为 0。对位芳纶的热学性能如表 3-6-4 所示。

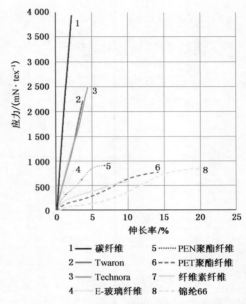

图 3-6-21 芳纶 1414 的应力-应变曲线

1 —— 碳纤维　　5 ······ PEN聚酯纤维
2 —— Twaron　　6 ----- PET聚酯纤维
3 —— Technora　7 —— 纤维素纤维
4 ······ E-玻璃纤维　8 —— 锦纶66

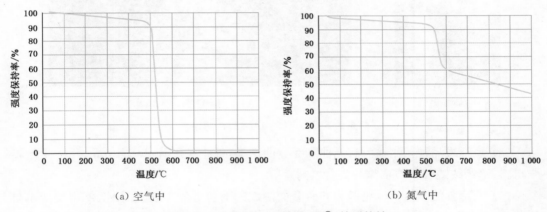

（a）空气中　　　　　　　　　　（b）氮气中

图 3-6-22 芳纶 1414(Twaron®)的耐热性

表 3-6-4 对位芳纶(Twaron®)的热学性能

热学特性	燃烧性能	储存热量	空气中热收缩	耐热性	热稳定性
指标	极限氧指数(LOI)	比热	收缩率	分解温度	强度损失率
单位	％	J/(kg·K)	％	℃	％
数值	29[①], 37[②]	1 420	0	500	90

注:①为 Twaron®织物的 LOI 值;②为 Twaron®长丝纱的 LOI 值。

（4）热稳定性。对位芳纶的连续使用温度范围极宽,可在－196 ℃至 204 ℃范围内长期正常运行,纤维生命周期很长。纤维在 200 ℃下经历 100 h 能保持原强度的 75％,在 160 ℃下经历 500 h 仍能保持原强度的 95％,因而赢得"合成钢丝"的美誉。

（5）化学性能。氧化稳定性、耐碱性、耐有机溶剂和漂白剂的性能好,但耐日晒、耐潮湿和抗紫外线性,以及表面与基体复合的黏合性差。

2.4　芳纶 1414 的品种与应用

（1）长丝品种及用途。美国杜邦和日本帝人生产的长丝品种如表 3-6-5 所示,主要用于各类纱线和织物。

表 3-6-5　芳纶 1414 长丝品种及品牌

品牌	Kevlar® (美国杜邦)						
规格	—29	—49	—68	—100	—119	—129	—149
用途	各种用途纱	高模量纱	中模量纱	各种色纱	高伸长纱	高强度纱	超高模量纱
品牌	Twaron® (日本帝人)						
规格	1 000	1 012	2 012	2 015	2 015	2 015	2 015	2 015
线密度/dtex	1 680	3 360	930	1 680	1 100	930	550	420
产品用途	各种纱线							

（2）有色纤维品种及用途。芳纶长丝和短纤维的有色纤维有灰绿色、黑色和黄色等几种基本颜色,如图 3-6-23 所示,主要用于制作防护服,如消防服、防割和防刺手套等。

（a）长丝　　　　　　　　　　　　　　　（b）短纤维

图 3-6-23　芳纶 1414 有色纤维

（3）短纤维品种及用途。有卷曲和无卷曲两类,纤维长度为 6～64 mm,用于生产增强材料、缝纫线或替代石棉作为离合器衬片等。

（4）芳纶浆粕。指由芳纶撕裂和研磨而制成的对位芳纶差别化品种,外观类似木材纸浆,有丰富的绒毛和长度分布。芳纶浆粕的化学结构与纤维相同,保留了芳纶纤维的绝大部分的性能,如耐热性和尺寸稳定性等,又具有因独特的成型工艺而形成的原纤化的特性,如图 3-6-24 所示。

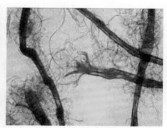

（a）原纤化前纤维纵向　　　（b）浆粕中纤维纵向电镜图　　　（c）浆粕中纤维纵向光镜图

图 3-6-24　对位芳纶浆粕的原纤化

Kevlar®T979浆粕的主要型号：IF368，纤维长度为 0.8 mm；IF356，纤维长度为 2.0 mm；IF358，纤维长度为 5.0 mm。Twaron®浆粕有不同长度和原纤化的干浆粕和湿浆粕两类。芳纶浆粕主要用于工业造纸、摩擦材料（作为石棉纤维替代品）、橡胶制品和触变剂。

① 工业造纸。芳纶纤维因具有优异的湿加工性能和增强性能而广泛应用于工业造纸，形成的纸张的热膨胀系数小，绝缘性能优良，在 250 ℃时绝缘强度仍达 95％。

② 石棉纤维替代品。芳纶具有高抗拉、轻量化、持久耐磨及稳定的摩擦和高耐热性能，是石棉的理想替代品，用于制动器衬片、汽车离合器和刹车片等摩擦材料。

③ 橡胶制品。浆粕与橡胶复合，将橡胶的弹性与纤维强度有机结合，用于橡胶软管、密封件、轮胎、导弹和火箭耐烧蚀性绝缘材料。

④ 触变剂。芳纶浆粕在低剪切力作用下具有优异的增稠效果，而在高剪切力作用下时其黏度和没有加入浆粕的树脂相近，可作为触变剂和增强剂应用于密封剂、黏胶剂及涂料中。

芳纶长丝、短纤维和浆粕产品的产业链如图 3-6-25 所示。

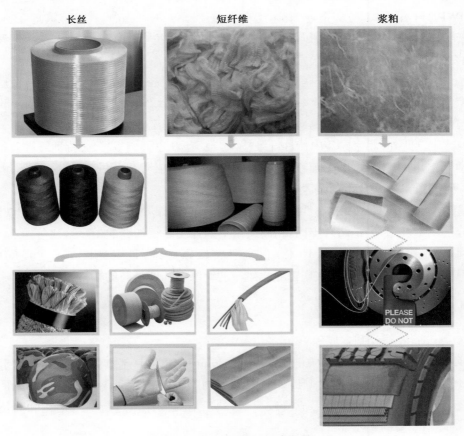

图 3-6-25　芳纶 1414 产业链

3 UHMWPE 纤维

3.1 UHMWPE 纤维的研究与产业发展现状

　　UHMWPE(超高相对分子质量聚乙烯)纤维于 20 世纪 70 年代由英国利兹大学的 Capaccio 和 Ward 首先研制成功。20 世纪 70 年代末期,荷兰国有能源化学公司(Dutch State Mines ,DSM)利用十氢萘作为溶剂发明了凝胶纺丝法,制备出 UHMWPE 纤维,并于 1979 年申请专利,1990 年实现工业化生产。

　　DSM(荷兰帝斯曼)是 UHMWPE 纤维的创始者,也是世界上该纤维产量最高、质量最佳的制造商,年产量约 7 000 t。20 世纪 80 年代美国 Allied-Singal 公司与荷兰帝斯曼公司合作,在美国成立 Honeywell(霍尼韦尔)公司,生产超高相对分子质量聚乙烯纤维中低端产品,且仅限于在北美市场销售,年产量约 3 000 t。日本东洋纺公司和荷兰帝斯曼公司合资在日本成立三井公司,生产超高相对分子质量聚乙烯纤维,销售地区仅限日本和中国台湾省,年产量约 800 吨。目前,世界上拥有自主知识产权并能够工业化生产 UHMWPE 纤维的国家及企业有荷兰帝斯曼公司(Dyneem®)、美国霍尼韦尔公司(Specra®)、日本三井石化公司以及我国的宁波大成(强纶®)、中纺投资(孚泰®)、湖南中泰、山东爱地高分子材料有限公司(Dynaforce®)等。

　　国内 UHMWPE 纤维经过多年的发展,虽然已经具备初步的市场竞争力,但产业化进程相当慢。1985 年东华大学率先提出对 UHMWPE 纤维项目产业化的研究,于 1999 年底与湖南中泰特种装备有限公司建成一套 100 t/年的工业化生产装置,2000 年又扩产为 200 t/年。此外,北京同益中特种纤维技术开发有限公司、宁波大成特种纤维公司在东华大学研究的工艺成果基础上进行了小试、中试工业化生产开发,并相继建成 UHMWPE 纤维工业化生产装置。

　　UHMWPE 纤维在所有高性能化学纤维中,其密度最小,具有优异的物理力学性能,相对分子质量极高,主链结合牢固,相同质量下的强度是钢丝绳的 15 倍,比芳纶高 40%,是普通化学纤维和优质钢的 10 倍,仅次于特级碳纤维,且耐光性好。就强度而言,UHMWPE 纤维是目前已经实现工业化生产的纤维中强度最高的特种纤维。

3.2 UHMWPE 纤维的生产

3.2.1 凝(冻)胶纺丝基本原理

　　UHMWPE 纤维采用凝(冻)胶纺丝(Gel Spinning)法,其基本原理是:将相对分子质量(质均,M_w)大于 10^6 的粉状 UHMWPE 聚合物溶解在适当的溶剂中,形成半稀的凝胶纺丝液,由喷丝孔挤出后骤冷形成凝胶原丝,然后对凝胶原丝进行去溶剂化和高倍热拉伸,制得高强高模的聚乙烯纤维。

　　凝胶纺丝溶液的溶解是大分子解缠的过程,使其超长分子链从初生态堆砌和分子链间及分子链内部缠结等多层次的复杂形态结构转变成解缠大分子链。这种冻胶溶液具有良好的流动性和可纺性。凝胶原丝的形成实际上是聚乙烯大分子在凝胶原丝中保持解缠状态,该状态为其后的大分子充分伸展奠定了基础。超倍拉伸不仅使纤维的结晶度、取向度得到提高,而且使呈折叠链的串晶结构向伸直链转化(图3-6-26),从而极大地改善纤维的强度和模量。

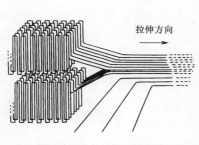 

(a) 折叠链的串晶结构向伸直链转化　　　　(b) 折叠链的串晶结构

图 3-6-26　凝胶纺丝过程中分子结构的变化

3.2.2　凝(冻)胶纺丝工艺路线

目前,UHMWPE凝胶纺丝法主要有两条工艺路线。一是用高挥发的十氢萘溶剂制作超高相对分子质量聚乙烯半稀溶液,经干法凝胶纺丝,简称干法。十氢萘有较强的挥发性,去溶剂时不需要萃取步骤,仅通过加热即能将其除去。干法纺丝工艺路线如图3-6-27所示,工艺流程短,生产过程环保,产品综合性能好。二是用低挥发的矿物油制作超高相对分子质量聚乙烯半稀溶液,经湿法凝胶纺丝,简称湿法。除DSM等少数企业外,世界上生产超高相对分子质量聚乙烯纤维的其他厂家,基本上都采用此工艺路线,只是细节上有所区别。矿物油难挥发,需要增加萃取步骤将矿物油萃取出来,其工艺路线如图3-6-28所示。

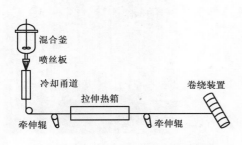 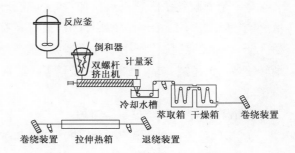

图 3-6-27　干法凝胶纺丝工艺路线　　　　**图 3-6-28　湿法凝胶纺丝工艺路线**

3.2.3　湿法凝(冻)胶纺丝工序

(1) 均质冻胶溶液的制备:制备均质冻胶溶液是实现冻胶纺丝的关键,UHMWPE极难溶解,按常规的溶解方法需在较高温度下(150 ℃)长时间连续不断地搅拌,相对分子质量会急剧下降。

冻胶溶液中大分子链的解缠程度与链形态和冻胶溶液的浓度有关。均质冻胶溶液的制备过程实质上是溶剂分子和聚乙烯超长分子的热运动与外力均化的综合作用。所以,超长大分子链的解缠程度与溶剂性质、溶解温度、溶解方式及设备等有很大的关系。

① 溶剂选择:十氢萘作为溶剂有利于聚乙烯超长分子链的解缠,溶解温度在 150 ℃左右即可;若采用石蜡油或固体石蜡作为溶剂,溶解温度要高于 180 ℃;其他溶度参数相近的溶剂如甲苯、二甲苯、四卤化碳、三卤三氟乙烷、庚烷、癸烷、十二烷等沸点较低或毒性较大的溶剂,均不宜作为溶剂使用。

② 溶液浓度:溶液浓度过低,大分子间的缠结很少或几乎不存在,拉伸时大分子间很易产生滑移,不利于整个超长分子链的伸展。而溶液浓度较高时,溶液流动性差且不稳定,所得的初生态冻胶纤维中,大分子间的缠结点太多,无法达到高倍拉伸。已工业化的高性能聚乙烯纤维,以十氢萘为溶剂时溶液浓度以 15% 为佳,以石蜡油为溶剂时以8% 为佳。

③ 溶液制备:将 UHMWPE 的悬浮液均化后,进入螺杆挤压机连续挤出,经计量泵计量形成纺丝凝胶溶液。

图 3-6-29　纤维进入低温水冷却浴

(2) 初生态冻胶原丝的形成:均质冻胶溶液在一定纺丝温度下,经喷丝头挤压后直接进入水浴冷却成型(图3-6-29),形成初生冻胶纤维。冻胶溶液在喷丝孔道内受剪切作用,部分溶剂被析出,大量的溶剂仍保留在冻胶丝条中,充满于网络结构内。

(3) 冻胶原丝的萃取和热处理:用低沸点物换出第一溶剂并预热,除去绝大部分的溶剂、萃取剂,形成大量折叠链结晶。

(4) 干冻胶丝条的超倍热拉伸:初生冻胶纤维的强度低、伸长大、结构不稳定,无使用价值,只有在有效拉伸倍数大于 20 倍的热拉伸作用下,才能将折叠链结晶结构逐渐转变为伸直链结晶结构,其超倍热拉伸工序如图3-6-30所示。

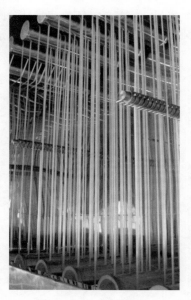

图 3-6-30　超倍拉伸

超倍热拉伸一般经过三个阶段:

① 初期阶段的拉伸温度较低(90～133 ℃),拉伸倍数在 15 倍以下,发生的是细颈拉伸,纤维结构主要发生折叠链片晶和分离的微纤的运动,片晶转化为纤维结构。

② 随拉伸温度(143～145 ℃)和拉伸倍数的提高,发生的是均一拉伸,运动的折叠链片晶开始熔化,分离的微纤逐渐聚集,纤维形变能增大。

③ 当拉伸温度高于 145 ℃时,分子运动剧烈,聚集的微纤分裂,熔化的折叠链片晶解体,在拉伸力的作用下重排成伸直链结晶。

3.3 UHMWPE 纤维的结构和性能

3.3.1 UHMWPE 纤维的结构

超高相对分子质量聚乙烯为相对分子质量在 100 万以上的线形高密度乳白色粉状物,如图 3-6-31 所示。成纤的超高相对分子质量聚乙烯粉料要求相对分子质量分布窄、颗粒粒度小且分布均一,堆砌密度为 $0.35 \sim 0.45$ g/cm³。

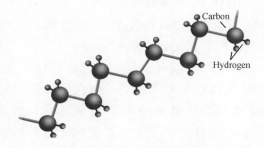

图 3-6-31 UHMWPE 粉状物质 　　　　图 3-6-32 UHMWPE 分子链

聚乙烯大分子链为"—C—C—"的平面锯齿形简单结构,如图 3-6-32 所示,是一根没有庞大侧基、对称性及规整性优良的柔性链。这些结构特征是减少结构缺陷的重要因素,也是能顺利进行高倍热拉伸的关键,使非晶区和晶区中的大分子链充分伸展。

将无限长的大分子链完全伸展之后所得纤维的抗张强度就是大分子链的极限强度。PE、PET 和 PA 等聚合物大分子链的极限强度见表 3-6-6。

表 3-6-6 各种聚合物大分子链的极限强度

聚合物	密度/ (g·cm⁻³)	分子截面积/ nm²	极限强度/ (cN·dtex⁻¹)	常规纤维强度/ (cN·dtex⁻¹)
PE	0.97	0.193	328	7.9
PA6	1.14	0.192	278	8.4
PVA	1.28	0.228	209	8.4
PPTA(Kevlar®)	1.43	0.205	208	22.1
PET	1.38	0.217	205	8.4
PP	0.91	0.348	192	8.7
PVC	1.39	0.294	149	3.5
PAN	1.16	0.304	173	4.4

由表 3-6-6 可见,PE 分子链的极限强度最高,而常规纺丝法得到的纤维实际强度与理论极限强度之间存在很大差距。一般由柔性链分子构成纤维的力学强度,最多只能达到其极限强度的 5%。要使柔性链高聚物纤维具有高强高模性能,要尽量提高聚合物大分子的相对分子质量和非晶区缚结分子的含量,尽量减少晶区的折叠链含量,增加伸直链的含量,尽量将非晶区均匀分散于连续的伸直链结晶基质中。

除了具有良好的力学性能外,由于其化学结构上的特点,其密度比水小,能够漂浮在水面上。因为分子链具有良好的柔性,故其耐挠曲性能好,在低温下能够保持其良好的耐挠曲性。超高相对分子质量聚乙烯纤维还有良好的耐磨性与生物共存性。因为没有侧基,分子链之间的作用力主要是范德华力,流动活化能较小,熔点较低,小于 160 ℃。在受到长时间的外力作用时,分子链之间易滑移,产生蠕变。熔点低和耐蠕变性能差限制了超高相对分子质量聚乙烯纤维的使用范围。

3.3.2　UHMWPE 纤维的性能

UHMWPE 纤维具有独特的综合性能。此外,该纤维还具有耐海水腐蚀、耐化学试剂、耐磨损、耐紫外线辐射等特性。

(1)力学性能。—C—C—单键的内旋转位能低,柔性好,容易形成规则排列的三维有序结构,有着较高的结晶度。通过凝胶方法生产的超高相对分子质量聚乙烯纤维,经过高倍拉伸后,分子链沿拉伸方向有较高的取向度和结晶度,分子链伸直情况较好,从而赋予纤维优良的抗拉伸性能。它是目前强度最高的纤维,能达到优质钢的 15 倍,模量也很高,仅次于特种碳纤维。断裂伸长率与其他特种纤维一样,也很低,但因强度高,其断裂功很高。而且其密度小于 1,纤维浮于水面。UHMWPE 纤维等特种纤维的基本力学性能与密度见表 3-6-7。

表 3-6-7　UHMWPE 纤维等特种纤维的基本力学性能与密度

纤维名称	密度/(g·cm⁻³)	强度/(cN·dtex⁻¹)	模量/(cN·dtex⁻¹)	伸长率/%
UHMWPE 纤维	0.97	31	970	2.3
芳纶	1.44	20	410	3.6
碳纤维(高强)	1.78	19	1 300	1.4
碳纤维(高模)	1.85	12	2 100	0.5
E-玻璃纤维	2.60	13	280	4.8
钢纤维	7.86	1.8	200	1.8

(2)耐疲劳和耐磨损性。UHMWPE 纤维断裂时所能承受的往复次数比芳纶(PPTA)纤维高一个数量级,特别适用于耐疲劳要求高的场合。碳纤维和玻璃纤维具有较高模量,但脆性大,易断裂。UHMWPE 纤维即使具有较高的模量,但在大变形作用下仍然具有柔韧性,耐挠曲,有良好的加工性能,可采用一般的纺织加工设备(机织、针织等设备)进行加工。几种特种纤维的加工性能见表 3-6-8。

表 3-6-8　UHMWPE 纤维等特种纤维的加工性能

加工性能	UHMWPE 纤维	芳纶 29	芳纶 49	碳纤维(高强)	碳纤维(高模)
耐磨(直至破坏的循环次数)	>110×10³	9.5×10³	5.7×10³	20	120
耐弯曲(直至破坏的循环次数)	>240×10³	3.7×10³	4.3×10³	5	2
钩结强度/(cN·dtex⁻¹)	9~13	5~6	5~6	0	0
成环强度/(cN·dtex⁻¹)	11~16	9~11	9~11	0.7	0.1

（3）良好的耐冲击性。UHMWPE 纤维是玻璃化转变温度较低的热塑性纤维，韧性很好，在塑性变形过程中吸收能量，因此，其复合材料在高应变和低温下仍具有良好的力学性能，抗冲击能力比碳纤维、芳纶和一般玻璃纤维复合材料强，如图 3-6-33 所示。UHMWPE 纤维复合材料的比冲击总吸收能量分别是碳纤维、芳纶和 E-玻璃纤维的 1.8、2.6 和 3 倍，几乎与尼龙相当。这一性能使 UHMWPE 纤维非常适合制作防弹材料。

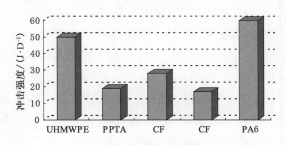

图 3-6-33　UHMWPE 纤维等特种纤维的抗冲击性能

（4）优良的耐光性。芳纶纤维不耐紫外线，使用时必须避免阳光直接照射。而聚乙烯纤维由于化学结构上的"—C—C—"结构，耐光性好，不易与化学试剂起反应。所以，超高相对分子质量聚乙烯纤维具有优异的光学惰性及化学惰性，是有机纤维中耐光性最优异的纤维，即使经 1 500 h 的光照，纤维的强度保持率仍在 60% 以上。

（5）优良的耐化学品性能。UHMWPE 纤维的大分子链上不含任何芳香环、氨基、羟基或其他易受活性试剂攻击的化学基团，结晶度又高，因此在各种苛性环境中，强度均保持在 90% 以上，如表 3-6-9 所示，而芳纶在强酸强碱中其强度下降很大。

表 3-6-9　UHMWPE 纤维在溶剂中浸泡 6 个月后的强度保持率（%）

溶剂	海水	10%洗涤剂	汽油	甲苯	冰醋酸	1M 盐酸	5M 氢氧化钠	高乐氏（Clorox）溶液
UHMWPE 纤维	100	100	100	100	100	100	100	100
芳纶	100	100	93	72	82	40	42	0

（6）热学性能。普通聚乙烯纤维的熔点为 134 ℃ 左右，UHMWPE 纤维的熔点比其高 10~20 ℃。所测的熔点值与施加在被测纤维上的张力有关，张力愈大，熔点愈高，如在硅油中自由收缩时测得的熔点为 144 ℃，用环氧树脂包合纤维时测得的熔点为 155 ℃。纤维力学性能与使用加工温度有关，在 80 ℃ 下，强度、模量约下降 30%；在低温（−30 ℃）下，强度和模量随之升高。经热处理（130 ℃，3 h）后，强度和模量均为未处理纤维的 80%。

UHMWPE 纤维在高温和张力下使用会发生蠕变。蠕变行为的大小与冻胶纺丝中使用的溶剂种类有关，若使用的溶剂为石蜡，由于溶剂不易挥发而容易残存于纤维内，蠕变倾向显著；而用挥发性溶剂十氢萘时，则所得纤维的蠕变性能极大地改善。

3.4　UHMWPE 纤维产品的加工

（1）机织加工。在该加工过程中，主要关键在于尽量减少纤维强度和模量的损失。织物的实际密度和结构会影响下道工序和最终产品的性能，应对试生产产品性能进行全面测试,并结合实际应用需要提出最佳织物结构方案。

（2）针织加工。UHMWPE 纤维进行针织加工,不需任何特殊设备或特别的操作技术,可制成含 100% UHMWPE 纤维的针织物,也可与棉纤维混织以改进针织物的穿着舒适性或减少成本。将纤维切成短纤维并纺成较细或特定细度的纱线,也可用于特殊用途。

（3）绳索编织加工。绳索编织加工过程中,欲获得优异特性的关键是使纤维持恒定的张力,并防止各束纤维行走路径的差异;其次,编织点的固定很重要,编织点应结实,编成的绳收卷时要防止其受任何磨损。加工前,要根据绳的规格要求选用纤维规格和最佳的编织结构,尽可能减少绳内部的磨损,使其能适合于各种用途。

（4）复合材料加工。UHMWPE 纤维复合材料的结构多样,主要有单向带层合、二维织物层合和三维织物增强等。UHMWPE 纤维树脂基防弹复合材料所采用的基体主要有热固性和热塑性两种,前者通常包括环氧树脂、酚醛树脂和乙烯基酯树脂等,后者则包括聚醚醚酮、尼龙和烯烃类树脂等。在这些半成品的基础上,经过组合可以加工成防弹衣、防弹头盔和防刺材料等。

单向带层合材料是将 UHMWPE 纤维平行排布,并用树脂浸渍,制成预浸料。

二维织物层合材料是将 UHMWPE 纤维首先织造成二维织物,然后将这些二维织物叠合在一起,形成二维织物层合材料。目前,广泛采用的二维织物是二维机织物。

三维织物增强材料是将 UHMWPE 纤维直接织造成满足使用要求（特别是厚度要求）的三维织物。三维织物增强处理的特点是:在三维织物中,纤维在三维空间内相互交织、交叉,从而形成一个不分层、完全整体的结构。织造三维织物的工艺有三维机织、三维针织、三维编织等,如图 3-6-34 所示。

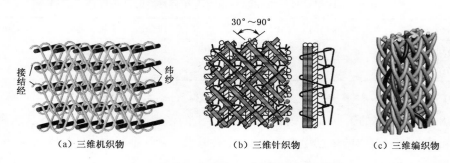

（a）三维机织物　　　　（b）三维针织物　　　　（c）三维编织物

图 3-6-34　三维织物结构

3.5　UHMWPE 纤维产品的应用

（1）绳、缆、索、网、线类。由 UHMWPE 纤维制得的制品质量轻、寿命长,制得的网漏水量大,而所需拖力小,且网的尺寸大。UHMWPE 纤维的断裂长度值大大高于其他高强度纤维,可制作各种耐海水、耐紫外线、不会沉浸而浮于水面的束具,广泛应用于拖、渡船和海船的系泊、油船和货船的绳缆。所得的缆、索等比 Kevlar 纤维加工的同样制品轻一倍,强度则高 25%,而且耐海水、耐紫外线。

（2）织物类。利用 UHMWPE 纤维的高能量吸收性，以针织或机织物的形式，可开发各类防护服。用该纤维的长丝纱，可针织加工成防护手套及防切割用品，其防切割指数达到 5 级标准。用 100％PE 长丝纱针织加工的击剑服的抗击刺力为 1 000 N。

由于该纤维的高能量吸收和高断裂强度的综合特性，针织加工的工作裤在受锯的切割时将消耗较多的能量从而使电机即停，达到防锯效果；还可以制作船帆，质轻、伸长小且耐久性好。

（3）无纺织物类。PE 防弹板（UD）是一种单向结构组成的层片，纤维或纱线互相平行排列。这种特殊的无纺织物具有优异的防弹性能，而且相同的防弹性能要求下采用 PE 制成的产品的质量最小。

PE 防弹板（UD）制得的防弹背心的柔韧性、穿着舒适性优，防弹、防钝伤效果强，能迅速地将冲击能量分散，从而在防弹背心内侧引起较低的凸起。另外，用 PE 防弹板制得的军用产品的质量轻（1.2 kg/m^2），可制成质量为 0.5～0.7 kg 的背心。

（4）复合材料类。UHMWPE 纤维及织物经表面处理，可改善其与聚合物树脂基体的黏合性能而达到增强复合材料的效果。这种材料的质量大幅度减少，冲击强度较大，消振性明显改善，以其制成的防护板制品，如防护性涂层护板、防弹背心、防护用头盔、飞机结构部件、坦克的防碎片内衬等，均有较大的实用价值。

此外，用 UHMWPE 纤维增强的复合材料具有较好的介电性能，抗屏蔽效果优异。因此，可用作无线电发射装置的无线整流罩、光纤电缆加强芯和 X 光室工作台等。

（5）其他。UHMWPE 纤维具有良好的化学惰性，可用于医疗器材，如缝线、人造肌；也可制作各种体育用品，如用它制作的弓比 Kevlar 弓的寿命高两倍；还可制造吹气船、体育用船、赛艇、建筑结构件和柔性集装箱等。

3-6-8　碳纤维导测试题

3-6-9　对位芳族聚酰胺纤维（芳纶 1414）测试题

3-6-10　UHMWPE 纤维测试题

【高强高模纤维产业链网站】

一、碳纤维产业链生产企业

1．http：//www.carbonfiber.com.cn 中国碳纤维制品与行业

2．http：//www.kbcarbon.com 湖南金博科技

3．http：//www.goescf.cn 上海高世碳素复合材料科技有限公司

4．http：//www.carbonfiber.cc 中国碳纤维网

5．http：//www.zjgzlby.com 张家港保税区中丽邦业国际贸易有限公司

6．http：//www.carbonfiber.com.au 澳大利亚碳纤维网

7．http：//www.cytec.com 美国氰特

8．http：//www.hexcel.com 美国赫氏（Hextow®）

9. http：//www.zoltex.com 美国卓尔泰克碳纤维生产厂（Panex®）

10. http：//www.toray.com （Toray）日本东丽

11. http：//www.tohotenax.com/tenax(Tohotenax) 日本东耐特尔

12. http：//www.carbon.co.jp 日本碳化纤维公司

13. http：//www.mitsubishichem-hd.co.jp（Mitsubishi Chemical Holdings Corporation）三菱化纤公司

14. http：//sglgroup.com （SGL Group）德国西格里集团

15. http：//www.avtcomosites.com（碳纤维织物）

16. http：//www.dlxk.com 大连兴科碳纤维有限公司

17. http：//www.zfsycf.com 中复神鹰碳纤维有限责任公司

18. http：//cnrbon-xa.com 西安康本材料有限公司

19. http：//www.carbonfibergear.com（各种碳纤维组织织物）

20. http：//www.chinajgcf.com（精工碳纤维）

21. http：// www.zhfiber.com 珠海辉帛复合材料有限公司

22. http：//www.yttxw.com 宜泰碳纤维织制有限公司）

23. http：//www.chtgc.com 中国恒天集团有限公司

24. http：//www.gcslnercp.com 国家受力结构工程塑料工程技术研究中心

二、芳纶纤维产业链生产企业

1. http：//www.Teijinaramid.com 日本帝人芳纶

2. http：//www2.dupont.com 美国杜邦芳纶

3. http：//www.Twaron.com 日本帝人 Twaron 芳纶

4. http：//www.kexutex.com 科旭 keystone®

5. http：//www.ntxy.com.cn 南通新源特种纤维有限公司

6. http：//www.tayho.com.cn 烟台泰和新材料股份有限公司—原烟台氨纶 Tapara®

三、UHWMPE 纤维产业链生产企业

1. http：//www.nbdacheng.com 宁波大成新材料有限公司

2. http：//www.ycfc.com 中国石化仪征化纤有限责任公司

3. http：//www.bjtyx.com 北京同益中特种纤维技术开发有限公司 孚泰®

4. http：//www.hnzt.com.cn 湖南中泰特种装备有限公司

5. http：//www.icd-fibers.com 山东爱地高分子材料有限公司 Dynaforce®

6. http：//www.cnjttc.com 江苏炬通特种材料有限公司 JTTC®

7. http：//www.dyneema.com 荷兰帝斯曼 迪尼玛或大力马 Dyneem®

8. http：//www.honeywell.com 美国霍尼韦尔 Spectra® fiber

9. http：//jp.mitsuichem.com 日本三井化学株式会社

10. http：//www.worlmarin.com UHMWPE Rope

第二节　高弹性纤维
——氨纶、PTT 纤维、T400 纤维和 DOW XLA 纤维

1 弹性纤维的研究与产业发展现状

弹性纤维是指具有高延伸性和高回弹性的纤维或丝束,但不同国家或地区有不同的定义。按美国材料试验协会对弹性体的定义,是指在室温下将材料反复拉伸至原长 2 倍以上,释放拉力后能迅速回复至原长的材料;对聚氨酯弹性纤维,则是拉伸至原长 3 倍后,释放拉力能迅速回复至原长的纤维。根据弹性机理差异,弹性纤维可分为软、硬链段镶嵌的本征弹性纤维(如氨纶、橡胶丝、热塑性聚酯弹性体)以及形态弹性纤维(如通过后道机械加工或由于自身收缩性能差异而获得的卷曲结构的双组分复合纤维)。根据弹性大小,又可分为高弹性丝(弹性伸长率为 400%~800%)、中弹性丝(弹性伸长率为 150%~390%)、微弹性丝(弹性伸长率为 20%~150%)和低弹性丝(弹性伸长率小于 20%)。

近年来,纺织品对弹性纤维的要求愈来愈高,为了适应不同类别的弹性织物的需要,除了氨纶弹性纤维外,目前还开发了许多新的弹性纤维,主要有聚酯类弹性纤维(PTT 和 PBT)、聚醚酯类弹性纤维(PET 硬链段/PEO 软链段)、聚烯烃类弹性纤维(如 DOW XLA™)、双组分复合卷曲纤维(PET/PTT 双组分并列,如 T400)等。这些弹性纤维各有其特有的优点,同时也存在不足。

3-6-11　氨纶导学十问　　3-6-12　PTT 纤维导学十问　　3-6-13　T400 纤维导学十问　　3-6-14　DOW XLA™纤维导学十问

1.1 氨纶

氨纶是学名为聚氨基甲酸酯纤维在我国的商品名,英文学名为"Polyurethane Fibre",简写为 PU,也称为聚氨酯弹性纤维(Elastane Fibre,国际代码 EL)。世界上通称为"斯潘特克斯"(Spandex)。在中国标准中,氨纶指聚氨酯弹性纤维(Polycarbaminate);欧盟称其为"Elastane"或"Polyurethane"。而"Elastane"在中国标准中指弹性纤维,不特指氨纶。

氨纶是弹性纤维中开发最早且应用最广、生产技术最为成熟的弹性纤维品种。德国 Bayer 公司于 1937 年首先合成聚氨酯类聚合物,并申请了专利。美国 DuPont 公司于 1959 年开始工业化生产,其商品名为"Lycra®"(莱卡),是目前最著名的氨纶纤维品牌,几乎成了氨纶的代名词。除了莱卡以外,Toplon® 和 Creora®(韩国晓星公司)、Roica®

3-6-15　高弹性纤维种类 PPT 课件

（罗依可，日本旭化成）、Dorlastan®（多拉斯坦，德国拜耳公司）等都是世界著名公司开发的氨纶商标，使用时需加商标号，且不能用以替代氨纶。我国目前氨纶生产厂主要有英威达氨纶（佛山）有限公司、浙江华峰股份有限公司、晓星氨纶（嘉兴）集团有限公司、江苏双良特种纤维有限公司、浙江薛永兴氨纶有限公司和烟台氨纶股份有限公司等。

氨纶在织物中的用量虽很小，但能改变织物的拉伸效果，使人体有关部位的压迫感和活动的自由感获得改善，可称为衣料中的"味精"。

氨纶有极好的伸缩弹性，延伸度可达 450%～800%，松弛后又可迅速回复原状，具有柔软舒适感，有良好的耐化学药品、耐油、耐汗水、不虫蛀、不霉、在阳光下不变黄等特性。

但氨纶纤维的强力较低，一般不能裸用；不耐氯漂和微生物，在泳装中使用受限；纤维难以染深色，在织物中易露白，染色后弹性易受损；耐疲劳性差。

1.2　PTT 纤维

PTT 即聚对苯二甲酸丙二醇酯（Polytrimethylene Terephthalate），是由对苯二甲酸（TPA）和 1,3-丙二醇（PDO）经酯化缩聚而成的聚合物。PTT 纤维是一种新型聚酯纤维。1995 年壳牌化学公司正式向市场推出 PTT 树脂，商品名为"Conem®"。2000 年杜邦公司推出 PTT 树脂，商品名为"Sorona®"。

日本旭化成公司从壳牌化学公司购买了 3GT（PDO 聚合物家族的通称）的聚合体生产技术，制造纤维并出售。2002 年，旭化成与帝人公司合并各自的 PTT 纤维业务成立合资公司 Solotex，推出的纤维商品名为"Solo®"。Solotex 公司负责两家公司的 PTT 聚酯及其纤维的产销，PTT 产能约为 5 000 t/年。2002 年东丽工业公司和杜邦达成综合性协议，杜邦公司转让其先进的杜邦 Sorona® 聚合体技术，东丽公司在日本生产其纤维并在亚洲市场销售；东丽也生产 PTT 与涤纶形成的双组分纤维和共纺纤维，由东丽—杜邦合资公司在日本国内销售。

中国台湾省的华隆公司、工业技术研究所和纺织研究中心三家合作，成功开发了PTT 纤维商业生产工艺，生产规模为 5 000 t/年，为避免与涤纶和尼龙竞争，主要生产 82.5 dtex 以下的特殊品种。2000 年上海华源股份有限公司与壳牌公司达成协议，合作开发 PTT 纤维及纺织品，旨在成为全球最大的 PDO 和 PTT 生产商，抢占氨纶和尼龙等弹性纤维的市场。2004 年，泉州海天轻纺集团经杜邦公司正式授权，使用杜邦 Sorona® 聚合物开发、生产并销售 PTT 短纤维、纱线及其织物。这是中国大陆第一家获得杜邦公司许可的 PTT 短纤维生产厂。盛虹集团用全新的技术和工艺试制了 PTT 记忆纤维，成功打破国外企业对 PTT 核心技术的垄断，并创下了世界纺织 PTT 领域工艺技术史上的多项纪录，是我国纺织产业拥有自主知识产权的高新技术产品，标志着我国在 PTT 领域进入国际一流水平。

PTT 纤维综合了锦纶的弹性、耐磨性和耐疲劳性与腈纶的蓬松性、柔软性和染色性以及涤纶的抗皱性、尺寸稳定性和良好的耐热性，并具有三维拉伸回复弹性的特点，但其延伸性能不及氨纶，属微弹性纤维。

1.3　T400 纤维

T400 是英威达公司生产的 PET/PTT 并列型双组分弹性纤维的注册商标,称之为"Easy Fit Lycra®",因高度的卷曲使纤维具有优良的延伸性和弹性回复率。双组分复合卷曲纤维是一种由结构和性能不同的两种聚合体,按照一定比例通过共轭纺丝形成双组分复合丝而制成的卷曲弹性纤维。其弹性不是基于分子链中硬和软组分的运动,而是纤维中两种组分的收缩或伸长的差异,经热处理后,纤维在内应力作用下形成螺旋或波浪状卷曲。这种卷曲状的纤维具有不同程度的伸缩性和弹性,其弹性随两种聚合物的化学组成、分子结构、在纤维中的分布状态以及两种组分的比例不同而不同。

T400 弹性纤维用于需要中等弹力的织物,其弹性回复率、布面平整度优于 PBT 和 PTT 弹性纤维织物,手感柔软,耐氯洗和紫外线,染色效果好。

1.4　DOW XLA™纤维

DOW XLA™(陶氏 XLA™)纤维是 2002 年由陶氏化学(Dow Chemical)公司开发的聚烯烃基类纤维。2004 年 10 月,陶氏化学公司在西班牙塔拉戈纳建立了 DOW XLA™纤维生产厂;2005 年 9 月,在法国里昂举办的内衣展上,瑞士陶氏化学公司纺织纤维业务部(Dow Fibre Solutions)向游泳市场介绍了新型 Lastol 纤维——DOW XLA™纤维。2006 年 10 月,在上海浦东新国际展览中心举行的上海国际纺织面料及辅料(Intertextile Shanghai)博览会上,陶氏纺织纤维业务部宣布推出业界首款采用 DOW XLA™纤维技术的可机洗防皱弹性毛料,该产品经反复洗涤、甩干与干洗仍不变形,具有优异的形状保持性能。陶氏 DOW XLA™被广泛运用于牛仔布、免烫衬衫、裤子、西装、泳衣、运动衣等产品。

DOW XLA™纤维有三个独有的特点:(1)耐高温,可以承受 220 ℃的温度;(2)耐强酸、强碱等强化学剂的侵蚀;(3)能够抗御剧烈的加工条件,在经过水洗、漂白、染色、涂层和黏合等处理后,不会影响其固有的弹性。

在 DOW XLA™问世之前,氨纶已经在弹性纤维领域得到广泛的应用,陶氏化学公司纺织纤维业务部表示,研发 DOW XLA™弹性纤维并不是为了取代氨纶,而是针对氨纶产品所达不到的性能或尚未应用的领域,以弥补或填充氨纶在市场应用上的不足。

欧盟委员会已分别发布指令 2006/3/EC 和 2007/3/EC,提出将新型弹性多聚酯(Elastomultiester)及弹性聚烯烃(Elastolefin)添加到 96/74/EC 指令的纤维列表中。2006/3/EC 指令将弹性多聚酯纤维定义为由两种以上含有酯基的不同线型大分子形成的弹性纤维;2007/3/EC 指令将弹性多烯烃纤维定义为由 95％部分交联的乙烯基和至少一种其他烯烃组成的弹性纤维。从以上纤维定义可知,这两种纤维在结构上明显不同于氨纶。在美国的纺织纤维产品鉴别法案条例"16 CFR Part 303"中,弹性多聚酯纤维和弹性多烯烃纤维的名称分别为"Elasterell-P"和"Lastol"。

2 弹性纤维的结构及弹性机理

氨纶和 DOW XLA™ 均由两种不同结构的大分子链交联形成网状结构,分别如图 3-6-35 和图 3-6-36 所示。

氨纶大分子链是由低熔点、无定形的"软"(soft)链段为母体和嵌在其中的高熔点、结晶的"硬"(hard)链段所组成,柔性链段分子链间以一定的交联形成一定的网状结构,由于分子链间相互作用力小,可以自由伸缩,造成大的伸长性能;刚性链段分子链间的结合力比较大,分子链不会无限制地伸长,使纤维具有很高的回弹性。

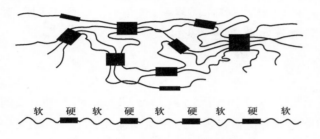

图 3-6-35　氨纶纤维结构

图 3-6-36　DOW XLA™ 纤维结构

DOW XLA™ 纤维是采用陶氏的专利技术在低结晶度时生产的独特的聚烯烃弹性纤维,它的弹性机理不同于 Spandex(氨纶)的软、硬链结构,而是两种不同交联结构形成的分子网状结构。非结晶体区(图 3-6-36 中 A)中的柔性长链形成交联网络,与高分子的结晶体(图 3-6-36 中 B)并存,起物理连接作用。DOW XLA™ 纤维的弹性是由分子的结晶度、柔性链的长度和交联网络的多少决定的。与常规热塑性纤维不同,DOW XLA™ 纤维的耐热性不是来自晶体,而是柔性链之间的共价交联网络在起主要作用。随着温度的升高,结晶体渐渐熔化,在大约 80 ℃ 时完全消失。而整个分子网络由于存在共价交联结构,在温度高于 220 ℃ 时,仍可保持其完整性。结晶体网络可逆向变化,当温度降至周围环境温度时,可重新形成结晶网络。

PTT 和 PBT 作为新型聚酯弹性纤维,与 PET 纤维相比具有更好的弹性,其结构如图 3-6-37 所示(自左到右分别为 PET、PTT 和 PBT 结构示意图)。其原因在于 PTT 和 PBT 的分子结构与弹性纤维和变形丝不同,PBT 和 PTT 纤维的弹性取决于其子结构与排列。由于 PBT 比 PET 多 2 个亚甲基,可使内旋转增多,并在应变过程中产生 α 与 β 晶型的可逆转变,松弛状态下为 α 晶型,呈螺旋构象;拉伸状态下,呈 β 晶型。通常,α 型为稳态,β 型为非稳态,并具有向 α 型转变的趋势,因此具有弹性机制。PTT 的分子结构中存在 3 个亚甲基单元,这种奇数亚甲基结构使 PTT 纤维较 PET 和 PBT 有更优良的回弹

PET
2GT　　Sorona®　　PBT
3GT™　　4GT

图 3-6-37　PET、PTT 和 PBT 纤维结构

性。三者的回弹性能顺序为 PTT > PBT > PET。PTT 的空间结构由曲折的亚甲基链段和硬直的对苯二甲酸单元组合而成，结果形成沿纤维轴向的"Z"字形结构。PTT 分子构象的"Z"弹簧特征与易改变的三亚甲基的空间构型，使其具有较好的螺旋弹簧结构。

T400 纤维的弹性机理与氨纶、PTT 和 DOW XLA™ 纤维完全不同，它是通过 PTT 和 PET 双组分纤维的热收缩能力不同，形成类似弹簧的永久卷曲，如图 3-6-38 所示，收缩率小的 PET 组分分布在纤维卷曲外侧，收缩率大的 PTT 分布在纤维卷曲内侧。

（a）大分子链结构模型　　（b）纤维形态结构　　（c）卷装中的纤维卷曲　　（d）加热后的纤维卷曲

图 3-6-38　T400 纤维结构

3　弹性纤维的性能比较

（1）拉伸性能。氨纶、DOW XLA™ 纤维和 T400 纤维的拉伸曲线如图 3-6-39 所示。氨纶和 DOW XLA™ 有着很相似的拉伸曲线，开始有相当长的小应力、大应变的伸长阶段，应变达到 300% 的时候，应力才有很明显的增加，直至断裂，其应力-应变曲线不存在显著的屈服区域。

T400 纤维的小应力、大伸长阶段相对较短，在应变达到 150% 的时候，强度开始快速增加，应力-应变曲线表现出和常规纤维一样的拉伸曲线特征（存在线性区、屈服区和强化区），即 PTT/PET 双组分复合纤维的力学特征，依次出现线性变形阶段和屈服区域。根据文献介绍，该纤维共出现两次屈服，在应变达到 250% 左右时发生断裂。

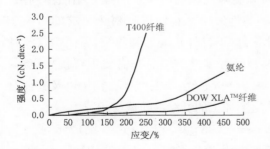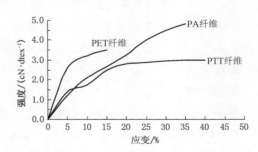

图 3-6-39　三种弹性纤维的应力-应变曲线　　　图 3-6-40　PTT 纤维的应力-应变曲线

PTT 纤维属微弹性纤维，其伸长能力远小于氨纶、DOW XLA™ 纤维和 T400 纤维等中高弹性纤维，其应力-应变曲线如图 3-6-40 所示。刚开始拉伸时，PET 纤维的强度明显高于 PA 纤维和 PTT 纤维，反映为 PA 纤维和 PTT 纤维的初始模量比 PET 纤维小。

PTT 纤维的拉伸曲线有一个不同于其他纤维的特征：曲线呈现两个微弱的屈服区。第一个屈服区发生在应变 5% 左右，屈服区之前应力和应变呈线性关系，应变 5%～10% 时，应力增长缓慢，应变则增加较快，在应变 10%～20% 时曲线斜率较大，应力增加较快，应变增加缓慢；第二个屈服区发生在应变 20% 左右，此后曲线趋于平缓。这一特点在 PTT 短纤维的拉伸曲线上更加明显，而其他纤维的拉伸曲线基本上只有一个屈服区。

（2）弹性和松弛。在纤维的弹性范围内（断裂伸长率的 80%）设定不同的定伸长率，对氨纶、DOW XLA™ 和 T400 三种弹性纤维进行三次定伸长循环试验，结果如图 3-6-41 所示。三种纤维在 250% 定伸长率内的弹性回复率都在 98% 以上。两根循环曲线间的偏差表明了纤维的松弛特性，偏差越大，说明松弛愈小。氨纶和 DOW XLA™ 的松弛较为明显，T400 较小，而且有一个很独特的现象——第三个周期的定伸长回复率略大于第一个周期的定伸长回复率，表明该纤维经过反复拉伸后还能保持优良的回复性能。

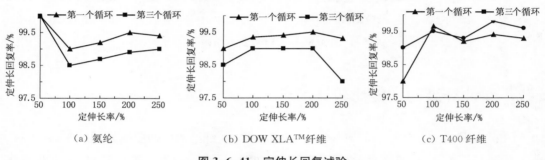

图 3-6-41　定伸长回复试验

（3）耐热性。DOW XLA™ 纤维的耐高温性优于氨纶，在 25 ℃ 时，氨纶和 DOW XLA™ 纤维的形态完整，表面光洁；而在 220 ℃ 时，氨纶已断裂分解成碎片，DOW XLA™ 纤维却仍然保持原来的形态，未发生分解断裂。

虽然 DOW XLA™ 纤维在 220 ℃ 时其物理力学性能已发生很大变化（因为结晶体在 80 ℃ 左右时已熔化），但由于共价键交联网络结构未遭到破坏，仍然可以保持纤维形态的完整。结晶体的熔化和重结晶是可逆变化，当温度降至室温时又重新建立结晶体网络，纤维的物理力学性能基本得到恢复，所以这种弹性纤维适合制成有耐热要求的纺织产品。由于在染整加工时不易损伤，尺寸稳定性很好，不易伸长变形和起皱，因而用这类纤维制成的纺织品无需预热定形加工，而其他热塑性纤维的纺织品则需要进行预热定形，以提高其加工稳定性。所以 DOW XLA™ 纤维适合与蚕丝、羊毛、腈纶、锦纶以及其他对高温敏感的纤维混纺或交织，也适合与需要热定形加工的纤维混纺或交织。

PTT 纤维的 T_m 在 230 ℃ 左右，低于 PET 纤维（265 ℃）和 PA66 纤维（256 ℃）；其 T_g 与 PA6 纤维相似。PTT 纤维的低熔点、低玻璃化温度及其结晶结构的特点，直接改善了它的染色性能，可以采用沸染温度染色，特深浓色泽染色需 105～110 ℃；一般上染速度在 85 ℃ 后明显增快，所以应减慢升温速度，其上染率随温度升高而明显增加，到沸染结束，基本可达 PET 纤维 130 ℃ 染色的上染率。

T400 纤维一般在 130 ℃ 高温下染色，在这个温度下可以较好地实现单一组分同色深浅效应的染色,而且不会明显损失拉伸回复性能。

4 弹性纤维的应用

四种弹性纤维的优劣势及适用性如表 3-6-10 所示。氨纶具有无可比拟的弹性优势,广泛应用于各类服装。但是氨纶需包覆后才能使用,且存在不耐氯漂、易松弛的缺点。陶氏公司开发的 DOW XLA™ 纤维不需要经过热定形作用,适合应用于毛织物;同时由于其较小的应力、较大的变形,也适合用于婴幼儿服饰;但和氨纶一样,需要包覆后使用,且实验证明也存在松弛现象。T400 纤维通过永久卷曲提供弹性,不需要包覆可直接使用,初始模量较低,手感柔软滑爽,不易松弛,具有极好的耐化学品性,是弹性纤维中的新秀。PTT 纤维本身的弹性不及其他弹性纤维,但可通过变形加工增加其弹性,其力学性能和耐热性与 PET 相当,可在 130 ℃下染色。

3-6-18 高弹性纤维产业链视频

表 3-6-10　四种弹性纤维的应用特点

纤维种类	氨纶	DOW XLA™纤维	T400 纤维	PTT 纤维
伸长率	400%～800%	200%～500%	200%～300%	30%～50%
弹性回复率	95%～99%(500%)	98%～99%(250%)	99%～100%(250%)	100%(20%)
松弛	明显	显著	不明显	不明显
热稳定性	定形温度不超过 175～180 ℃	耐 220 ℃高温	可高温定形	60 ℃开始热收缩,100 ℃达到最大值,收缩率为 5%～15%
耐化学品性	不耐碱和氯漂	耐强酸强碱和氯漂	耐氯漂和工业洗涤	耐碱耐氯漂
耐光性	耐光抗老化	很强的抗氙光和紫外线	耐光	耐光
染色性能	难染深色,易损伤弹性	易染色	易染色,温度较低时会出现双色	易染色
适用对象	需包覆使用,不适合泳装	毛织物和耐高温织物	中低弹力织物,弹力保持性优异	中低弹力织物

5 弹性纤维的鉴别

5.1 定性鉴别

(1)燃烧法。氨纶、PTT、T400 和 DOW XLA™这四种弹性纤维均为合成纤维,燃烧特征基本相同,如表 3-6-11 所示。

3-6-19 高弹性纤维鉴别 PPT 课件

表 3-6-11　四种弹性纤维的燃烧特征

纤维	接近火焰	在火焰中	离开火焰
氨纶	先膨胀成圆形,后收缩熔融	先熔后烧	边熔边烧,缓慢地自灭,特殊刺激性石蜡味,灰烬呈白色橡胶块状
PTT	收缩熔融	先熔后烧	继续燃烧,伴有熔滴,冒黑烟,有刺鼻味,灰烬为褐色蜡片状
T400	收缩熔融	先熔后烧	熔融燃烧,冒黑烟,特殊甜味
DOW XLA™	收缩熔融	先熔后烧	继续燃烧,伴有熔滴,冒黑烟,有石蜡味,残留物呈细而软的絮状黑灰

（2）化学溶解法。四种弹性纤维在常温下的溶解性能如表 3-6-12 所示。氨纶可溶解于二甲基甲酰胺（90～95 ℃）或 75％硫酸；DOW XLA™不溶于浓硫酸（95％～98％）；T400 纤维可溶于浓硫酸（95％～98％），但不溶于二甲基甲酰胺或 75％硫酸。因此，可用浓硫酸和 75％硫酸或二甲基甲酰胺鉴别这四种纤维。

表 3-6-12　四种弹性纤维的溶解性能

纤维	浓硫酸（95％～98％）	75％硫酸	冰乙酸	88％甲酸	二甲基甲酰胺（90～95 ℃）
氨纶	溶解	溶解	不溶	不溶	溶解
PTT	溶解	微溶	不溶	不溶	不溶
T400	溶解	不溶	不溶	不溶	不溶
DOW XLA™	不溶	不溶	不溶	不溶	不溶

5.2　定量鉴别

四种弹性纤维中，氨纶的定量鉴别方法比较成熟，其他弹性纤维的定量鉴别正在研究中。

（1）氨纶。氨纶的含量分析可采用拆分法和化学溶解法。拆分法是把氨纶从其他纤维中手工分离出来，称重并计算混纺比。化学溶解法参照 FT/T 01095—2002《纺织品 氨纶产品纤维含量的试验方法》，将氨纶或其他纤维用适当的溶剂溶解，将不溶解纤维洗净、烘干、冷却、称重，计算混纺比，其测试方法如表 3-6-13 所示。

表 3-6-13　氨纶二组分混纺比测试方法

组分 1	组分 2	方法和原理	修正系数
氨纶	锦纶或维纶	盐酸法 用 20％盐酸溶解组分 2	$K=1.00$
	锦纶或维纶	硫酸法 用 40％硫酸溶解组分 2	$K=1.00$
	棉、麻、黏胶、铜氨、羊毛、蚕丝	二甲基甲酰胺法 用 99％二甲基甲酰胺溶解氨纶	棉、蚕丝、黏胶纤维，$K=1.00$ 其他纤维，$K=1.01$
	涤纶、丙纶	硫酸法 用 80％硫酸溶解组分 1	$K=1.00$
	醋酯纤维、三醋酯纤维	甲酸法 用 75％甲酸溶解组分 2	$K=1.01$
	醋酯纤维	丙酮法 用馏程为 55～57 ℃的丙酮溶解醋酯纤维	牛奶蛋白纤维，$K=1.01$

（2）DOW XLA™纤维。用化学溶解法鉴别 DOW XLA™纤维的混纺比时，由于 DOW XLA™纤维的耐化学品性非常优异，因此选择不同浓度的硫酸、次氯酸钠、氢氧化钠、丙酮、甲酸、N，N-二甲基甲酸胺（DMF）、硫氰酸钾、冰乙酸、盐酸等溶解与其混纺的纤维，剩余的 DOW XLA™纤维的修正系数见表 3-6-14。

表 3-6-14　DOW XLA™ 纤维化学溶解法混纺比测试中修正系数

序号	试剂	试验条件		修正系数 K
		温度/℃	时间/min	
1	浓硫酸（1.84 g/cm³）	25±5	15	1.00
2	75％硫酸	50±5	60	1.00
3	1 mol/L 碱性次氯酸钠	25±2	30	1.00
4	2.5％氢氧化钠	煮沸	20	1.00
5	丙酮	25±5	30＋15＋15	1.00
6	80％甲酸	25±5	15	1.00
7	N，N-二甲基甲酰胺（DMF）	95	65＋30	1.00
8	65％硫氰酸钾	70±2	20	1.00
9	冰乙酸	25±2	20＋20＋20	1.00
10	20％盐酸	25±5	20	1.00
11	甲酸/氯化锌	70±2	20	1.00

注：表中数据来源于《质量技术监督》2010 年第 5 期《XLA™弹性纤维混纺产品纤维含量研究》。

3-6-20　氨纶　　3-6-21　PTT　　3-6-22　　3-6-23
测试题　　　　纤维测试题　　T400 纤维测　DOW XLA™
　　　　　　　　　　　　　　试题　　　　纤维测试题

【高弹性纤维产业链网站】

1. http：//www.invista.com 英威达
2. http：//www.creora.com 韩国晓星生产氨纶商标
3. http：//www.lycra.com 美国杜邦全资公司英威达生产氨纶商标
4. http：//www.dorlastan.com 德国拜耳公司生产氨纶商标
5. http：//www.wallly.com 浙江华莱氨纶有限公司
6. http：//www.tayho.com.cn 烟台泰和新材料股份有限公司-原烟台氨纶

参 考 文 献

［1］杨建忠. 新型纺织材料及应用. 2 版. 上海：东华大学出版社，2011.

［2］宗亚宁. 新型纺织材料及应用. 北京：中国纺织出版社，2009.

［3］［美］阿瑟·普莱斯. 织物学. 祝成炎，虞树荣，译. 北京：中国纺织出版社，2003.

［4］张大省，王锐.超细纤维生产技术及应用.北京：中国纺织出版社，2007.